中国学生

生物学习百科

总策划／邢　涛　主编／龚　勋

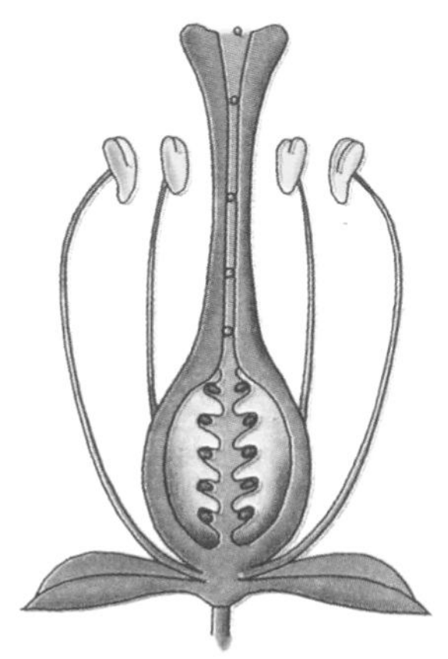

汕頭大　版社

图书在版编目（CIP）数据

中国学生生物学习百科／龚勋主编. —汕头：汕头大学出版社，2012.1（2021.6重印）
ISBN 978-7-5658-0425-0

Ⅰ. ①中… Ⅱ. ①龚… Ⅲ. ①生物学－少儿读物 Ⅳ. ①Q-49

中国版本图书馆CIP数据核字（2012）第003463号

中国学生生物学习百科

ZHONGGUO XUESHENG SHENGWU XUEXI BAIKE

总策划	邢 涛	印 刷	唐山楠萍印务有限公司
主 编	龚 勋	开 本	705mm×960mm 1/16
责任编辑	胡开祥	印 张	10
责任技编	黄东生	字 数	150 千字
出版发行	汕头大学出版社 广东省汕头市大学路 243 号 汕头大学校园内	版 次	2012 年 1 月第 1 版
		印 次	2021 年 6 月第 6 次印刷
		定 价	37.00 元
邮政编码	515063	书 号	ISBN 978-7-5658-0425-0
电 话	0754-82904613		

推荐序

学生阶段是一个人长知识、打基础的重要时期，这个时期会形成一个人的兴趣爱好，建立一个人的知识结构，一个人一生将从事什么样的事业，将会在哪一个领域取得多大的成功 ，往往取决于他在学生时代读了什么样的书，摄取了什么样的营养。身处21世纪这个知识爆炸的时代，面临全球化日益激烈的竞争，应该提供什么样的知识给我们的孩子们，是每一位家长、每一位老师最最关心的问题。 学习只有成为非常愉快的事情，才能吸引孩子们的兴趣，使孩子们真正解放头脑，放飞心灵，自由地翱翔在知识的广阔天空！纵观我们的图书市场，多么需要一套能与发达国家的最新知识水平同步，能将国外最先进的教育成果汲取进来的知识性书籍！现在，摆在面前的这套《中国学生学习百科》系列令我们眼前一亮！全系列分为《宇宙》、《地球》、《生物》、《历史》、《艺术》、《军事》六种，分别讲述与学生阶段的成长关系最为密切的六个门类的自然科学及人文科学知识。除了结构严谨、内容丰富之外，更为可贵的是这套书的编撰者在书中设置了“探索与思考”、“DIY 实验”、“智慧方舟”等启发智慧、助人成长的小栏目，引导学生以一种全新的方式接触知识，超越了传统意义上单方面灌输的陈旧习惯，让学生突破被动学习的消极角色，站在科学家、艺术家、军事家等多种角度，自己动手、动脑去得出自己的结论，获取自己最想了解的知识，真正成为学习的主人。这样学习到的知识，将会大大有利于我国学生培养创造力、开拓精神以及对知识发自内心的好奇与热爱，而这正是我们对学生的全部教育所要达到的最终目的！

《中国教育报》副总编辑
翟博

—中国学生—
生物学习百科

审订序

宇宙、地球、生物、艺术、历史、军事，这些既涉及自然科学，又包涵人文科学、社会科学的知识门类，是处在成长与发育阶段正在形成日渐清晰的世界观与人生观的广大学生们最好奇、最喜爱、最有兴趣探求与了解的内容。它们反映了自然界的复杂与生动，透射出人类社会的丰富与深邃。它们构成了人的一生所需的知识基础，养成了一个人终生依赖的思维习惯，以及从此难舍的兴趣取向。宇宙到底有多大？地球是独一无二的吗？自然界的生物是如何繁衍生息的？科学里有多少奥秘等待解答？我们人类社会跨过了哪些历史阶段才走到今天？伟大的军事家是如何打赢一场战争的？伟大的艺术是如何令我们心潮起伏、沉思感动的？……学生们无不迫切地希望了解这一个个问题背后的答案，他们渴望探知身边的社会与广阔的大自然。知识的作用就是通过适当的引导，使他们建立起终生的追求与探索的精神，让知识成为他们的智慧、勇气，培养起他们的爱心，磨炼出他们的意志，让他们永远生活在快乐与希望之中！这一套《中国学生学习百科》共分六册，在相关学科的专家、学者的指导下，融合了国际最新的知识教育理念，吸纳了世界最前沿的知识发展成果，以丰富而统一的体例，适合学生携带与阅读的形式专供学生学习之用，反映了目前为止国内外同类书籍的最先进水平。中国的学生们这一次站在了与世界各国同龄人同步的起跑线上。他们的头脑与心灵将接受一次全新的知识洗礼，相信这套诞生于21世纪之初，在充分消化吸收前人成果的基础上又有新的发展与创造的知识百科能让我们的学生由此进入新的天地！

美国加州大学伯克利分校博士
北京大学副教授

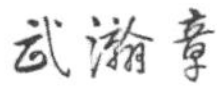

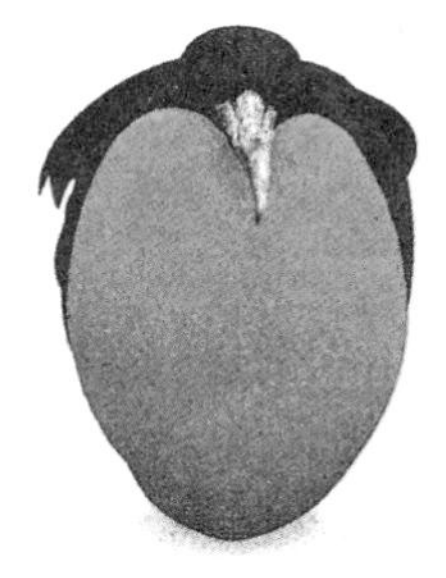

前言

我们的周围是一个生机勃勃的世界！正是这些纷繁复杂的生物种群，使得地球上充满无限生机！生物界不仅充满奥妙，而且同人类的发展息息相关。如今，生物科学是自然科学中发展最为迅速的学科之一。它在解决人口增长、资源危机、生态环境恶化、生物多样性面临威胁等诸多问题方面发挥着越来越重要的作用，有力地促进了现代社会文明的发展。为此，我们倾力编撰了这本《中国学生生物学习百科》，以唤起新时代渴望知识的青少年学生探索生命奥秘的兴趣，帮助他们训练科学的思维方式，增强动手实践的能力，使他们成长为知识结构合理，思维能力健全的优秀人才！

全书内容分为三章。第一章为经线，按由远到近的顺序，从宏观的角度讲述了生命的起源、生物进化史，以及各类微生物、植物和动物的特点。第二章为纬线，从微观角度讲述了生物的各种机能、现象和原理，如生物的呼吸、遗传、生殖等。第三章从事物联系和发展的角度，综合讲述了生物界内部各物种之间及其与外界环境的关系，如生态系统、野生生物的保护等。

本书脉络分明，结构严谨。每章分为若干节，节内的知识点以辞条的形式呈现，便于读者查询，每个知识点都用简洁的副标题概述其内容，起到提纲挈领的作用。在每节的开头设置了“探索与思考”，由一些简单的小实验引出思考题，使读者能带着问题阅读；每节的末尾设置了“DIY 实验室”和“智慧方舟”，通过趣味实验和习题进一步深化知识点的理解和掌握，使理论与实践相结合，提高读者的操作水平和思考能力；每一节内还穿插了一些小资料，介绍相关人物和趣味故事，使内容更加丰富精彩。同时，本书采用图文并茂的编排方式，严谨的文字配以数百幅精美的摄影图片和手绘原理图，深入浅出，引人入胜，是中国学生生物课外学习的好帮手。

如何使用本书

为了方便读者，现将《中国学生宇宙学习百科》的使用方法简介如下：本书共包括“生物”、“探索生命的奥秘”、“生态学”三章，每一个篇章都下设若干主标题，主标题下又分设辅标题和小资料，层次分明，体例新颖；除说明性文字外，还通过习题、实验等多种形式分别阐释了本篇章的主题。本书每一个主题内容下都配有精美的图片，并附有图片名称或说明文字，使您一目了然。

书眉

双数页码的书眉标示出书名；单数页码的书眉标示每一章的名称。

篇章名

主标题

本节主要知识内容的名称。

探索与思考

通过生活中的观察活动和动手小实验提出思考问题。

主标题说明

阐述本节的主要内容，有助于了解本节知识点。

手绘原理示意图

根据文章内容，由相应的学科专家参与、由资深插图画家绘制的原理示意图，说明性强，使您一目了然。

88 | 中国学生生物学习百科

探索生命的奥秘

细胞

·探索与思考·

观察洋葱细胞

1. 准备好洋葱头、小刀、显微镜、记录单。

2. 将洋葱头切成两半，挖去内心，用小刀轻轻地挑出一片薄膜。将膜片放在显微镜下，透过目镜观察并记录。

3. 在显微镜下，可以看到一个个“小格子”密密地排列，相互靠在一起。这就是细胞。

4. 在细胞壁的里面可以看到充满液体的空腔，叫作液泡，液体就是细胞质。

想一想 生物细胞由哪几个部分构成？

细胞是构成大多数生物体的最基本的单位，通常只有在显微镜下才能看到。细胞又是最小的生命单位，它可以显示生命最基本的功能，例如生长、新陈代谢以及生殖等。某些简单的有机体只由单一细胞组成，但大部分的动植物都是由许多细胞构成的，这使得它们具有某些特殊功能。典型的细胞都由细胞核、细胞质、细胞膜构成。

细胞的形状

因种类不同而多种多样

细胞的形状很多，有立方体形、螺旋形、盒形、片形、圆锥形、长方体形、杆状、盘状等。很多单细胞生物的外观如小球，酵母菌即为一例。变形虫没有固定形状，看起来只是一团胶状物质。细菌呈杆状、球状或螺旋状。大部分的多细胞植物，细胞呈六面体和长方形。

植物的根毛细胞呈片形。

细胞的大小

随种类不同差异很大

大多数动物细胞的直在10～20微米之间，植细胞略为大些。细胞的小差异很大，最小的独生存的细胞是一种称作原菌的细菌，这种细胞直径只有0.1微米。卵细是大型细胞，鸵鸟的卵胞可长达25厘米，是这所知最大的细胞。

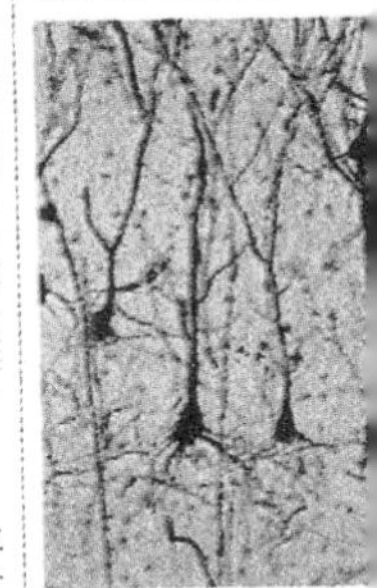

人的神经细胞大小约50微米。

细胞的特征

大多具有细胞核和线粒体

细胞种类虽多，却一些共同的特征，它们分都具有一个细胞核和线粒体、细胞核中带有基因，而线粒体则使细生能量。但并非所有的都含有细胞核和线粒体人、狗、马等哺乳类动液内的红血球，就没有种共同特征。

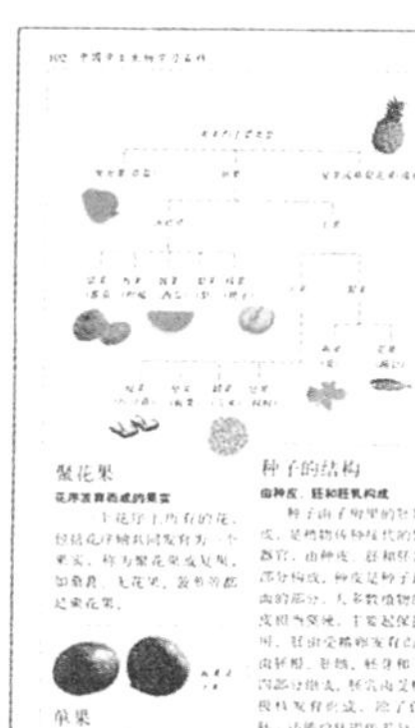

小资料

与辅标题内容的说明文字密切相关的资料性内容，是对辅标题的补充和参考。

实验

介绍了实验材料、步骤及原理，有助于您进一步理解本节内容。

习题

通过填空和选择的形式温习本节知识点。

游离细胞

生物体内能到处移动的细胞

组成生物个体的细胞，通常都彼此紧紧地结合在一起，如果不从外部施加压力的话，就不会分离。不过，体内有些细胞却呈游离状态，在体内到处移动，血液的红血球便是一例。当骨髓制造出红血球之后，它便随着血液在体内循环，负责输送气体和养分。另外，白血球或淋巴球也可以在血液或肌肉间，作变形虫般的运动。

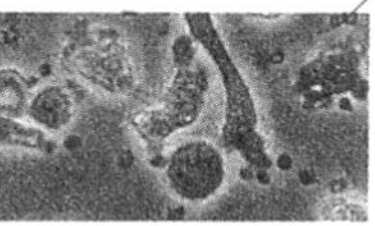

血液中的白血球作变形虫般运动。

植物细胞

有细胞壁和叶绿体

植物细胞的最外层是细胞壁，对细胞起保护作用。贴在细胞壁里面的是细胞膜，它控制着细胞与外部环境的物质交换，提供细胞所需要的物质。细胞膜内充满可以流动的细胞质，里面除了贮存着营养物质外，还含着许多形态各异的精细结构，这些结构就是细胞内的器官，名为细胞器。其中有线粒体、内质网、叶绿体、核糖体、高尔基体等。这些细胞器都有各自明确的分工，相互协调，维持着细胞的生命。

动物细胞

不具有细胞壁和叶绿体

动物细胞主要由三部分组成，即细胞膜、细胞质和细胞核。在细胞里有些被称为细胞器的结构，包括内质网、线粒体、溶酶体和高尔基体。动物细胞和植物细胞的主要区别在于植物细胞有细胞壁和叶绿体，而动物细胞没有细胞壁和叶绿体。

细胞中的分子运动

物质进出细胞的过程

所有的细胞都有一层细胞膜，细胞膜是一种保护性结构，能防止细胞内成分接触外界环境的不利因素。但是，细胞在其生命过程中要不断地从外界吸收有用物质，同时排出体内产生的废物。因此，细胞膜又具有选择通透性，即某些物质能自由通过它，而另一些物质则不能自由通过。通常来说，像氧气、水和二氧化碳这一类的小分子可以自由通过细胞膜；而一些大分子物质和盐类则不能自由通过。物质进出细胞的方式主要有三种：扩散、渗透和主动运输。

照片

与本节知识点相关的图片，让您对相关内容有更真切的认识。

辅标题

与本节内容相关的知识点的名称。

副标题

对辅标题最直观的说明。

辅标题说明

对本节内容某一知识点的详细阐述。

目录

生物　10—87

生命起源于何处？生物如何进化和分类？各类微生物、植物、动物分别有哪些特点？

认知生命	10
进化	14
生物进化史及生物分类	18
细菌和病毒	22
原生生物	26
真菌	30
隐花植物	34
裸子植物	38
显花植物	42
软体动物和棘皮动物	46
腔肠动物、海绵动物和蠕虫	50
节肢动物	54
昆虫	58
鱼类	62
两栖动物	66
爬行动物	70
鸟类	74
哺乳动物	78
灵长目动物	84

原始生命

46亿年前的地球上火山活动频繁，大气中充满了二氧化碳、氮气、硫化氢和水蒸气，原始生命就是在这样的环境中诞生的。关于生命的起源详见第10～13页。

杜鹃花

杜鹃花是著名的观赏植物，是杜鹃花科的一种。杜鹃花科为双子叶木本植物，大多常绿，分布广泛，喜欢偏酸性的土壤。关于双子叶植物详见第43～45页。

羚羊

羚羊双腿纤细善于奔跑，栖息在开阔的平原和半沙漠地带，依靠敏锐的视觉、听觉、嗅觉、超常的速度和群居生活来逃避危险。它们属于哺乳动物中的有蹄类。关于哺乳动物详见第78～83页。

探索生命的奥秘　88—143

细胞具有哪些机能？动植物分别有哪些器官和系统？它们的原理是什么？生物繁殖和遗传中有哪些奥秘？

细胞	88
植物体内的反应	92
根、茎和叶	96
花、果实和种子	100
骨骼和牙齿	104
皮肤和肌肉	110
呼吸	114
血液和血液循环	118
脑与神经系统	122
消化与消化系统	126
感官	130
繁殖和生长	134
遗传与遗传学	138

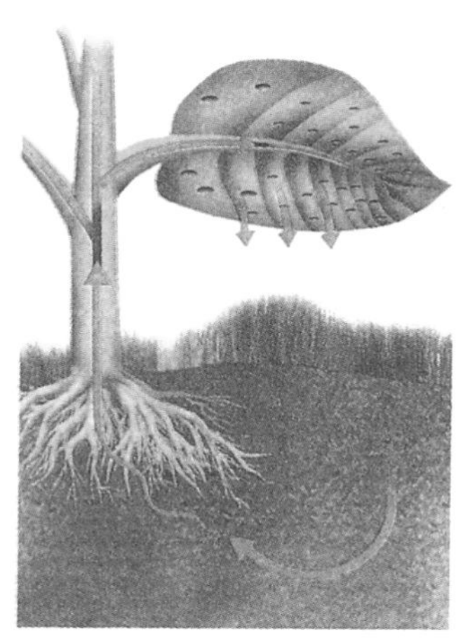

叶子吐水

有些低矮植物在黑夜或者空气潮湿时叶子的边缘常常有小水滴渗出来，这种现象就叫植物的吐水。吐水是蒸腾作用引起的。关于蒸腾作用详见第94～95页。

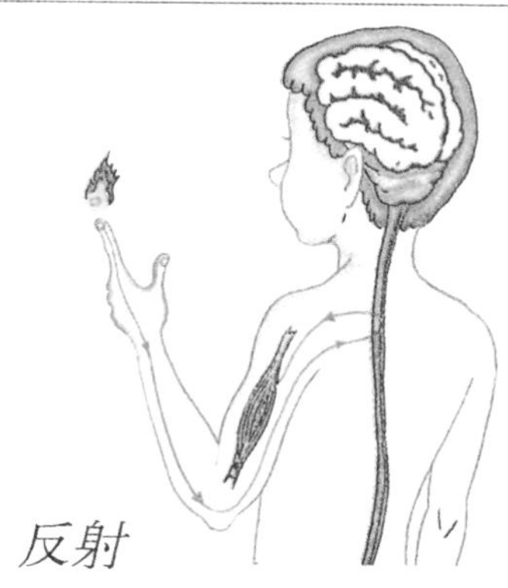

反射

当人的手触到火焰等很烫的东西时，会不假思索地迅速把手缩回，这就叫作反射。反射由脊髓控制，与脑几乎一点关系也没有。关于脑与反射详见第122～125页。

生态学　144—159

生物界内部各物种之间有哪些联系？它们与外界环境的关系如何？如今生物界面临哪些问题？人类如何与自然和谐相处？

生态学	144
生态系统的能量流与物质循环	148
地球上的生物群落	152
人类与自然	156

水循环

生态系统中，大气中的水分以降水的形式落到地面后，被吸收、蒸发，并再次降雨落回地面，叫作水循环。水循环是生态系统中物质循环的一部分。关于物质循环详见第150～151页。

—生物—

认知生命

·探索与思考·

什么是生命？

1.准备好彩笔、记录单。

2.观察你周围的一些物体，比如墙壁、桌子、玩具、盆花、 小爬虫、小花猫等。

3.描述这些物体的特征，根据某些特征将它们分为两类。

4.说说它们哪些具有生命，并说出你的判断依据。

5.在你认为有生命的物体中， 能否给它们分类， 并说说它们分别有什么特点。

想一想 具有生命的物体的共同特征是什么？

生命的基本结构单位

细胞

生命的基本结构单位是细胞，所有活的生物体都由细胞和细胞的产物构成。有些生物体如细菌和变形虫，由单个细胞构成，叫作单细胞生物；其他生物则由许多细胞构成，叫作多细胞生物。简单的多细胞生物由少数细胞构成。这些细胞基本相同，相互之间的联系与活动的协调很少。复杂的多细胞生物由大量细胞组成，如人体的细胞可达几十万亿个。这些细胞有多种多样的形式和机能， 它们各司其职，形成一个整体。

我们的地球上充满着生命。从不见天日的深海到强风吹袭的高山， 都能发现生命的存在。有些生命生活在滚烫黏稠的火山泥浆中，有些则生活在光秃秃的岩石表面，甚至雪堆深处。地球上共有微生物 8 万多种、植物46万多种、动物100万多种。尽管生物的形态结构、生活习性和生活环境千差万别，但它们都有一个区别于非生物的共同点，那就是它们都有生命。

生命的特征

生物区别于非生物的特征

只有生物才具有生命现象，它们有一些区别于非生物的共同特征。这些特征包括以下几点：生物都以细胞为基本结构单位；都有相同的化学成分；都要进行新陈代谢；都能生长和运动；都具有应激性；都具有稳态；都能生殖和发育；都能通过遗传和变异而进化。

机器人可以产生类似生命的现象，但它们并不具备生命的特征，因此没有生命。

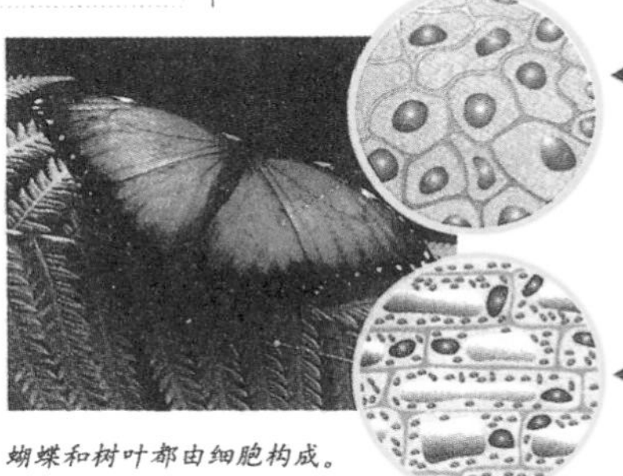

蝴蝶和树叶都由细胞构成。

组成生命的化合物

水、糖类、蛋白质、核酸和脂类

所有的细胞和由细胞组成的生物体都具有相同的化学成分，其中，水的含量为60%～90%。水对于生命是不可缺少的，因为水是所有的细胞活动的介质。此外，所有的细胞都含有四类有机大分子，即糖类、蛋白质、核酸和脂类。

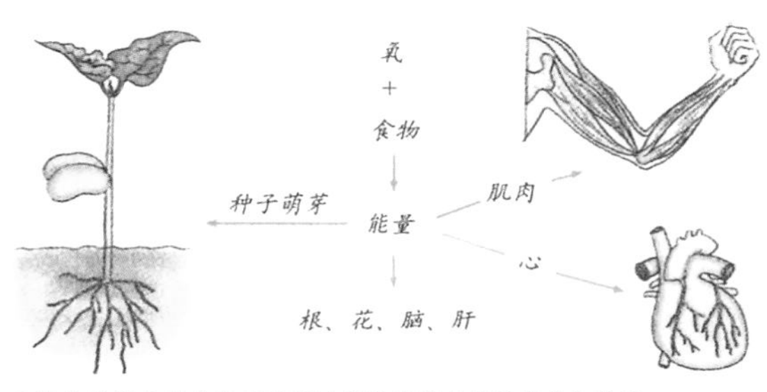

无论植物还是动物都需要通过新陈代谢来获得营养和能量。

新陈代谢

活细胞获得营养和能量的化学反应

所有的活细胞都不断地进行着两类化学反应。一类将来自外界的营养物质转化为细胞的组成成分；另一类将进入机体内的营养物质分解以获得细胞活动所需要的能量。这两类反应便是细胞的新陈代谢。这些反应都不是简单的过程，而是包含着一系列复杂反应的过程，叫作代谢途径。主要的代谢途径在各种细胞中都是一致的，这也许是生物体的最惊人的特性。

生长

生物体自身生命物质增加的现象

生物经过营养作用，把养分转化为自身的生命物质。随着岁月的增长，生命物质的增加造成了生物个体体积的增大、器官的复杂化及体型的改变，这便是生物的生长现象，例如婴儿长大至成人，种子萌发成植株等。一般来说，生物体生长到一定的期限，器官便会渐渐老化并最终丧失生命，这种现象称为死亡。

运动

生物体自发的移动现象

动物有明显的移动能力。例如人会行走，鸟会飞，鱼会游等；植物虽然固定在一处，却也具备一定的运动能力，如花蕾的开放，根的延伸，茎的生长。虽然非生物也具有运动的现象，如海浪的奔涌、沙石的移位等，但它们是借助于外力的被动式运动，而生物的运动则是自动自发的。

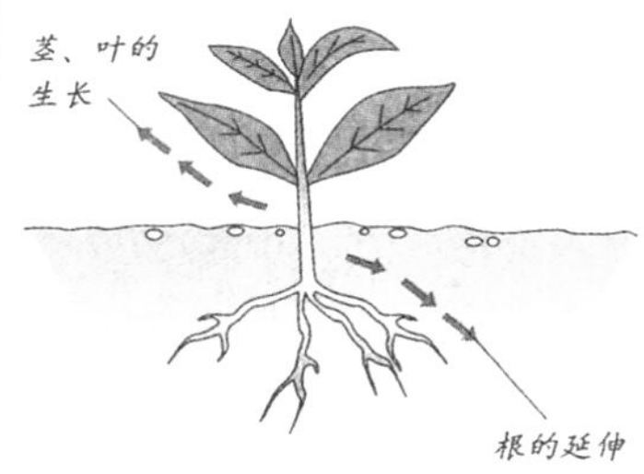

植物也会运动。

应激性

生物体对外界刺激产生反应的特性

所有生物体都能觉察机体内外环境的变化并产生一定的反应。这种特性叫作应激性。动物的应激性非常明显，如冬季来临时，候鸟有迁徙现象。植物也具有应激性，如大多数植物对光的刺激都会发生向光生长的反应。但是绝大多数植物不像动物那样受到刺激就会立即发生明显的反应，它们的反应相对比较缓慢。

稳态

生物体内环境保持相对稳定的状态

生物体是一个开放的系统。从单细胞的变形虫到多细胞的人体都不断地与外界交换着物质和能量，却又能够保持着内部的稳定状态。这种内环境相对稳定的状态叫作稳态。稳态是各种形式的生物体的普遍特征，是通过复杂的调节活动来维持的。如果生物体不能够保持稳态，就可能导致生命活动的终结。

生殖

生物体繁殖与自身性状相似的子代

生物体都能繁殖后代，当它们生长到一定程度时，就可以产生与个体类似的新一代，这叫作生殖作用。生殖是生物物种最重要的功能，因为若某一物种的生殖能力丧失，这个物种便会灭绝。因此，生殖对生物来说具有双重意义，一为新个体的产生，一为种的延续。个体的生命虽然会终结，但整个生物界和生命现象却能长存。

蒲公英放出“小伞”是其繁殖的过程。

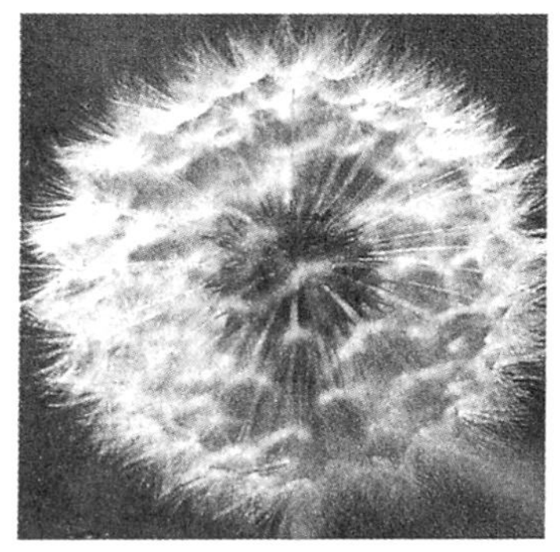

遗传使子代酷似亲代。

生命的起源

生命最初的产生

没有人能确切地知道地球上的生命最初起源于何处。科学家们为找寻答案进行了不懈的努力。一般认为，生命起源于36亿年前原始地球的海洋中。生命产生的过程大致可分为三步，首先是原始无机物形成碳氢化合物之类的简单的有机物；然后逐渐形成氨基酸之类的复杂的有机化合物；最后，经过复杂的相互作用，终于产生了具有新陈代谢等特征的原始生命。

原始地球

生命产生之前的地球

科学研究表明，大约在36亿年前地球是一个由云、灰尘和气体构成的大球。最初，地球上的岩石太热，不适合生物生存，后来渐渐冷却下来。但那时地球内部的温度仍然很高，熔融岩浆左冲右突，使得地球上火山活动频繁。地球内部产生的二氧化碳、氮气、水蒸气和硫化氢等，随着火山喷发冲出地面，逐渐形成包围地球的大气层。科学家们认为，这种原始大气层跟地球上生命的诞生有很大关系。

原始地球和原始地球大气

遗传和变异

生物体把亲代的性状有变化地传给子代

在生殖时，生物体能把上一代的性状传给下一代，称为遗传。例如刚出生的婴儿必定具有其父母的一些特征。然而生物界又是多姿多彩的，如叶子有大有小，花朵有红有黄，人体有高有矮，这是由于生物遗传过程中出现的“小误差”，这些“小误差”被称为“变异”。因为变异作用，世界上很少有两个生物体长得一模一样。

新生命的产生

新生命源自生物体

几千年前，很多人认为生命是由非生命物质随时、自发地产生的。例如古埃及人相信尼罗河谷的蛙和鳝鱼都是淤泥经过阳光的照射而产生的。这种认为生命产生于非生命物质的错误观点叫作自然发生说。如今，生命的产生是生物体自身生殖、遗传和变异的结果，已经成为人人皆知的道理。

创世的神话

生命最初从哪里来？数千年来人们不断地思考着这个问题。许多传说都认为宇宙万物和生命是由独一无二的天神创造的，比如《圣经·创世记》里说世界和生命是由上帝在六天之内创造的；而中国古代神话则认为世间万物是由盘古的身体转化而来的。

上帝创世

米勒的实验

模拟原始地球环境产生有机物的实验

为了验证“生命起源于无机物”的理论，美国科学家米勒做了一个试验：将组成生命体的最基本的碳氢化合物，如甲烷、氨和氢等与水混合，一起装入一个特殊的玻璃装置中模拟大自然闪电和火山爆发的过程。这些物质产生的气体经过持续的反应冷却后，产生了组成现代生命的蛋白质结构中的几种氨基酸成分。

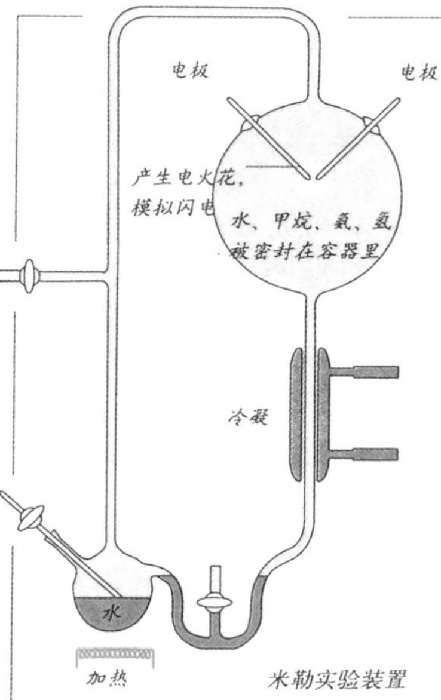

米勒实验装置

原始生命

由无机物逐渐形成的生命

米勒的实验结果引起了许多科学家的兴趣，他们改进了实验装置，使用可能最初在地球上就已经存在的各种不同物质进行试验，结果都成功地合成了构成碳水化合物和核酸的小分子。科学家们假设这些有机小分子在地球的海洋中经过数百万年逐渐形成并参与构成了细胞中的大分子，最终凝聚成原始生命。目前，已经在35亿年前的化石中找到了一种类似细菌的生命体，可以作为这种假设的证据。科学家们进一步研究表明，最初的生命不需要氧气就能生存，它们利用周围的有机物来合成能量，并排放出氧气，这就逐渐改变了原始大气的成分，使之更适合生物生长和进化。

·DIY实验室·

实验：重现雷迪实验

意大利生物学家、医生雷迪第一个用实验的方法证明了腐肉不能生蛆，从而证明了自然发生说的谬误。我们可以用简单的器具来重现他的实验。

准备材料：透明广口瓶两只、纱布（能完全蒙住瓶口）、橡皮筋、生肉两小块、苍蝇若干、记录单等。

实验步骤：1.将生肉分别放入两只瓶中。其中一只敞口，另一只蒙上纱布。

2.将瓶子放在有苍蝇的地方，最好把苍蝇放在专门的纱布笼中，避免它们跑出来污染环境。

3.观察两只瓶口苍蝇的活动，以及瓶内肉块的变化，分别记录看到的情形。

4.连续观察一周，每天记下苍蝇和两只瓶内肉块的变化情况。

5.实验结束后，妥善处理苍蝇和腐肉，把苍蝇杀死，把腐肉倒入垃圾箱，洗净双手。

原理说明：在实验过程中，敞口的瓶子中，马上会聚集很多苍蝇，它们在肉上产卵。几天后，会长出白色的蛆，逐渐孵化成蛹，最后生出新的苍蝇。而蒙了纱布的肉腐烂后，它的臭味吸引了很多苍蝇，它们聚集在纱布上产卵，但腐肉里并没有生出苍蝇来。由此证明：腐肉自身不会生蛆，只有苍蝇接触腐肉才生蛆，蛆来自苍蝇。

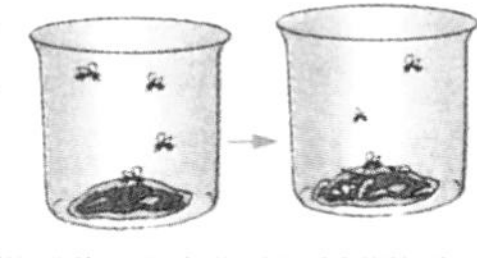

·智慧方舟·

填空：

1.生命的基本结构单位是________。

2.组成生命的化合物是________、________、________和________。

3.生物活细胞通过新陈代谢获得________和________。

4.生物体对外界刺激产生反应的现象叫作________。

判断：

1.所有生物都以相同的细胞作为其基本结构单位。（ ）

2.生物通过营养作用，将养分转化为本身生命物质的过程叫作生长。（ ）

3.米勒的实验证明了地球上的生命起源于无机物。（ ）

进化

·探索与思考·

观察不同的鸟喙

1.准备好照相机、放大镜、望远镜、记录单。

2.到动物园分别拍下老鹰或雕、白鹤或白鹭、天鹅或野鸭的照片，拍下它们进食时嘴部的特写。

3.观察它们分别吃哪些食物，进食时嘴部是怎样运动的，并作记录。

4.冲洗或打印出照片，用放大镜仔细观察它们嘴部的特征，并作比较。

想一想 为什么鸟喙会有这些差异，这跟它们的生存环境有何联系？

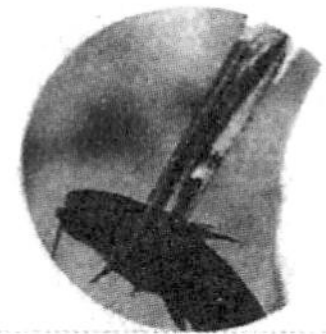

人类自从开始研究自然就注意到，生物的身体构造都非常适合它们的生活方式。如鸟喙的形状很适合啄食种子，而牛羊的嘴则适合咀嚼草类。物种的这些差异并不是专门制造出来的，而是物种逐渐演变的结果，这种演变过程就叫作进化。据估计，曾在地球上生活过的物种可能多达5亿～10亿。这么多的物种从无到有，从少到多，从简单到复杂，从低等到高等，一批又一批地进行着自然界新陈代谢的进化过程。

进化的理论

关于进化的学说

数千年来，人们对众多生物的来源迷惑不解，提出了种种解释，最终认识到生物是通过不断进化而来的。早在两千多年前，亚里士多德就观察到动物进化得愈高级，它的生理机能也就愈复杂的现象。然而，直到拉马克在1809年发表了《动物学哲学》一书，提出了他的进化学说，才奠定了现代进化论最初的基础。最重要的阐明生物进化的理论则是19世纪达尔文的自然选择学说。

拉马克学说

用进废退、后天获得性状可以遗传

拉马克学说可以归结为两点，即用进废退和后天获得性状可以遗传。他所举的最著名的例子是长颈鹿。他认为长颈鹿的祖先生活在非洲干旱地区，那里青草少，长颈鹿只能吃树上的叶子，而且必须伸长头颈才够得着高树上的叶子，久而久之，颈部逐渐增长。这种获得的长颈性状能够遗传到下一代。这样一代代繁衍下去，便形成了现代的具有长颈的长颈鹿。根据同样的论点来解释鸭子的蹼足和鹤类的长腿长脚，这些都是“用进”的结果。而长期在地下生活的鼹鼠，视觉很少使用或不需要，于是两眼就退化了，这就是“废退”的结果。

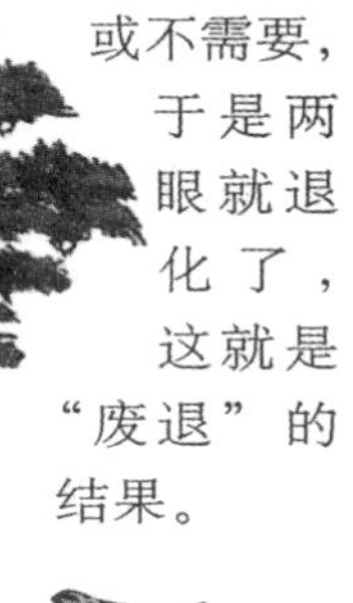

拉马克认为，长颈鹿的脖子之所以很长，是为了要吃高处的叶子而尽量把脖子伸长所致。

达尔文学说

过度繁殖、生存竞争、遗传变异、适者生存

19世纪中叶，达尔文创立了科学的进化论，唯物地阐明了生物进化的机制，他的自然选择学说的主要内容包括过度繁殖、生存竞争、遗传变异、适者生存。随着遗传学和生态学等现代生物科学的发展和深入到生物进化理论的研究，达尔文的进化理论得到不断完善和发展，形成了以自然选择学说为基础的现代生物进化理论。

进化的证据

化石、同源器官和胚胎

生物进化论的证据首先是化石。科学家通过对化石生物与后来的生物进行对比，找出其进化的证据。另一个证据是通过对不同动物相应器官的对比，如人的手和鸟类的翅膀，虽然表面不一样，但结构和起源却相同（称为“同源器官”），来说明人和鸟类在远古时代有共同的祖先。此外，还可以通过对不同生物的胚胎进行研究，找出它们在发生学上的共同祖先和依据。

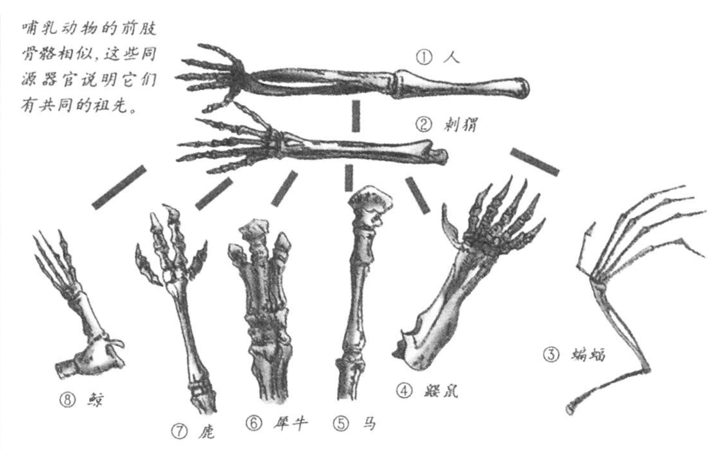

哺乳动物的前肢骨骼相似，这些同源器官说明它们有共同的祖先。

化石

保存在地壳中的生物遗体或遗迹

化石是动物或植物死亡后的残体经过长时间而没有腐烂，数年后成为地壳的一部分。有的化石是机体自身完好的保存，有的是在沉积岩中的印模，有的是生存时留下的痕迹。到目前为止，已发现的化石有几百万种，大部分是海中生物的化石。通过研究这些化石，科学家可以逐渐认识遥远的历史时期生物的形态、结构、类别，可以推测出亿万年来生物起源、进化、发展的过程，还可以恢复漫长的地质历史时期各个阶段地球的生态环境。

8000万年前食肉性恐龙霸王龙的骨骼化石

化石的形成

在特定的地质条件下形成

古代生物的种类很多，并不是所有的生物都能保存下来变成化石，化石的形成需要一定的地质条件。古生物被泥沙掩埋后，遗体中坚硬的部分如外壳、骨骼、枝叶等与包围在周围的沉积物一起经过石化变成了石头。动物的粪便和脚印在特定的条件下也能成为化石。

生存竞争

种间竞争、种内竞争、对环境的竞争

生存竞争包括种间竞争、种内竞争和对环境的竞争三种情形。种间竞争指不同种生物之间的竞争，如一种生物以另一种生物为食，种内竞争指同种生物为抢夺食物而竞争，如当草很少时，动作慢的兔子就吃不到草；对环境的竞争指有的生物具有能适应恶劣环境的优势。

适者生存

能适应环境的生物通过竞争而被筛选出来

在三种竞争关系中，种间竞争最为激烈，这是因为同种生物间的需求完全一致。在同种生物间，同性之间又有着非常激烈的争夺配偶的现象。一般情况下，生物繁殖产生的新个体数量很多，常常超过环境所能容纳的程度，过度的繁殖就会引起竞争现象。竞争的结果，使得某些适宜生存的个体成为环境的适者。

适应辐射

同源生物进化成不同类的后代

适应辐射是指同源生物进化成多种不同类的后代，以适应不同环境的现象。例如古代一种具有五趾的短腿食虫性哺乳动物，由于适应不同环境而进化成当今各种哺乳动物，如斑马能奔跑，鼯鼠和蝙蝠能滑翔，犰狳能打洞，鲸能游泳等。

平行进化

同源的不同类生物进化中保持相似特征

平行进化是指两个来自共同祖先的类群，由于生活在不同环境下而产生分化，后来又由于生活在相似的环境条件下而产生相似的适应性状。如鸥和鸭是近亲种，它们在飞行的环境中进化成类似的某些特征。又如，不同种甚至不同属的深水鱼类，不但在形态上独立地进化了扁平体型，而且在黑暗的深水中还独立地进化了发光的器官。在植物方面，毛茛科的水毛茛由于对水生生活的适应，都具有相似的丝状叶。

蜻蜓和鸟都有翅膀，能飞行，是趋同进化。

趋同进化

不同类的生物在进化中发展出相似特征

趋同进化指两种或两种以上亲缘关系甚远的生物，由于生活在同一类型的环境中而进化成具有相似的形态特征或构造的现象。例如，蜻蜓、蚊子、麻雀、蝙蝠、飞鱼等动物虽然亲缘关系甚远，但由于对飞行生活的适应，都进化出了翅膀。趋同进化说明了环境对生物的影响力，更说明了生物适应性上的潜力。经过长久的岁月，生物在环境的考验下，向着适应环境的方向发展，久而久之，便被塑造出一定的特征。

北极熊和棕熊出现的差异，是趋异进化的结果。

趋异进化

同类生物进化出不同的特征

有些生物虽然同出一源，但进化过程中在不同的环境条件的作用下变得很不相同，这种现象称为趋异进化。例如冰川期时，一群棕熊从主群中分了出来，它们在北极严寒环境的选择之下，发展成北极熊。它们的体色由棕色演化成白色，与环境颜色一致，便于猎捕食物；头肩部成流线形，足掌长有刚毛，能在冰上行走而不致滑倒。

哺乳动物的适应辐射

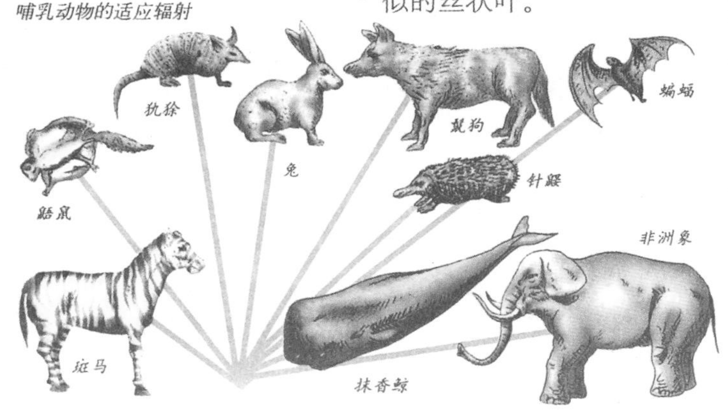

工业黑化

霜斑尺蠖等昆虫在工业区体色变黑的现象

霜斑尺蠖是欧洲一种常见的灰白色的蛾类,后来由于变异产生了体色较深的黑化种,黑化种容易被鸟类发现而捕食,因此数量很少。然而,在20世纪50年代,英国某些工业区的黑色型尺蠖有增加的趋势,甚至完全变为黑化种。这种尺蠖蛾等昆虫在工业区体色变黑的现象,叫作工业黑化。原来,工业污染使树皮染黑,霜斑尺蠖因容易被鸟类发现吃掉而数量剧减,黑色型尺蠖因保护色不易被发现,数量便大大增加了。

达尔文

查尔斯·罗伯特·达尔文(Charles Robert Darwin, 1809～1882),英国博物学家,进化论的奠基人。他一生致力于自然科学的研究,第一个提出了科学的生物进化学说。在经历了漫长的世界旅行,并细致观察了各个地区的动物种群和植物种群后,他撰写了《物种起源》。该书以自然选择学说为基础阐述了进化论,极大地动摇了神创论的地位,成为生物学史上的转折点。

· DIY 实验室 ·

实验:制作印模化石

我们可以通过制作印模化石来模拟化石的形成过程。

准备材料: 小树枝、蛋壳或贝壳、小塑料盒、橡皮泥、植物油、记录单等。

实验步骤:
1. 用双手揉捏橡皮泥,直到它变软,变得容易塑形。
2. 将橡皮泥放到小塑料盒中,并用手将橡皮泥表面压平,使橡皮泥占整个容器的二分之一。
3. 在小树枝、蛋壳或贝壳上抹上薄薄的一层植物油,将它们仔细地放入橡皮泥中,并向下压以成清晰、深刻的印迹。
4. 将橡皮泥中的物品轻轻地取走。
5. 将橡皮泥放置一两天的时间使之变干、变硬。这样印模化石就形成了。

原理说明: 小树枝印模代表着坚硬岩层中已经碳化了的柔弱生物的遗体,这类化石是对生物组织结构的精确复制,因此关于它们的每一个细节都可以使人们获得许多关于远古生物的信息。贝壳的印模代表着古生物学家所称的原始遗体,这类化石里保存着尚未发生变化的动物遗体,除了贝壳外,这类遗体还包括牙齿与骨骼。如果条件适合,动物遗体上的柔软组织也会保存下来,冰川、流沙、沼泽都可以成为化石的载体。

· 智慧方舟 ·

填空:

1. 拉马克学说可以归结为两点,即________和________。
2. 化石是保存下来的生物________或________。
3. 进化的证据首先是化石,另外还有________和________。
4. 生存竞争包括种间竞争、________和________。
5. 同源的不同类生物在进化中保持相似特征叫作________。

判断:

1. 所有的生物遗体中的坚硬的部分都能变成化石。( )
2. 在三种竞争关系中,因为需求相同,种间竞争最为激烈。( )
3. 古代一种五趾的哺乳动物进化成当今各种哺乳动物叫作趋异进化。( )
4. 蜻蜓、蚊子、麻雀、蝙蝠、飞鱼等动物都能飞行,叫作趋同进化。( )
5. 棕熊和北极熊之间的差别是适应辐射的结果。( )

生物进化史及生物分类

·探索与思考·

分门别类的技巧

1.准备好十只不同的化石的模型（可以到实验室借，或到化石商店购买）、研究化石的书籍、笔、记录单。

2.给这些化石编号，试着辨认它们的特征，指出它们分别是哪些生物的化石，把它们的名字记在白纸上。

3.查阅化石书籍，确定这些生物分别生活在哪个地质年代，根据年代先后顺序，给它们排序。

4.根据排好的编号，把这些化石重新摆放在标本盒里，并在旁边贴上标签。

想一想 给化石分门别类有什么好处？你还能想出其他的分类方法吗？

目前世界上已知的古生物物种(以化石的形式存在)有13万种，已知的有记录的现生生物物种有200多万种，另外还有大量没有记述过的古生物物种和现生生物物种。面对如此众多的物种，科学家们不但要研究古生物的年代、特征，还要给现生生物命名、分类，并弄清新旧物种之间的进化、盛衰情况，这样才能避免物种之间的混淆和研究上的混乱，从而使色彩斑斓的生物界形成一个严密复杂、井井有条的体系。

地质年代的划分

绝对地质年代、相对地质年代

地质年代通常有两种划分方法。一种是用同位素方法来计算岩层的年龄，被称为绝对地质年代，用距今几百万、几千万、几亿年等表示。另一种方法是依据地质、岩石、古生物和古地磁等方法来确定地层的先后顺序，将地质历史划分为若干阶段或时期，称作相对地质年代，根据不同的时间间隔分别用宙、代、纪、世等单位表示。

标准化石

能反映地质年代显著特征的化石

在众多的古生物门类中，有些门类在反映地质年代上非常“灵敏”，被科学家们称作“标准化石”，它们被用作划分地层时间时往往起主导作用。例如三叶虫，它们只生存在古生代，而且演化明显，在古生代不同时代中都有各具特色的属种代表，是著名的标准化石。

石燕的化石，属于泥盆纪。它是一种腕足动物。

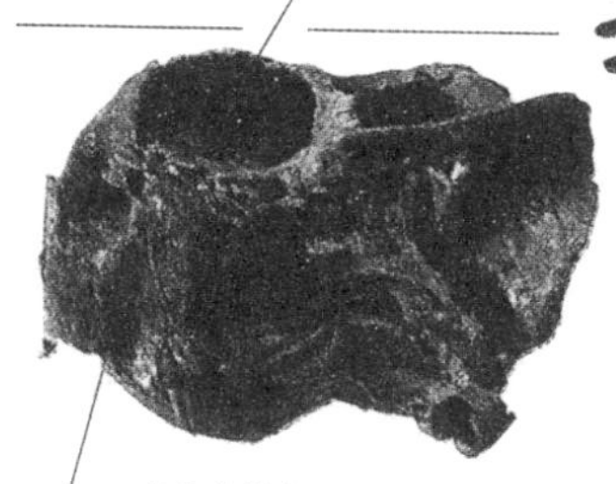

水兽龙的化石，属于三叠纪。它是一种水边的草食性动物。

蒙古兽的头骨化石，属于始新世。它具有大型的牙齿。

巨猪的化石，它形体巨大，属于渐新世。它是野猪的一种。

猛犸象化石，属于更新世。

奇异虫的化石，它是三叶虫的一种。

前寒武纪时期的细菌化石。

前寒武纪（42亿～25亿年前）
最早的生命出现在大约3.8亿年前左右，它们是一种单细胞生物。

古生代

寒武纪（5.7亿～5.1亿年前）
大量多细胞生物快速出现，最繁荣的生物是节肢动物三叶虫。

叶笔石的化石，它是一种原索动物，奥陶纪相当兴盛。

彗星虫的化石，属于志留纪。它的头胸部有许多刺状突起。

奥陶纪(5.1亿～4.38亿年前)
淡水无颌鱼出现。

志留纪(4.38亿～4.1亿年前)
有颌鱼类出现。

泥盆纪（4.1亿～3.55亿年前）
脊椎动物飞跃发展，硬骨鱼出现。

始蜷螋的化石，属于二叠纪。它是现代蜷螋的祖先。

石炭纪（3.55亿～2.9亿年前）
蟑螂、蜻蜓类等陆上昆虫繁盛。

百合的化石，属于石炭纪。它们在古生代的海中大量繁殖。

二叠纪(2.9亿～2.5亿年前)
两栖动物繁荣，裸子植物出现。

中生代

三叠纪(2.5亿～2.05亿年前)
最早的恐龙出现并繁荣；最早的哺乳动物出现并发展。

鱼龙的化石，属于侏罗纪。它能在海中像鱼类那样迅速游泳。

侏罗纪（2.05亿～1.35亿年前）
恐龙的鼎盛时期，鸟类出现。

鱼鸟的化石，属于白垩纪。它是善于在空中飞翔的最古老的鸟类。

白垩纪（1.35亿～0.65亿年前）
恐龙完全灭绝；被子植物出现并兴盛；鸟类发展并开始分化。

新生代

第三纪

古新世和始新世(65百万～36.5百万年前)
哺乳动物和鸟类进一步发展，早期的马、大象和熊类出现，猴子出现。

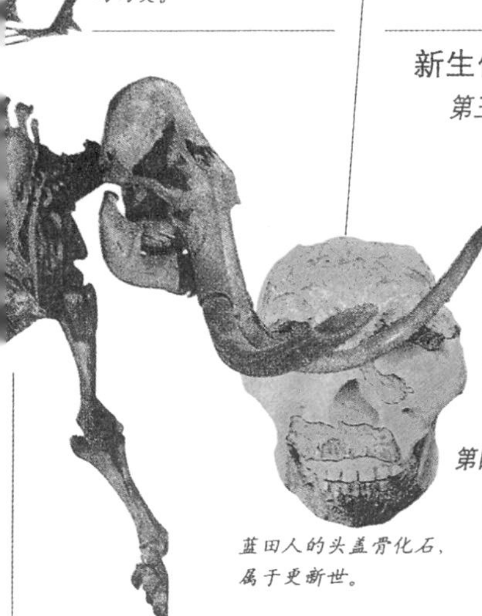

渐新世、中新世和上新世（36.5百万～2.4百万年前）
最早的猿类出现，大型哺乳动物分布广泛；上新世最早的人类——南方古猿出现。

第四纪

更新世和全新世（2.4百万年前～现代）
人类出世并迅速发展的时代，现代人分布到除南极洲以外的各个大陆。

蓝田人的头盖骨化石，属于更新世。

灭绝事件

地质史上众多物种突然消失的现象

地质史上，由于气候的突然变化，导致大量物种突然死亡以至灭绝的现象，叫作灭绝事件。地质史上共有四次较大的灭绝：奥陶纪末期，许多种笔石和三叶虫因气候变冷而灭绝。晚泥盆纪多种鱼类和腕足类海洋动物可能因陨石的撞击而灭绝。最大的一次灭绝是二叠纪~三叠纪的大灭绝，发生在大约2.45亿年前，导致90%以上的海洋生物和许多陆地生物灭绝。最著名的是白垩纪灭绝事件，它使恐龙从地球上永远地消失了。

冰川期

极地冰盖扩大的时期

冰川期是指地球历史上发生的全球范围内气温剧烈下降、冰川大面积覆盖大陆、地球处于非常寒冷的时期。在地球的历史上，曾发生过距今较近的三次大冰期，即震旦纪(8亿～5.7亿年前)大冰期、石炭-二叠纪大冰期和第四纪大冰期。冰川期由若干次冰河作用组成，每次两极和高山上的冰盖都会覆盖住大片陆地。其中，第四纪大冰期除了冰期持续时间长外，在大冰期中还出现了温度相对较高的温暖的间冰期。

生物分类

所有生物的区分和归类

世界上有超过100万种的动物和将近50万种的植物，因此有必要以某种方式将它们区分和归类，使人们容易分辨。有一些很简单的分类方法，比如可以把花园里的花按照颜色进行分类。但这样并不恰当，因为这样也许会把不同颜色的同种花分为不同类，而且它也不能告诉人们有关花朵的生物学信息。生物学家们采用自然分类系统，把关系最密切的物种归为同一属，把具有相似特征的属归为同一科，再把科归为目，目归为纲，纲归为门，最后将相关的门归为界。其中，物种是分类的基本单元，它们是一种相同的生物的集合体，能相互交配繁殖后代。虽然不同的物种偶尔也能杂交产出后代，但它们被排除在分类法之外。

生物五界

原核生物界、原生生物界、菌物界、植物界和动物界

目前大多数分类系统都属于上面五界，五界又可以分为两类：第一类包含原核生物，它们仅仅具有简单的细胞；其余都属于第二类，包含具有复杂细胞的各种生物。

种

和所有其他物种一样，东北虎是唯一的物种。

东北虎

属

猫科动物可以分为更多的属，属是很相似种的群组。

虎属

科

食肉目可分为很多科，同一科成员经常有共同的生活方式。虎属于猫科。

猫科

目

哺乳动物纲可以分成很多目。猫科动物被列为食肉目，它们都是吃肉的温血动物。

食肉目

纲

比门更小的类群是纲，包括20个独立的目。动物在体形、大小和生活方式上有很大差别。虎属于哺乳动物纲。

哺乳动物纲

门

门是界的主要部分，包括那些具有相同身体结构的动物。哺乳动物属于脊索动物门，该门所有动物体内都有脊索。

脊索动物门

界

界是对动物最综合的分类。动物界包括40个小一些的门，所有动物身体都由多细胞构成，能够自由移动，靠吃食物获得能量。

动物界

双名法

林奈发明的为生物命名的方法

在生物分类系统中，每一个物种都必须有一个独一无二的名字。早先人们以通俗的名称为常见的动植物命名，这些名称通常只描述它们的外形、发现或利用情况，很不科学。18世纪瑞典生物学家林奈发明了为生物命名的方法，叫作双名法。在这个系统中，每个物种都有自己的名称，这样既鉴定了物种，也标明了它在整个生物分类学上的位置。例如，生叶常春藤名为Cymbalarisa Muralis，前一个单词的意思是“钹状的叶子”，后一个单词的意思是“长在墙上”。

林奈

卡尔·林奈(Calus Linnaeus，1707～1778)，瑞典著名生物学家。他发明了双名法，并对大量动植物进行了鉴定、命名和分类，从而为生物的科学分类奠定了基础。他也给人类命名了一个科学名称：Homo Sapiens。著作有《自然系统》和《植物哲学》等。

· DIY 实验室 ·

实验：给花分类

给植物分类是一项很复杂的工作，它已经由植物学家去完成了。我们可以借助一种预先制作好的“分类学钥匙”很便捷地给植物分类。这把“分类学钥匙”，就是预先设计好的一些关键点和步骤，例如下表。我们可以借助它给花分类。

花的分类学钥匙

步骤	
第一步	
1a 有六个花瓣	转到2
1b 有五个花瓣	转到4
第二步	
2a 有大的花蕊	转到3
2b 有小的花蕊	点花蕊植物
第三步	
3a 花瓣有纹路	纹路瓣植物
3b 花瓣无纹路	无纹路瓣植物
第四步	
4a 茎上有刺	刺茎植物
4b 茎上无刺	转到5
第五步	
5a 有一对叶片	单叶植物
5b 有两对叶片	双叶植物

准备材料：花的分类学钥匙、六朵不同的花、铅笔、记录单等。

实验步骤：1.给六朵不同的花分别编号A、B、C、D、E、F。

2.仔细观察它们的特征，辨别出各自的不同之处。

3.按照花的分类学钥匙的叙述，从第一步开始逐步确认A花的分类。因为它有六个花瓣，所以转到第二步依次找下去，直到确认A花所属的植物类型。

4.利用同样的方法找出B、C、D、E、F花所属的植物类型。

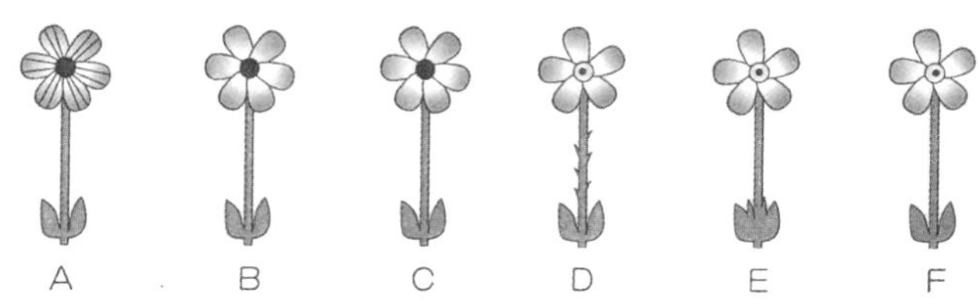

· 智慧方舟 ·

填空：

1.地质年代的划分有________和________两种方法。

2.在反映地质年代上特征显著的化石叫作____________。

3.地质史上最著名的灭绝事件是____________________。

4.地质史上最近的一次冰川期是____________________。

5.为生物命名的双名法是由________________发明的。

细菌和病毒

· 探索与思考 ·

水中的细菌

1. 准备好瓶子、标签、吸管、显微镜、记录单。

2. 在你家饲养金鱼的鱼缸、门前屋后的池塘或厨房水池的排水口，找一找污浊的水膜。

3. 采集水面比较浑浊的部分，注意液体不要放置太久，瓶子不要密封。

4. 把收集到的液体放到300～400倍的显微镜下观察。

5. 详细记录液体采集的时间、地点和观察结果。

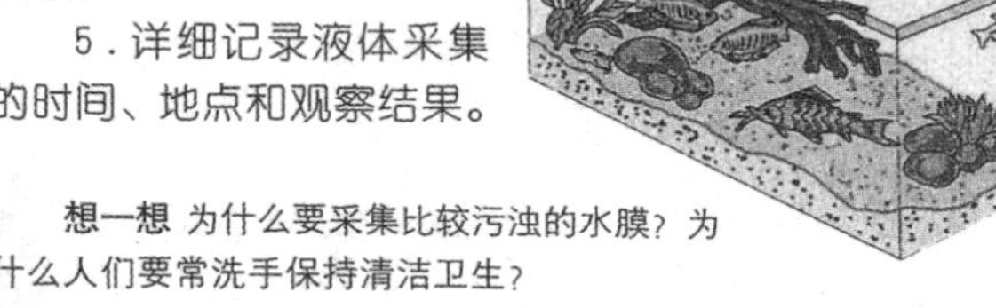

想一想 为什么要采集比较污浊的水膜？为什么人们要常洗手保持清洁卫生？

细菌很小，在显微镜下才能勉强看到，它们有的能使人生病，有的有助于健康。细菌有单细胞结构，能独自生存，它们每隔30分钟左右分裂、繁殖一次，一遇到药物便会死去。病毒只有细菌的千分之一大小，要用电子显微镜才能看见，它们可造成麻疹、艾滋病等疾病。病毒不能独立生存，要借助别的生物才能繁殖，它们在细胞内几个小时就能复制出几百个个体，变成冰糖似的结晶，几乎不怕任何药物。

细菌

微小的单细胞生物

细菌是与人类关系极为密切的一种微生物。它们具有原核型细胞结构，大多为单细胞，直径小于10微米，除少部分自养外，大多腐生或寄生方式生存。细菌分布广泛，无论空气、水、土壤还是人身上都有细菌生活，其中土壤是细菌的主要分布场所，每克干土中大约含有10^8～10^{10}个细菌。

这是大肠杆菌的显微图片，这种细菌很常见，在人的大肠里就能找到。

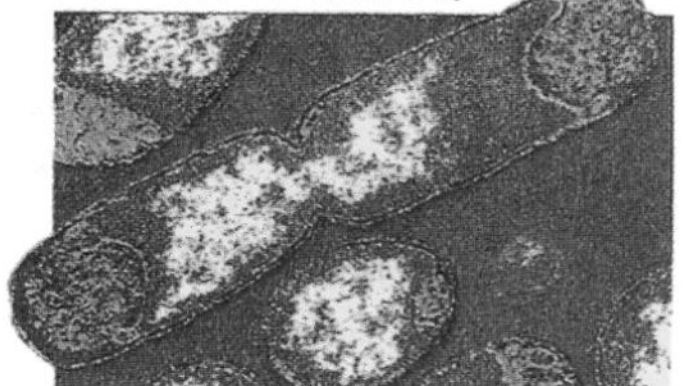

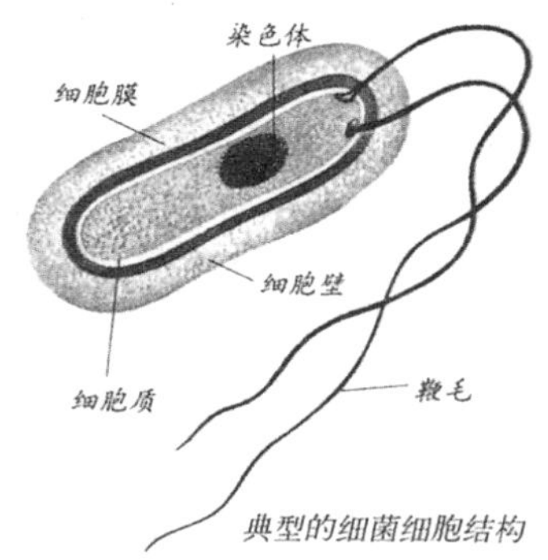

典型的细菌细胞结构

细菌的细胞结构

使细菌具有某种功能的构造

细菌的内部结构相当复杂，有一般结构和特殊结构之分，可分为两部分：一是不变部分或一般结构，如细胞壁、细胞膜、细胞质、染色体，为全部细菌细胞所共有；二是可变部分或特殊结构，如鞭毛、纤毛、荚膜、芽孢、气泡等。这些结构只在部分细菌中存在，它们可能具有某些特定功能，如光合细菌具有光合作用的片层。

细菌的细胞形态

球状、杆状和螺旋状

细菌的细胞形态分为球状、杆状、螺旋状三种，被分别称为球菌、杆菌和螺旋菌。球菌细胞呈球形或椭圆形，可分为单球菌、双球菌、链球菌、四联球菌、葡萄球菌。杆菌细胞呈杆状或圆柱状，各种杆菌的长度与直径比例差异很大。螺旋菌细胞呈弯曲杆状，细胞壁坚韧，菌体较硬，可分为弧菌、螺旋菌两种形态。

细菌的大小

随种类不同差别很大

细菌大小随种类不同差别很大，有的与最大的病毒粒大小相近，有的与藻类细胞差不多，几乎肉眼就可辨认，但多数细菌介于二者之间。微米是测量细菌大小的常用单位。最小的细菌只有0.2微米，最大的可长达2微米，但一般不超过1微米。球菌直径多为0.5～1微米，杆菌直径与球菌相似，长度均为直径的几倍。

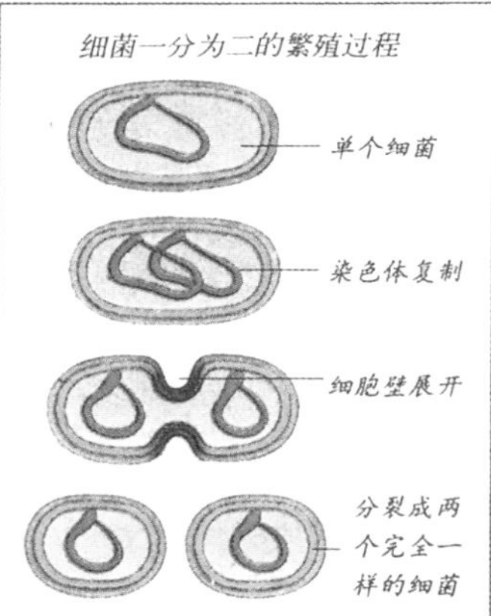

细菌的繁殖

细菌的增殖方式

细菌一般以分裂法繁殖，由1分裂为2，再分裂为4，再分裂为8，依此类推。环境适宜的话，约每隔20～30分钟分裂一次。因此，细菌虽然极微小，但一夜之间便可繁殖出数十亿个相同的个体，形成的细菌菌落直径可达数厘米，用肉眼就能分辨。

瓶中装的是能降解有毒化学物质的细菌。

有益细菌

对生物体健康至关重要的细菌

大多数细菌对人类有益。某些细菌甚至对生物体的健康起着至关重要的作用。例如，人类消化系统中的细菌能将有害细菌消灭；而牛、羊之类的哺乳动物胃内的细菌能帮助它们消化牧草；有些豆类植物能利用它们根瘤中的细菌从空气中吸收氮并将其转化成硝酸盐；有些细菌还能将自然界的废弃物分解，是大自然的清洁工。

有害细菌

传播疾病的细菌

有害细菌会传播霍乱、伤寒等疾病。有些细菌只在产生外毒素时才对人类有害，而且它们只是在自身生病时才产生外毒素，如白喉杆菌和白喉链球菌只有在受到噬菌体侵袭时才产生毒素。另外一些细菌则具有主动侵害人体的特殊能力，如结核杆菌。

这是通过穿透式电子显微镜看到的出血性黄疸螺旋体细菌，它能引起呕吐和肌肉疼痛。

沙门氏杆菌

寄生于人类和动物肠道内的一种有害细菌

沙门氏杆菌是有害细菌的一种，在家禽肉类动物体内最常见，能导致食物中毒。它所引起的食品中毒在世界各地食品中毒事件中常居首位或第二位。所以煮鸡肉时必须非常小心，以免因沙门氏杆菌的污染而危害健康。肉类食品一定要煮熟后再吃，装过生肉的盘子不能用直接用来盛放食品。

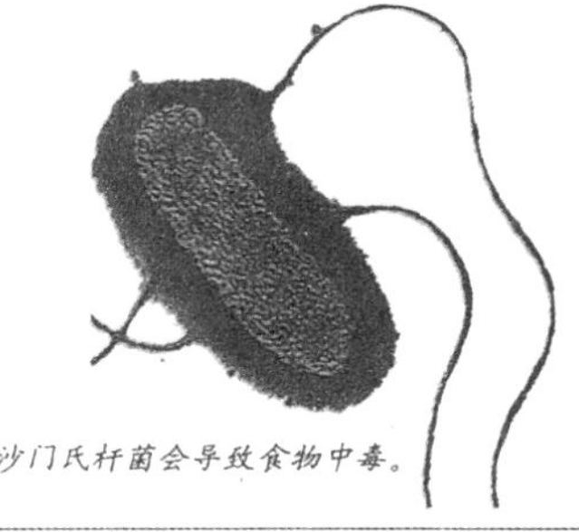

沙门氏杆菌会导致食物中毒。

病毒

能感染活细胞的化学物质团

病毒是一种体积极微小的微生物，大多要用电子显微镜才能看到。病毒不能独立生存，必须靠寄生在其他生物的活细胞内才能生长繁殖。病毒在自然界中分布很广，人、动物、昆虫、植物、真菌、细菌等都能被病毒寄生而引起感染。引起SARS的就是一种病毒。

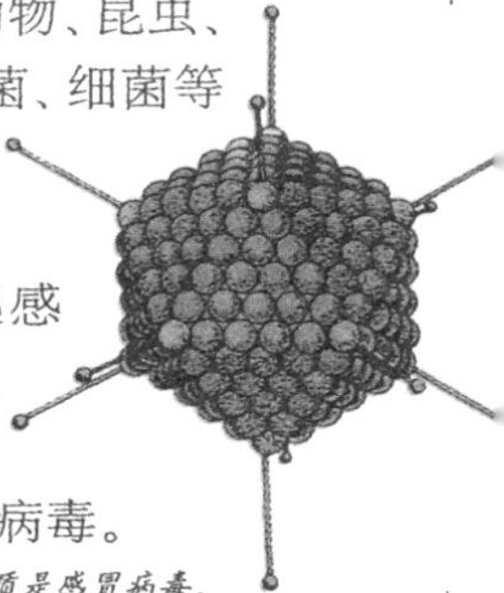

图中的红色物质是感冒病毒。

病毒的结构

使病毒具有某种功能的机体构造

病毒是一个没有生命的化学物质团，虽然它们的类型多种多样，但都有相似的结构。即都由外壳和内核组成，其中外壳由蛋白质组成，内核由DNA或RNA组成。

病毒的繁殖

病毒的增殖方式

病毒通过入侵其他细胞，并在其中自我复制而繁殖。病毒先吸附到细胞上，然后进入细胞，一旦进入其内部，病毒的遗传物质就会接管细胞的功能。这些遗传物质会命令细胞合成病毒的蛋白质和遗传物质，从而组装成新的病毒。

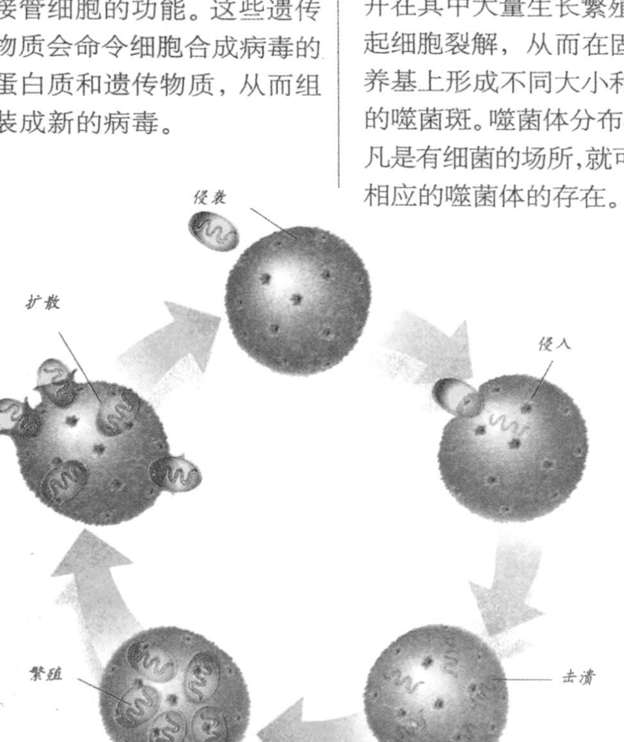

病毒依附在细胞上的繁殖过程

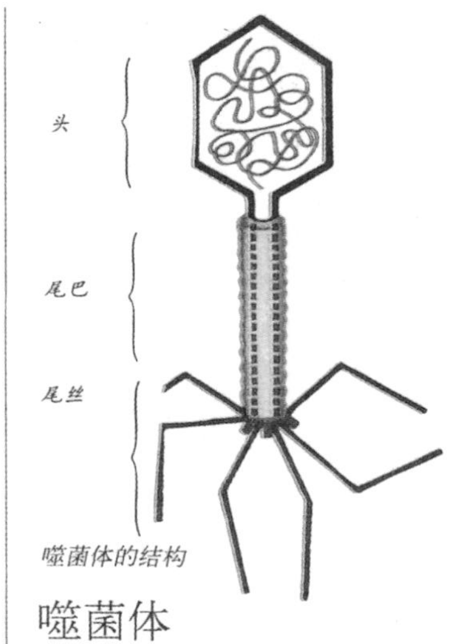

噬菌体的结构

噬菌体

能侵入细菌的病毒

噬菌体又称“嗜菌体”、“细菌病毒”。它们体积微小，呈蝌蚪状，能侵入细菌体内，并在其中大量生长繁殖，引起细胞裂解，从而在固体培养基上形成不同大小和形状的噬菌斑。噬菌体分布极广，凡是有细菌的场所，就可能有相应的噬菌体的存在。

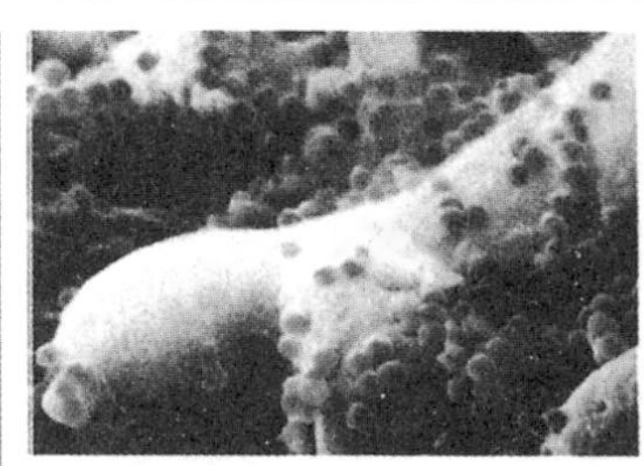
一个T_4细胞表面，有数百个艾滋病毒。

艾滋病

获得性免疫缺陷综合征

艾滋病是其英文名称AIDS的译音，它的全名是获得性免疫缺陷综合征，缩写为AIDS。艾滋病是由人类免疫缺陷病毒（HIV）感染引起的以T_4细胞免疫功能缺陷为主的一种混合免疫缺陷病。HIV把人体免疫系统中最重要的T_4淋巴细胞作为攻击目标，通过大量吞噬、破坏T_4淋巴细胞使整个人体免疫系统遭到破坏，最终使人体丧失对各种疾病的抵抗能力而导致死亡。

巴斯德

巴斯德·路易斯（Louis Pasteur，1822～1895），法国微生物学家、化学家，近代微生物学的奠基人。他在微生物发酵和病原微生物方面的研究，奠定了工业微生物学和医学微生物学的基础，并开创了微生物物理学。他揭示了酒石酸的“同分异构”现象，发明了巴斯德灭菌法，主要著作有《乳酸发酵》、《酒精发酵》、《蚕病学》等。

病毒的大小

和细菌一样，病毒的大小也不同，下面是病毒与细菌的大小(直径)的比较。

链球菌属细菌 750nm（纳米）

天花病毒 250nm

唇疱疹病毒 130nm

流感病毒 90nm

感冒病毒 75nm

黄热病毒 22nm

巴氏灭菌法

一种湿热灭菌法

巴氏灭菌法是一种利用湿热杀死食物中致病微生物的方法，由法国微生物学家巴斯德创立。该方法常用于乳制品的加热处理：利用一套特殊的设备将牛乳加热到62℃，并持续30分钟，或在72℃下加热15秒种，这样可以杀死导致结核病的危险病菌，并破坏或杀死使乳制品变酸的细菌。它也可以用来延长啤酒及葡萄酒的保存时间。

· DIY 实验室 ·

实验：一根针尖上能容纳多少病毒？

病毒很小，但你能想像出一根针尖上能容纳多少病毒吗？我们可以通过做模型来了解病毒的大小。

准备材料：大头针、铅笔、直尺、细线、纸条、计算器、记录单等。

实验步骤：1.观察针尖的大小，估计一下它上面能容纳多少病毒。

2.假设针尖的直径是0.1毫米，如果放大10万倍，则变为10米。剪出10米长的细线，则它的长度代表放大后的针尖的直径。

3.以这根细线为直径在操场或空地上划一个圆圈，则这个圆圈代表了放大后的针尖的面积。面积＝π×半径×半径，半径＝直径÷2。

4.一个病毒分子的边长为200纳米，如果病毒也放大10万倍，则边长将变成0.02米，即20毫米。剪下边长20毫米的正方形作为病毒的模型。

5.计算病毒的面积，用针尖的面积除以病毒分子的面积，从而得出一根针尖上能容纳的病毒的数量。

· 智慧方舟 ·

填空：

1.细菌的细胞结构有________、________、________三种基本形态。

2.细菌和病毒都很小，但细菌一般比病毒________。

3.细菌一般以________方法繁殖。

4.一般食物中毒是由________引起的。

5.噬菌体是一种________。

判断：

1.细菌的结构简单，但都具有细胞核、细胞膜和纤毛。（ ）

2.大多数细菌能传播疾病，它们对人类是有害的。（ ）

3.为了避免沙门氏杆菌的污染，肉类食品要煮熟了再吃。（ ）

4.SARS、AIDS和HIV都是病毒。（ ）

5.凡有细菌的场所，就可能有相应的噬菌体存在。（ ）

原生生物

·探索与思考·

观察土壤

1.准备好瓶子、吸管、显微镜、记录单。

2.到庭院里采集一点土壤，用水冲洗、沉淀后，取出少量沉淀物用显微镜观察，注意显微镜的放大倍数不要调得太大。

3.可以发现变形虫、草履虫等小生物。

4.把你观察到的生物在笔记本上画出来。在每幅图下面，写出每种生物的运动方式或行为特征。

想一想 这些生物有哪些共同特征？是否能将它们划分为同一类生物？

蕈顶虫的侧面图

有壳的变形虫

部分包有外壳的变形虫

虽然变形虫是单细胞，但也有许多种类具有各种各样奇形怪状的外壳，称为有壳的变形虫，如蕈顶虫。这些变形虫壳的一端通常有开口，它们的伪足就从开口处伸出来运动或捕食。

原生生物是一种微小的单细胞生物，数量繁多，种类丰富，生活于池塘、湖泊、海洋和土壤中。原生生物至少有5万种，其中有几种是肉眼可见的，但大多数直径都小于0.1厘米，它们虽然微小，却具有复杂的运动能力。有些原生生物能像植物一样从阳光中获取能量，但一般来说，原生生物像动物一样，可以消化固体食物，并从中摄取养分。

最具代表性的变形虫

细胞核

捕捉到的食物裹在食物泡里消化

食物（微小藻类）

准备排出的水和消化不了的物质

细胞核

变形虫捕食示意图

变形虫

无固定形状的单细胞原生生物

变形虫的身体仅由一个细胞构成，没有特别的运动器官，但因细胞膜极富弹性，所以身体没有固定的形状，可任意改变体形以移动或捕食。虽然变形虫被视为最低等的原始生物之一，但生存上所必需的条件样样都具备，这一点和高等生物没有什么不同。变形虫能生存在淡水、海水和动植物体内，种类繁多，可分为有壳和无壳两种。

捕食方法

变形虫把食物包围消化的方法

变形虫主要以细菌、单细胞藻类和小型原生生物为食。当周围有猎物出现时，变形虫像长了眼睛似的，先朝猎物的方向伸出伪足，然后两端渐渐伸长，直至将它们包围在其中。即使是行动快速的原生生物，也无法逃过这种捕食方法的包围和攻击。变形虫将捕获的食物摄入体内，形成食泡，周围的细胞质会分泌出消化液，渗入食泡内消化食物，消化后的养分由细胞质吸收，剩下的残留物从身体后端排出。

变形虫的运动

通过改变形状而产生的运动

变形虫没有足，当它们身体的一部分液化而膨胀时，液态质就流入，使这个部分更为伸长而突出，形成所谓的“伪足”。此时，身体后部的胶态质不断地液化，以补充液态质。这样，依靠细胞质从身体后部快速流向为足尖端，变形虫的整个身体就可以朝着伪足伸长的方向移动。

草履虫

具有纤毛的原生生物

草履虫属于原生生物中的纤毛虫类，身体表面长有许多细小的纤毛。虽然它们只由一个细胞组成，却具备了生存所必需的基本结构。从草履虫这个名字来判断，人们一定以为它长得像草鞋，又扁又平。其实草履虫的身体细细长长，像法式面包棍。它整个身体表面所布满的纤毛可以作规则性的波浪状运动，从而使身体轻快地移动。

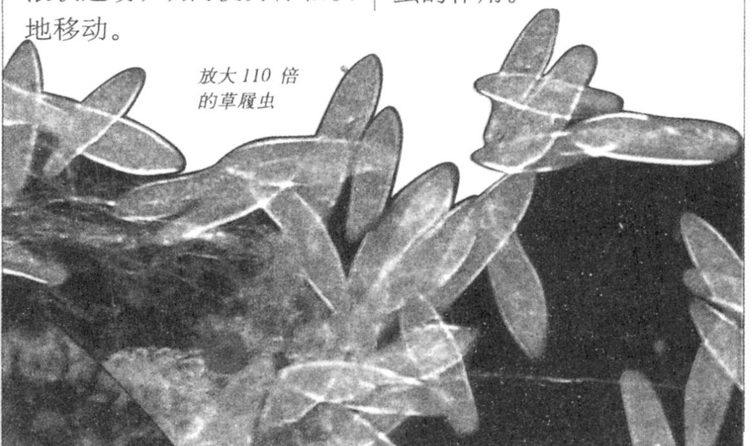

放大 110 倍的草履虫

草履虫的运动方法

摆动纤毛前进或后退的方法

当草履虫摆动全身的纤毛时，身体前端就会从口部开始扭曲，当纤毛斜向后方摆动时，身体便会随之回转并前进。如果前进时，碰到墙壁或水草等障碍物，纤毛先反方向后退，然后再改变方向前进。此外，碰到同伴时，也是同样先后退再换方向前进。虽然草履虫没有神经系统，但从它碰到物体会后退再改变方向看来，它必然具有类似神经系统的机能。

鞭毛虫

具有鞭毛的原生生物

鞭毛虫是以鞭毛作为运动器官的一类原生生物，它们具有一根或多根鞭毛，种类繁多，分布很广，生活方式多种多样。其中，营寄生生活的鞭毛虫主要寄生于宿主的消化道、泌尿道、血液和组织内。白蚁能消化木材中的木质纤维，就是靠鞭毛虫的作用。

草履虫的分裂

草履虫的分裂，整个过程约需 1～2 小时。

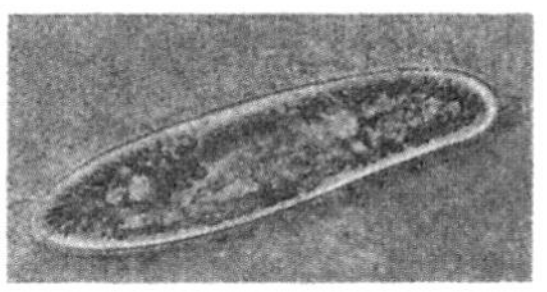

1. 细胞核先伸长呈细长形状，再像折断般地分裂。

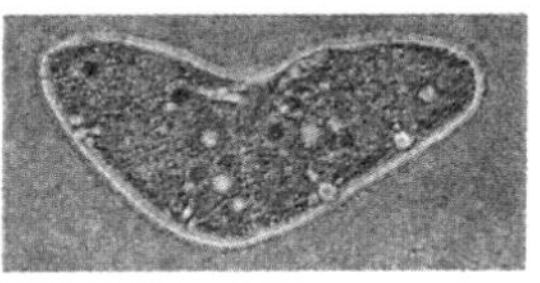

2. 细胞核分裂成两个时，细胞中部开始产生裂痕。

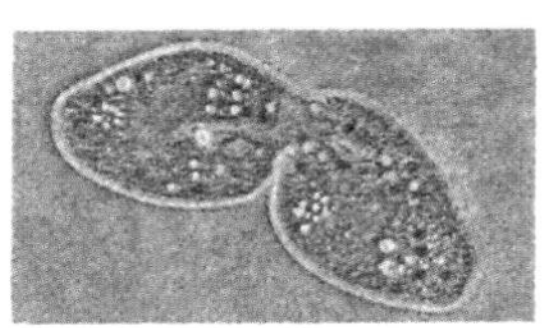

3. 细胞的分裂趋于明显，先分裂的核开始移向两边。

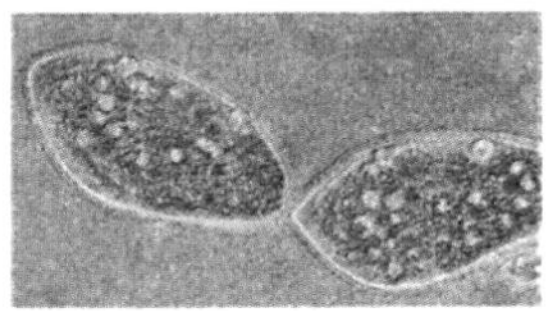

4. 细胞分裂的痕迹逐渐加深，可以看出即将分裂成两个。

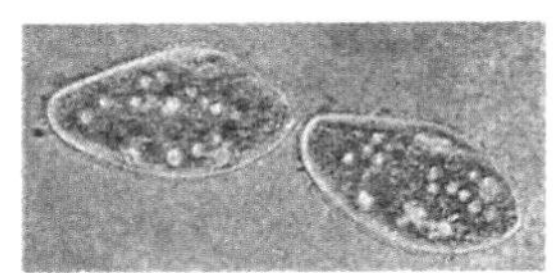

5. 细胞完全分裂成两个时，分裂即告完成。

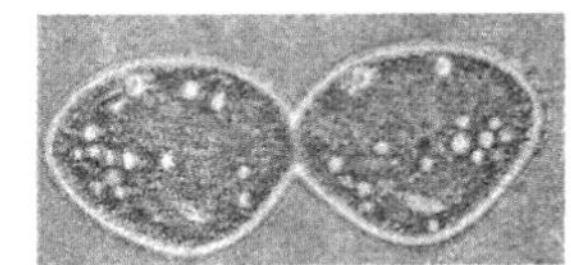

6. 分裂成两个独立的细胞。

放大500倍的放射虫

放射虫

具有硬质骨骼的原生动物

放射虫的身体呈放射状，体内有囊和气泡，可以增加身体的浮力，使其适于浮游生活。它们是一种大洋性浮游生物，种类繁多，数量巨大，分布于全世界各个不同深度的海域。当放射虫死亡后，它们的骨骼沉于海底，能形成海底软泥。

有孔虫

长有伪足和硬壳的单细胞原生生物

有孔虫是一类微小的单细胞生物，它们长有伪足，大多具有矿物质形成的硬壳，壳上多有开口，壳壁上还有许多小孔。有孔虫的身体由一团细胞质构成，细胞质分化为两层，外层又薄又透明，叫作外质；内层颜色较深，叫作内质。外质围绕着壳并且伸出许多根状或丝状的伪足，主要功能是运动、取食、消化食物、清除废物和分泌形成外壳的物质。内质包在壳里，有一个或几个细胞核，且还含有食物泡。绝大多数有孔虫都是海生的。

有孔虫

眼虫

有叶绿体能运动的原生生物

人们通常很难区分眼虫究竟是植物还是动物，可以说它是既非动物、也非植物的代表之一。眼虫有叶绿体，能进行光合作用，所以可被认为是植物；但它们的红色眼点能感光，而且能使用鞭毛在水中游泳，所以又可被认为是动物。眼虫的种类繁多，根据其叶绿体的大小和形状可以分类为团扇眼虫、壳眼虫等。眼虫大都生长在淡水里，但也有一些生活在海洋中。其中，有种生长在水田里的红膜眼虫，体内具有红色素，因此能在水面形成一层红膜。眼虫在浑浊的水中繁殖得特别快，而在干净的水中则生命不活跃，甚至会缩成圆形进入休眠状态，因此，由水中眼虫的种类和数量可以测知水的浑浊度。

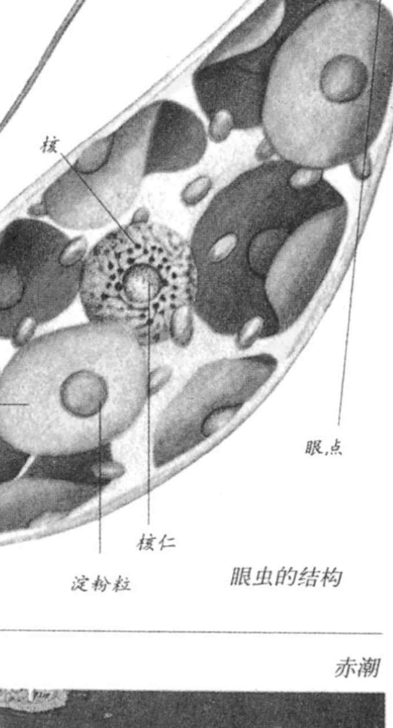

眼虫的结构

赤潮

赤潮

赤潮生物增多引起的潮水变色

赤潮指水体中某些微小的浮游植物、原生动物或细菌，在一定的环境条件下突发性地增殖和聚集，引起一定时间和范围内水体变色的现象。通常水体颜色因赤潮生物的数量、种类而变成红、黄、绿和褐色。赤潮会给海洋环境、海洋渔业和海水养殖业造成严重危害，对人类的健康也有影响。

浮游生物能“呼风唤雨”

最近，科学家们利用计算机模型来研究海洋浮游生物和大气的关系。结果显示，浮游生物数量的改变能引起海水温度的改变，从而影响云的形成。云能阻挡阳光进入水中，并干扰从水中折返回大气的能量，进而影响天气的稳定性，甚至能够明显地影响从天晴到下雨的转变过程。

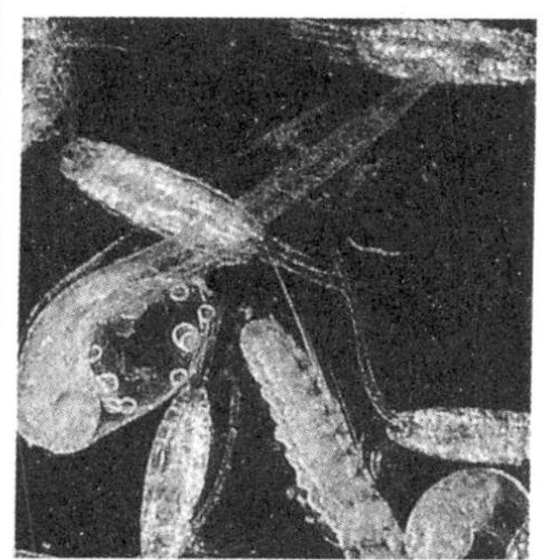

海水中各种各样的浮游生物

浮游生物

随水流移动的微小生物

浮游生物一般指体型微小，没有或仅有微弱游动能力，可随水流而移动的水生动植物。它们包括一些体型微小的原生生物，也包括某些甲壳动物、软体动物和其他动物的幼体。浮游生物可分为浮游植物和浮游动物两种，其中浮游植物占绝大多数。浮游生物是水域中其他生物生存的基础，由于它们分布广，繁殖力强，所以可能会成为未来世界的主要食源。

· DIY 实验室 ·

实验：观察浮游生物

在池塘或沼泽地里，浮游植物经常被浮游动物当作食物，而浮游动物则被其他的小生物所吞食，这样就构成了完整的食物链。如果没有这些浮游生物，其他的小生物也无法存活了。

我们可以通过下面的实验来观察浮游生物。

准备材料：玻璃瓶、网眼很小的网兜、吸管、放大镜、显微镜。

实验步骤：1.从小池塘或沼泽地采集一些浮游生物，先用小眼的网兜或透明的玻璃瓶在水里捞取；再把网兜放到装有池水的脸盆里，翻转洗涤；然后把水倒入另外的透明玻璃瓶里。

2.举起装有池水的玻璃瓶，透过阳光或其他强烈光线，用放大镜观察池水，能否看到一些稍大的生物。

3.用显微镜观察，分别放大到100倍、150倍、400倍，看到不同的浮游生物，在记录单上描绘出这些浮游生物的形状。

· 智慧方舟 ·

填空：

1.变形虫的身体由________个细胞构成。

2.变形虫捕食时伸出________渐渐将食物包围。

3.眼虫有________体，能进行________作用。

4.浮游生物可分为________和________。

判断：

1.所有的变形虫都有壳。（ ）

2.草履虫有通常一根或多根鞭毛。（ ）

3.赤潮就是因微生物增多而变成红色的潮水。（ ）

4.有孔虫都具有伪足和硬壳，都是水生生物。（ ）

真菌

· 探索与思考 ·

观察香菇

1.准备好香菇、镊子、放大镜、深色的纸、玻璃杯、显微镜、记录单。

2.用放大镜观察香菇的整个形状，并注意看背面。

3.切下蕈伞，放在深色的纸上，用玻璃杯盖住。打开玻璃杯，拿起蕈伞，就能看出蕈褶的模样，也就是孢子印。

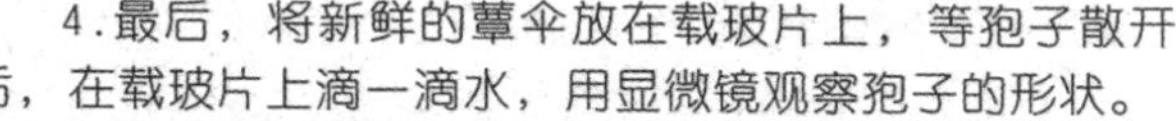

4.最后，将新鲜的蕈伞放在载玻片上，等孢子散开后，在载玻片上滴一滴水，用显微镜观察孢子的形状。

5.把观察到的形状在记录单上画下来，并写出它们的特征。

想一想 孢子具有什么作用？

在养料上生长的蘑菇、马勃菌、地衣、酵母菌和霉菌都属于同一类生物，即真菌。真菌既不属植物也不属动物。它们通过细细的菌丝来吸收营养物质。真菌曾经被认为是植物，因为它们生长在土壤中并且不能移动。科学家们现在认为真菌和植物大不相同。它们之间的区别在于，真菌不是绿色的，而且自己不能制造所需的养料。

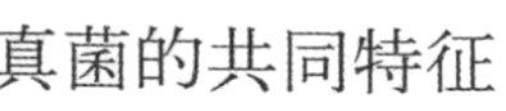

真菌的共同特征

真菌都具有的特征

真菌都依靠分解动植物组织为食，从而得到生长所需的养分。它们大多能制造一种叫菌丝的网，称为真菌体。这种缠绕的网铺在真菌生长的物体上，以吸收食物。真菌体常埋藏在土壤和动植物尸体中，因此我们很少能见到活动中的真菌。有些真菌如酵母菌，以一分为二的方法繁殖，但大多数真菌通过释放微小的孢子来繁殖。

子实体
孢子在子实体内受精成型
菌丝
孢子脱离

真菌典型的生命周期

食用真菌

能够食用的真菌

人们经常食用的香菇、金针菇、平菇等都属于食用真菌。这类真菌由可看见的子实体和看不见的菌丝体组成。其中子实体由菌盖、菌柄组成，这就是人们通常所说的“蘑菇”。各种蘑菇、木耳等可食用菌都具有极高的营养价值。它们味道鲜美、蛋白质含量高，含人体所必需的多种氨基酸、维生素和矿物质，而且脂肪含量低，因此备受青睐。

蘑菇

药用真菌

能够药用的真菌

在真菌一族中，有些成员在生长发育的生理过程中，能够在菌丝体、菌核、或子实体中产生酶、脂肪酸、氨基酸、肽类、多糖、生物碱、维生素等有益物质。这些物质对某些疾病有着抑止或治疗的作用。

灵芝

毒蝇伞

一种有剧毒的真菌

有些蘑菇看起来可以食用，其实它们有致命的毒性，毒蝇伞就是其中一种。它又名马河菌，艳丽鲜红的外表发出有剧毒的警告。那些悬挂在蕈伞下面的竖片称为菌褶，孢子成熟后就会从里面逸散出来。如果把毒蝇伞与牛奶、糖混合在一起，可以制成一种诱惑苍蝇的致命液体。人类用毒蝇伞消灭苍蝇已经有几百年的历史了，它也因此而得名。

艳丽鲜红的色彩

毒蝇伞

马勃菌

通过爆裂传播孢子的球状真菌

马勃菌的样子像白色的皮球，它是一种会爆裂的真菌。大多数马勃菌的直径在25～30厘米之间，最大的可达84厘米。马勃菌的孢子在它体内的一个袋状小室里发育成长。当它们成熟后，只要轻轻一碰就会炸裂开来，喷出一股尘雾。这股尘雾实际上是由数万亿颗的孢子组成的，它们对人的眼睛、鼻子、喉咙有刺激作用。孢子很轻，能飞出很远。当一粒孢子落到了适宜的地方，就能长成一棵新菌。

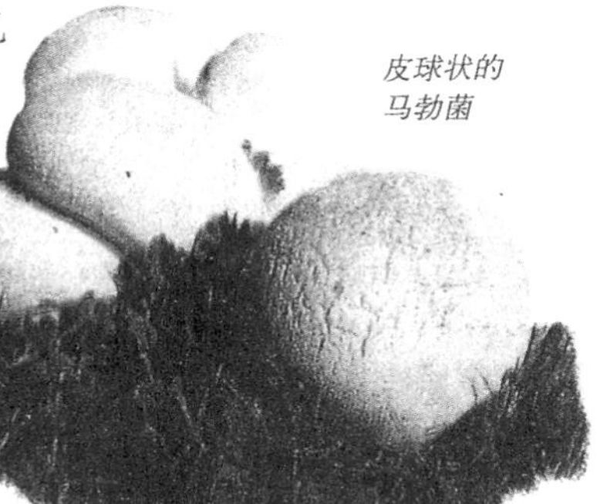

皮球状的马勃菌

酵母菌

可用来发酵的单细胞真菌

酵母菌是单细胞微生物，属于真菌类。它通常用芽接方式繁殖，这种新细胞的生长就像是从母体细胞里鼓泡泡，它们变得大起来，并最终同母体分开。一个酵母细胞大约能产出20个新细胞。酵母菌分布很广，在含糖较多的蔬菜、水果表面分布较多，在空气和土壤中较少。酵母菌是发酵过程中不可缺少的，它们在含糖的环境中生长，能将糖转换成二氧化碳和乙醇，所以可以用来酿酒和发酵面包。

扫描电子显微镜下的酒酵母

橘子上的霉菌

霉菌

无法长出子实体的真菌

食物放久了会发霉，这种霉实际上是一种低等真菌。真菌类中这种无法长出子实体的称为霉菌，它与食用真菌相似，也由菌丝发育而成，能产生孢子。霉菌没有叶绿体，无法进行光合作用自制养分，因此它们大多生长在潮湿的食物、水果、面包上，将它们分解而获得养分。霉菌不但会使食物产生毒素，而且也能寄生在人体上给健康带来危害。

白菌

有毛状白色菌丝的霉菌

白菌的菌丝为白色，呈微细毛状，因此得名。白菌大多寄生在面包、饭粒、水果以及草食动物的粪便中，它们的菌丝前端附有孢子囊，囊内有许多孢子。白菌依靠孢子来繁殖。

酒曲菌

酒曲菌

有网状菌丝和假根的霉菌

酒曲菌生长在草莓、橘子等水果的表皮上。菌丝扩展时会不断地分枝，呈蜘蛛网状覆盖在物体的表面。它们的菌丝与白霉相似，但上面有节，从节处会长出孢子囊与假根，形成束状，很容易就能分辨出来。

曲菌

曲菌

孢子长在菌丝前端的霉菌

曲菌的种类很多，它们大多生存在糕点、面包上，能把淀粉转化成糖，因此可利用来制造甜酒等食品。人们每天所食用的酱油就是利用曲菌发酵而来的。曲菌的孢子长在菌丝的前端，最初呈黄色，一段时间后则变为褐色。

青霉素的发明

青霉素的发明完全是偶然。1928年，英国科学家弗莱明在培养葡萄球菌时发现器皿中绿色的青霉能阻止它周围细菌的生长。他想也许是青霉能产生杀死细菌的特别物质，经过研究，终于发明了青霉素。这一发明挽救了无数病人的生命。

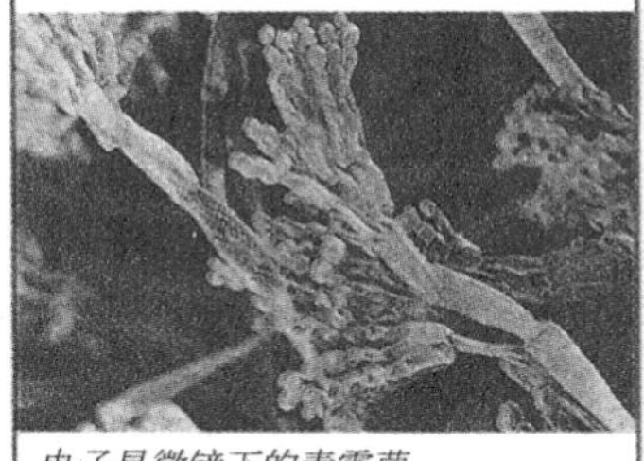

电子显微镜下的青霉菌

青霉菌

能杀死致病细菌的霉菌

青霉菌因能制造青霉素而闻名，它们常常繁殖于皮革制品上，孢子呈绿色，因而得名。实际上它们种类很多，颜色还有黄色和茶色。从青霉菌培养液中提取的青霉素能将其周围的致病细菌杀死，在以前是非常重要的药物。

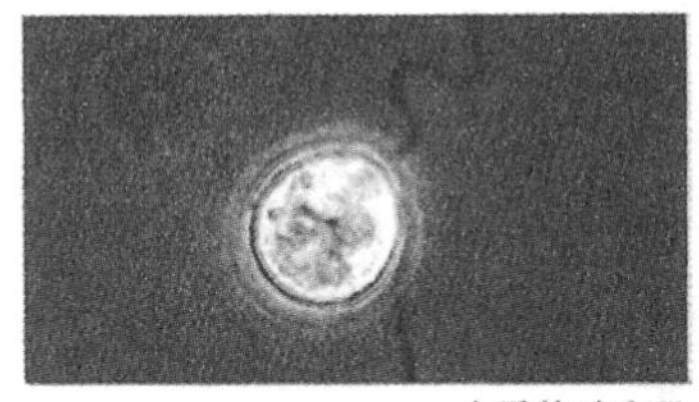

水霉的动孢子

水霉

生长在水中的霉菌

水霉生长在水中，通常能在水中的落叶、金鱼或小昆虫的尸体上找到。它们的外观如同棉花，菌丝呈透明状，孢子上有两根鞭毛，可在水中游走，所以称为“动孢子”。还有一种绵霉菌是水霉的同类，它们专在水中的落叶以及动物的尸体上繁殖和生存。

红面包霉

对高温抵抗力强的霉菌

红面包霉常在烘烤过的食物上出现，它们的孢子对高温抵抗力很强，烤面包、烤玉米的心是它们最好的繁殖场所。由于孢子烘烤过，所以都呈红色。当食物长有红面包霉时，都会产生橘红色粉末。

地衣

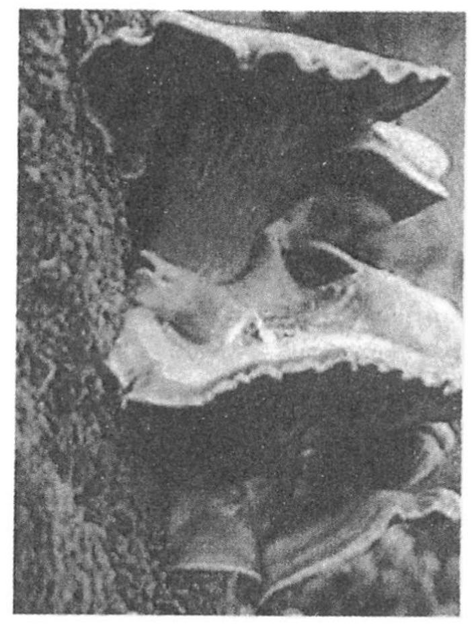

真菌能清理大自然的垃圾。

真菌的作用

真菌的作用非常巨大

真菌在自然界有着相当重要的作用。它们能有效地清理地球的垃圾，肥沃土壤，保持大自然的清新整洁。真菌还在食品、造纸、洗涤以及污水处理方面得到广泛的运用，例如酱油、腐乳、食醋以及各种酒都要借助真菌来发酵；加酶洗衣粉中的酶其实就是一种能分解蛋白质、糖分和淀粉的真菌。

地衣

菌藻共生的植物

地衣是一种菌藻共生的植物，在地球上分布很广。藻类利用光合作用制造养分，为真菌提供食物，真菌则从中吸收水分和矿物盐，它们构成稳定的联合体。地衣生命力极强，只要一小块含有藻类和真菌的地衣碎片落在地面、哪怕只是一块光秃秃的巨石上，都能生出新的地衣。

• DIY 实验室 •

实验：常见霉菌的简易培养

在饭粒、面包、水果上喷点儿糖水，放在温暖的地方一个星期左右，就会发霉，这是培养霉菌的最简单的方法。然而要培养出色彩各异的霉菌，还得好好准备一番。

准备材料：长霉的面包、葡萄、玻璃培养皿、解剖针、吸管、记录单等。

实验步骤：1.洗净培养皿、解剖针和吸管。

2.取一块刚吃剩的面包，掰成片状（厚约培养皿高的1／2，大小约为培养皿面积的1／2)，置于培养皿内，作为培养基。

3.将几粒葡萄去皮去籽后，置于适量清水中揉碎成汁。

4.用吸管吸取葡萄汁溶液，滴到培养皿中的面包上，直到饱和为止。葡萄汁溶液能促进霉菌的生长。

5.用解剖针从发霉的食品上挑取霉菌的孢子，涂于培养皿的面包表面。重复4～5次后，盖上培养皿盖。

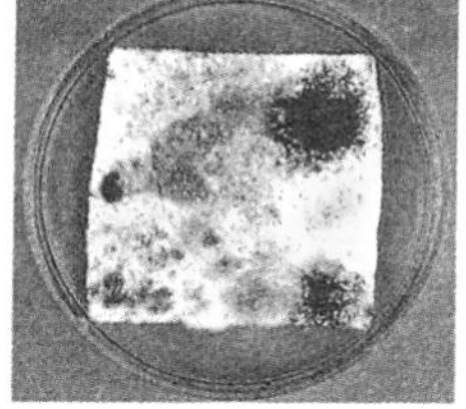

6.重复步骤5，接种根霉和黄曲霉，最后将这些培养皿置于温暖的地方。

7.一周后，培养皿内长满霉菌的菌落。青绿色的青霉、橘黄色的黄曲霉、长长的白色菌丝上顶着黑色孢子囊的根霉，在放大镜下，层层叠叠，景象颇为壮观。它们保存方便，可以用来进一步观察和实验。

• 智慧方舟 •

填空：

1.写出你知道的几种真菌______、______、______、______。

2.真菌大多能制造称为菌丝的网，这种网叫作______。

3.通过爆裂传播孢子的球状真菌叫作______。

4.青霉素的发明者是______。

5.对高温抵抗力强的霉菌叫作______。

判断：

1.颜色比较鲜艳的蘑菇通常都不能食用。（ ）

2.酵母菌是可用来发酵的一种多细胞真菌。（ ）

3.酵母菌、酒曲菌和曲菌都可以用来酿酒。（ ）

隐花植物

·探索与思考·

观察隐花植物和显花植物

1.准备好苔藓、蕨类植物、野花、放大镜、记录单。

2.仔细观察它们的形状、色泽、大小，把它们的特征记录下来。

3.先两两比较，再一起比较，看其中的几类有没有一些共同特征。

4.联系它们的生长环境解释出现这种差异的原因。

想一想 为什么苔藓和蕨类植物都没有花？

在自然界中，藻类、苔藓、蕨类等植物从来不开花，因此被称为隐花植物。隐花植物通常生长在阴暗、隐蔽的地方，主要通过孢子繁殖。孢子是一种能长成有机体的微小的特殊细胞。许多隐花植物，如蕨类，以两种不同的植物体形式生存。一种是孢子体，它制造出孢子，然后孢子发育成另一种植物体，即原叶体。原叶体能产出一种称为配子的生殖细胞。

孢子与孢子囊群

隐花植物的繁殖体及繁殖体生长的部位

隐花植物的叶背面，有许多称为孢子的细小颗粒，它们借着孢子落地萌芽而繁殖。孢子装在一种称为“孢子囊”的袋中，通常在叶子背面看到的小颗粒，就是由数个孢子囊集合而成的孢子囊群。孢子太小，肉眼不易看见，但集合体的孢子囊群，则能清楚地看到。孢子囊群形状有各种，有的附在叶缘，有的附在叶脉，有的甚至被薄膜包起来，或者裸露在外。

藻类

无根、花、叶，含有叶绿素的隐花植物

藻类共有两万多种，它们大多生长在海洋、湖泊和池塘里，仅有极少数生长在陆地上的潮湿处。藻类不同于其他植物，它们没有根、花和叶，但它们都含有叶绿素，能通过光合作用制造所需的养分。许多水藻也含有其他色素，这就使它们呈现出褐色、红色等其他颜色。

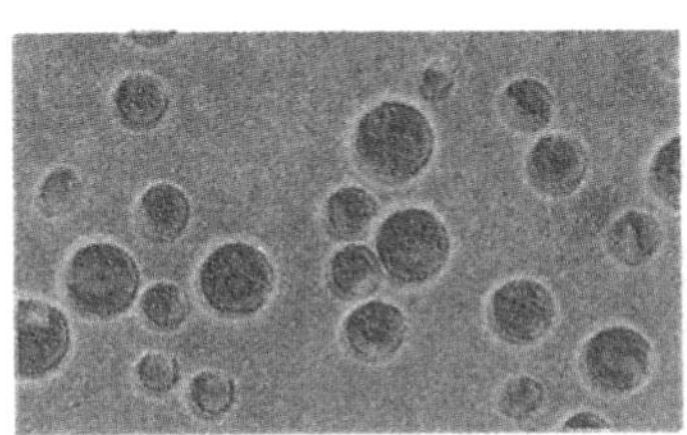

生长在池塘和沼泽中的球绿藻

绿藻

细胞中含叶绿体的藻类

绿藻种类繁多，凡有水的地方几乎都有它们的踪迹。在水沟、池塘、湖泊、海洋，甚至石头、树皮及土壤中，都可以找到绿藻。绿藻体内叶绿体的数量及形状各不相同，所以可据此对绿藻分类。除单细胞的绿球藻外，也有由相同细胞聚集而成的群体，如大团藻。

各种各样的孢子囊群

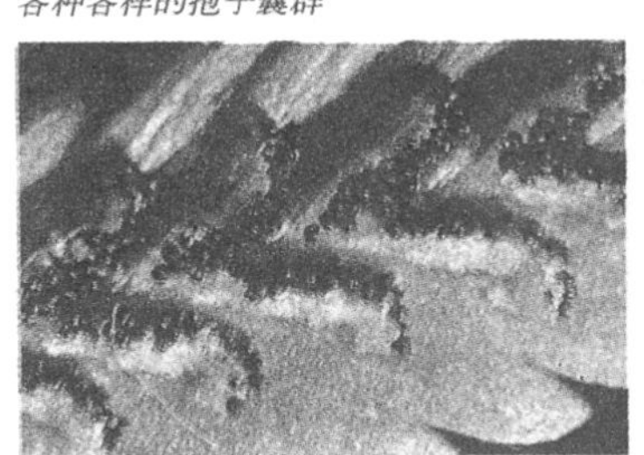

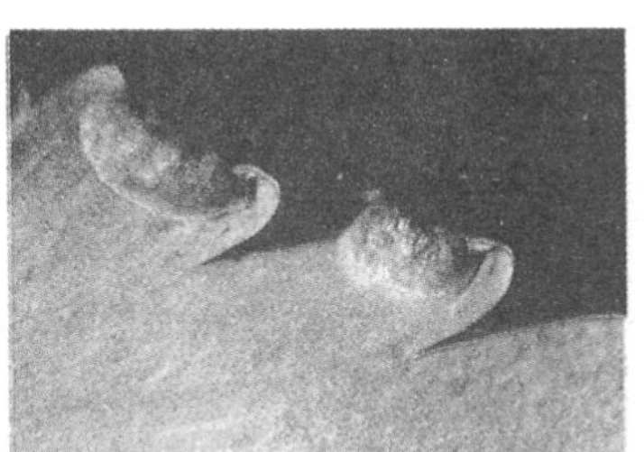

团藻

一群常见的绿藻

团藻是常见于混浊的池塘及田间的绿藻。它们大量繁殖，常使水面呈绿色，因此有“水花”之称。团藻的体外由胶质层包围着，其中多数细胞有两根鞭毛，由彼此交织的丝状物连成群体。平常人们用肉眼看到在水中的绿色小点状藻类，大多是团藻。团藻群体的内部，常常又有幼小的群体。因为大小差别明显，小群体可以清楚地看出来。组成这些群体的细胞数目众多，最少有500个，多的可达2000个，它们常常在水中摇动鞭毛，不停地旋转。

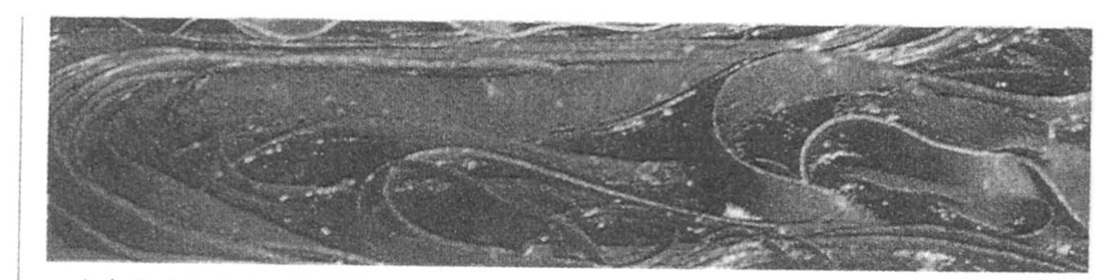

人类食用的海带是一种褐藻。

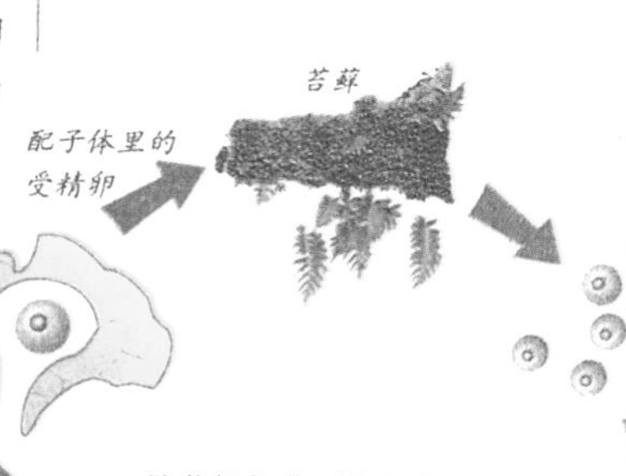

隐花植物典型的生命周期

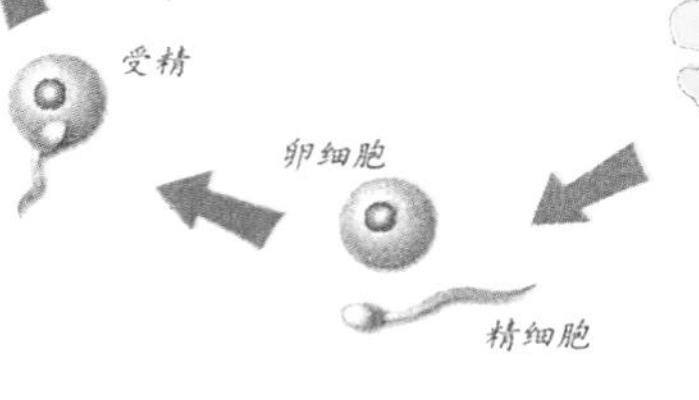

硅藻

有坚硬外壳的单细胞藻类

硅藻是一种浮游植物，它们连成一片漂浮在水面上，数量占海洋植物的69%。硅藻是单细胞生物，每个细胞都有一个起保护作用的、由纯硅石构成的外壳，细胞的形状就由这个外壳来决定。它们有上百种不同的外形，在显微镜下观察，如同一个个雕刻精美工艺品。硅藻遗骸大量沉积在水底能形成硅藻土。

红藻

营附着生活的藻类

红藻已知有4000种左右，绝大部分生活在海洋里，只有约50种左右分布在淡水里。红藻是一种多数营附着生活的藻类，藻体绝大多数是多细胞，形状很多，有丝状、叶状、带状、树枝状等，只有极少数是单细胞。红藻的细胞壁有两层，内层由薄而坚韧的纤维素组成，外层由果胶质组成。细胞中除了含有叶绿素外，还有胡萝卜素和藻红素，其中藻红素含量较多，因而藻体呈鲜红和紫红色。

褐藻

多细胞的褐色藻类

褐藻是一种多细胞藻类，大多生活在海洋中。它们的藻体呈褐色，有丝状、片状、叶状等多种形状。褐藻中的大型种类，如海带可长到7～8米长；巨藻更可长到300米长，素有“海底森林”之称。它们多数生长在低潮带或低潮线下的岩石上。其中海带和裙带菜是人们喜爱的食品，它们的褐色和黄色色素使它们能在较深的海水中进行光合作用。海带被誉为“海上庄稼”，种类繁多，含碘量高，可以用来治疗因缺乏碘而引起的各种疾病。

蕨类植物与煤炭

在距今3.5 亿年前的石炭纪时代，沼泽地里长满了高大的蕨类植物，形成了茂密的原始森林。它们不断地长出来又不断地死去，在地表堆积了厚厚的一层，后来地壳发生了变化，这些死亡的植物全被压在了深深的地层下面。经过漫长的地质作用，在温度增高、压力变大的环境中，这一有机层最后转变为煤层。

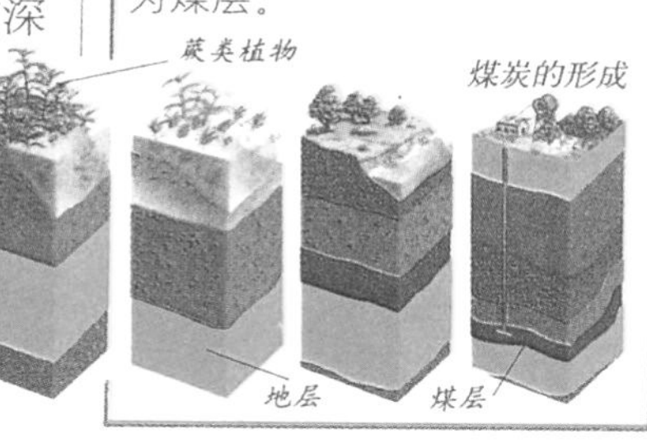

煤炭的形成

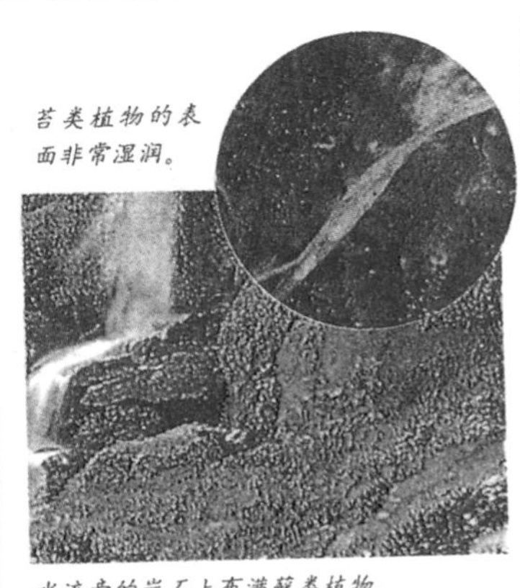

苔类植物的表面非常湿润。

水流旁的岩石上布满藓类植物。

苔藓植物

苔类和藓类植物

苔藓是能够独立在陆地上生存的一类隐花植物。目前人们已知的苔藓约有2.3万种。它们高度通常不超过10厘米，常密密麻麻地挤在一起，毛茸茸的，就像一块碧绿的毡毯。苔藓植物有很强的吸水能力，在它们密集的地方，其吸水量可以达到自身体重的15～20倍，而通过它们本身蒸发散失掉的水分却非常少，所以苔藓植物在防治水土流失上有着重要的作用。

水苔

完全靠叶面取食的苔类植物

水苔成群地生长于山地或寒冷地带的酸性潮湿土壤中。植物体柔软而具有贮水细胞，所以园艺上常用来栽培兰花。水苔没有导管，所需的水分、养分完全靠植物的表面吸收，它叶面上还有网目状的细长形同化细胞，可进行光合作用。

地钱

靠伞状构造繁殖后代的苔藓植物

地钱通常生长在墙角下、墙壁上及水池旁。它的形状看起来像一片叶子，故称为叶状体。叶状体上有雌配子体与雄配子体，均长有伞状构造，分别产生藏卵器和藏精器。藏卵器产卵子，藏精器产精子，精卵结合产生孢子，孢子掉到地上后发芽，又会产生新的叶状体。此外，叶状体上还会产生芽杯，芽杯里面含有无性芽，可以像种子一样繁殖出新的个体。

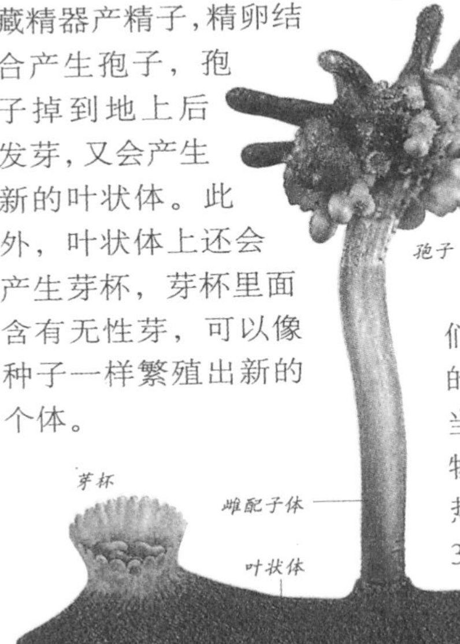

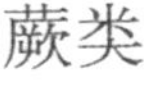

蕨类

叶子在生长中由卷曲而张开的隐花植物

蕨类是非常古老的植物，早在3亿多年前就已出现。它们大多生长在潮湿的地方，没有花，叶子由地下的茎长出，往往卷成一圈，生长时像弹簧般展开。蕨类的大小差异很大，小的水生蕨直径只有1厘米，而巨大的树蕨茎部可高达25米。

生长在云南一带的桫椤

桫椤

蕨类中现存不多的高大木本植物

桫椤是蕨类植物中为数不多能存活下来的木本植物。它们繁盛于距今1亿多年前的中生代侏罗纪时期，是当时草食性恐龙的重要食物。如今，桫椤主要生长在热带、亚热带森林中，高3～8米，在南太平洋岛屿的森林中最高可达20米左右，是世界上最高大的蕨类植物。它树形美观，叶如凤尾，枝繁叶茂，遮天蔽日，四季长青，形成壮美的景观。

林中空地上生长的蕨类

木贼属植物

侧枝环生的一类隐花植物

几百万年前木贼属植物非常普遍，它们长得和树一般大。现在，保存下来的只有23种小的木贼属植物。它们的枝条在侧面环绕着生长。盘旋的绿色枝条和空心的茎共同制造植物所需的食物。木贼的孢子成群地集结成球果，生长在不同的茎上。有些木贼属植物表皮含有大量的矽，粗糙的表面可用来磨光容器。

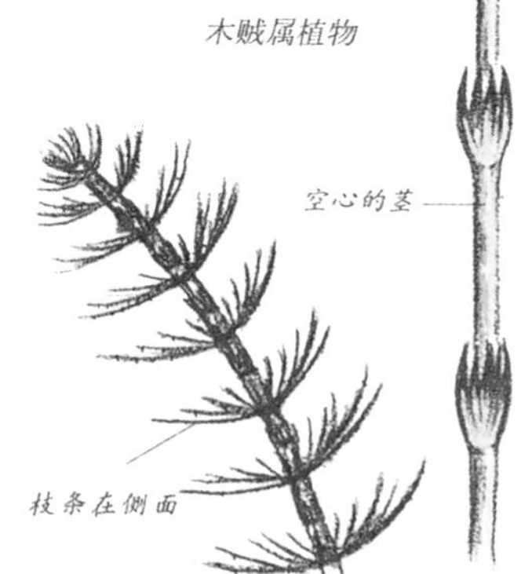

马尾草

喜潮湿的木贼属原始植物

马尾草现在很矮小，但它们在石炭纪晚期有树那么高大，是一种古老的原始植物。马尾草共有29个种类，都属于木贼属，它们生长在潮湿的沼泽地中，相互缠绕。它们的茎呈肋状，其中含有金等少许矿物质；内部呈海绵状；叶子呈剑形，成熟后具有浓密的针叶树似的外观。

· DIY 实验室 ·

实验：观察木贼的孢子

在原野、堤防或溪流边的石缝里，经常可以看到木贼。我们可以通过下面的实验来观察其孢子的发芽活动。

准备材料：木贼的孢子叶球、放大镜、显微镜、解剖针、吸水纸、吸管、培养皿、清水、记录单等。

实验步骤：一、观察孢子叶球

1. 取一个完整的孢子叶球。观察其表面，有许多六角形的小块，即为孢囊柄的盘状体。
2. 小心地从孢子叶球上取下一个完整的孢囊柄，用放大镜观察。
3. 用针轻轻拨动，可看到在盘状体下面侧缘长有5～10枚长筒形的孢子囊。

二、观察孢子

4. 用针将孢子囊捅破，轻轻地吹口气，将孢子撒在载玻片上，注意不要把孢子吹散。
5. 不加水和盖玻片，迅速在显微镜下观察，可见许多绿色的圆球形孢子在跳动。

三、观察孢子的发芽

6. 在培养皿内铺一层沙，播下孢子。每隔数小时观察一次。等它发芽之后，观察芽的特征。
7. 把新芽纵切，观察蕨类植物茎部特有的顶端细胞。

· 智慧方舟 ·

填空：

1. 隐花植物主要以________进行繁殖。
2. 人们在隐花植物叶面背面看到的小颗粒通常都是________。
3. 绿藻能进行________作用，产生淀粉而生长。
4. 能产生藏卵器和藏精器的苔藓植物叫作________。

判断：

1. 团藻是一团绿色的单细胞植物的集合体。（ ）
2. 硅藻是在海洋中生存的单细胞藻类。（ ）
3. 苔藓植物有很强的吸水能力，在防治水土流失上具有重要的作用。（ ）
4. 桫椤是蕨类植物中唯一存活下来的木本植物。（ ）

裸子植物

·探索与思考·

观察不同的树叶

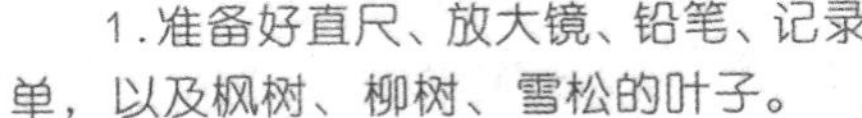

1. 准备好直尺、放大镜、铅笔、记录单，以及枫树、柳树、雪松的叶子。
2. 用放大镜仔细观察每片叶子，在记录单上把它们素描下来。
3. 用直尺测量它们的长度和宽度，在记录单上记下测量结果。
4. 根据你的观察，把这些叶子分为两类。

想一想 能否根据这些树叶的特征给这些树木分类？

两亿多年前，高大的蕨类植物因为无法适应气候的变迁，渐渐退化，裸子植物随后大量生长。如今覆盖着地球的森林中大约80%的植物都是裸子植物，它们分布广、数量大，种类却只有近800种，是植物界中种类最少的类型。裸子植物和显花植物（也叫被子植物）共同构成种子植物门。这类植物的成员都是靠种子来繁殖。裸子植物是地球上最早以种子来繁殖的植物，它们没有真正的花，胚珠暴露在外面，传粉时，花粉能直接落在胚珠上。

苏铁

形状类似棕榈的裸子植物

苏铁即铁树，是一种常绿灌木。它们分布在热带地区，高约2米，是一种非常古老的裸子植物。在中生代时期，苏铁家族繁盛，后来由于地质和气候的原因逐渐衰落。苏铁雌雄异株，雄花较长，像小宝塔，雌花呈圆锥状，像小扁球。

我国云南的苏铁

银杏的枝叶和种子

银杏

裸子植物中唯一的阔叶树

银杏被称为“金色活化石”，其祖先在2.7亿年前就已出现在地球上。那时，银杏家族极其繁盛，其成员遍布全球，后来由于气候变化和地质的变迁，遭到毁灭性打击，仅留下一种分布在亚洲东部的局部地区。银杏抗病虫害，耐污染，对不良环境条件适应性强，所以常作为绿化树种种植于城镇街道旁。

裸子植物典型的生命周期

买麻藤纲

最为进化的裸子植物

买麻藤纲植物是裸子植物中比较少见的一种，通常生长在炎热干燥的沙漠或一些特殊的热带雨林中，一般为灌木和藤蔓，也有些是乔木。买麻藤纲植物起源于新生代，是裸子植物中最进化的类型，它们最接近于被子植物，但尚无子房，所以还不是真正的被子植物，也不是被子植物的祖先。它们在木质部、花、胚珠和繁殖器官等方面与被子植物的双子叶植物并行演化和发展。

百岁兰

生长于沙漠中的买麻藤纲植物

百岁兰生长于西南非洲极度干旱贫瘠的沙漠地区，寿命可达百年以上。它们长相奇特，茎杆4米高，露出地面的却只有20厘米左右。两侧各生一片永不凋落的带状叶片，匍匐在地，叶宽30厘米，长3米左右，最长的有6～7米。这一对叶子百年不凋。百岁兰的根系发达、叶片阔大，靠吸收地下和空气中的水分顽强地生存。

宽阔的叶子实际只有两片。

沙地上的百岁兰

松柏纲

靠球果繁殖的裸子植物

松柏纲植物不开花，也不产生孢子，而是靠球果繁殖。球果会生成雄细胞或雌细胞，雄细胞落到雌细胞上，就长出了种子。松柏纲植物是最先长种子的植物之一，因叶子多为针形，故称为针叶树或针叶植物；又因孢子叶常排成球果状，也称为球果植物，大约有550种之多，几乎都是杉树和松树之类的树木。许多松柏纲植物都非常耐寒。在一些非常寒冷的地区，松柏纲植物能成片成片地生长成林。

雪松是常见的松柏纲植物。

叶子

呈针状或鳞状

松柏纲植物大多有小而坚韧的树叶，这些树叶能在树上保留一年或更长时间。但并非所有的叶子都是细长的针状，也有许多是短而平的，称作鳞叶。大多松柏纲植物叶子常绿，只有一小部分在秋天落叶，如落叶松和落羽杉。

松树的叶子和球果

球果

松柏纲植物的繁殖器官

球果实际上是松柏纲植物的花，是由雌球花在受粉受精后发育成的一种球状或长圆状结构，用以繁殖后代。成熟的雄球果会产生数以百万的花粉，随风传播到雌球果裸露的胚珠上。雄球果在播撒完花粉之后干枯凋谢，而雌球果伴随着种子的成长也一点点长大变硬。大多数球果种子和外面的鳞会彼此裂开，种子散落；但也有少数松柏的球果不开裂，如红松、圆柏等。

树脂

松柏纲植物产生的黏稠汁液

许多松柏纲植物会产生一种黏稠的汁液来防止昆虫的啃食；树皮受伤时也会产生一种汁液来保护伤口，这就是树脂。树脂落地后聚积在一起常常能粘裹住周围的昆虫、植物及动物毛发。在冰川时期，这些凝固的树脂由于地质变迁被埋藏到地下，经过数千万年的演化，最终变成化石，称为“琥珀”。琥珀是一种昂贵的装饰品。

红桧树

红桧树

产于台湾的柏科类植物

红桧树又被尊称为“神木”，仅分布于台湾海拔1050～2400米处的山地。它属于柏科，是一种常绿大乔木，高可达60米，树皮淡红褐色，枝叶有点像我们常见到的扁柏。红桧树也是有名的长寿树，在阿里山有一株“神木”，寿命已达4100岁。

银杉

我国特有的古老的松科植物

银杉是松科常绿乔木，是中国特有树种，被誉为“植物界的大熊猫”。它高可达24米，粗可达85厘米。银杉的树皮为暗灰色，并龟裂成不规则的薄片，恰似一些古朴典雅的图案。枝条的形状不规则，树叶深绿色，在小枝上端呈螺旋状紧密排列，一丛丛，一簇簇，十分奇特。

冷杉

喜阴喜湿的常绿松科植物

冷杉是一种常绿大乔木，原产于日本。它高可达50米，主干挺拔，枝条纵横，形成阔圆锥形的树冠。冷杉的树皮为灰褐色，幼枝淡黄灰色，树叶为扁平的线形。冷杉是高山树种，耐阴性强，耐寒抗风，喜凉爽湿润气候。

冷杉

水杉

仅在我国存留的古老的松科植物

水杉是一种古老的落叶针叶乔木，是我国特有的珍贵树种。它高可达40米，胸径可达2.5米。树干粗大，树皮灰褐色，裂成长条片。树枝向上生长，树叶线形，比较柔软，在侧枝上排成羽毛的形状。水杉生长迅速，适应性强，又能进行无性繁殖，所以常作为速生丰产的造林树种。

水杉的主干和枝叶

云杉

云杉

高大的常绿松科植物

云杉是一种高大的常绿乔木，是针叶树种，高可达25米。它耐荫耐寒、喜湿润气候，树形端正，枝叶茂密；树皮呈白色或灰白色，会裂成不规则、较厚的长圆形鳞片；树枝呈橘红色或淡黄褐色，大枝较平展，小枝上有毛。

红豆杉纲

孢子不形成球果、种子有肉质假种皮或外种皮的裸子植物

红豆杉纲植物的孢子不形成球果，种子具有肉质的假种皮或外种皮，这是它们区别于松柏纲植物的主要特点。红豆杉纲植物有14属，约162种，隶属3科，即罗汉松科、三尖杉科和红豆杉科。其代表植物红豆杉生于海拔1500～2000米上的山地。

如何区分松树和杉树？

有时人们很难区分一棵树到底是松树还是杉树，它们实在太像了，而且都有球果。其实只要观察一下叶子和球果就能辨别出来。

1.松树是针叶树中唯一的叶子像针的树；杉树的叶子呈带状。

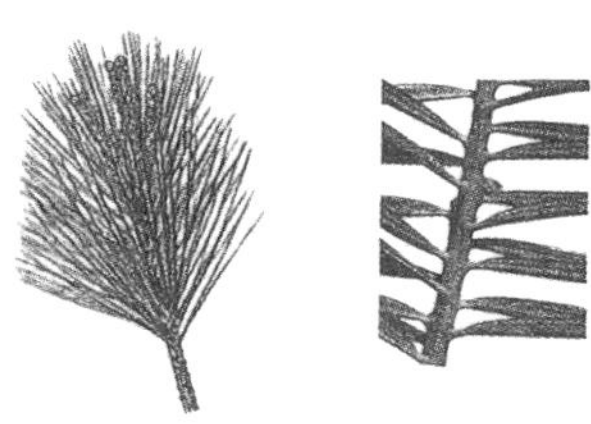

2.松树针叶分布在树叶的四周，呈散射状；杉树的针叶分成两行，排在树枝两侧。

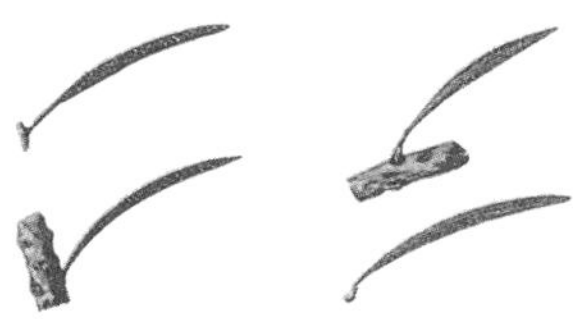

3.如果拔掉一根针叶，随针叶掉下一块树皮的是杉树；只掉叶不掉皮的是松树。

4.球果为椭圆形或球形的是松树；球果中间稍大两头稍小呈梭状的是杉树。

· DIY 实验室 ·

实验：观察球果

针叶树大多结有球果，这种球果实际上是一种"花"，是用来繁殖后代的。不同的树种，它们的球果也不同。收集一些针叶树的球果仔细观察，试着辨认它们之间的细微差别。

准备材料：云杉球果、雪松球果、落叶松球果、放大镜、显微镜、记录单等。

实验步骤：1.认识各类球果，分辨出其各自不同的特征，并辨认出各是哪种球果。

2.查阅植物手册，根据书中知识，分辨出雌球果及雄球果。

3.观察球果的鳞片、种子和种翅，注意鳞片在球果轴上的排列方式，以及鳞片间相互结合的情况，并比较它们与常见的花及果实的差别。

4.分别取幼嫩雌雄球果的切片，在显微镜下观察它们的孢子或胚珠的结构。取松树种子的纵切片，观察它的胚、胚芽和胚乳。

5.根据观察，进一步理解针叶树是无果实、球果成熟后鳞片干裂、种子裸露在外的裸子植物。

· 智慧方舟 ·

填空：

1.如今覆盖地球的森林中大约有80%的植物是________植物。

2.松柏纲植物不开花，不产孢子，是靠________来繁殖。

3.________是裸子植物中唯一的阔叶树，被称为"金色活化石"。

4.________是最为进化的裸子植物。

5.________是中国特有树种，被誉为"植物界的大熊猫"。

判断：

1.种植在热带的铁树因为气温太高，一般难得开花。（ ）

2.百岁兰的两对叶子用来吸收空气中的水分，百年不凋。（ ）

3.红桧树是台湾特产，又被尊称为"神木"。（ ）

4.水杉是仅存于我国的一种古老的松科植物。（ ）

5.红豆杉纲植物的孢子不会形成球果。（ ）

显花植物

·探索与思考·

观察显花植物的果实

1.准备好西瓜、苹果、橘子、放大镜、记录单。

2.用放大镜仔细观察三种水果的外部形态，记下它们的颜色、大小和特征。

3.剖开水果，观察它们的内部结构。

4.找出它们的种子，比较它们的形态、大小和结构。

5.把它们的种子的种皮剥开，看看种子内部由几部分组成。

想一想 它们种子内部的区别跟它们叶子的类型有何联系？

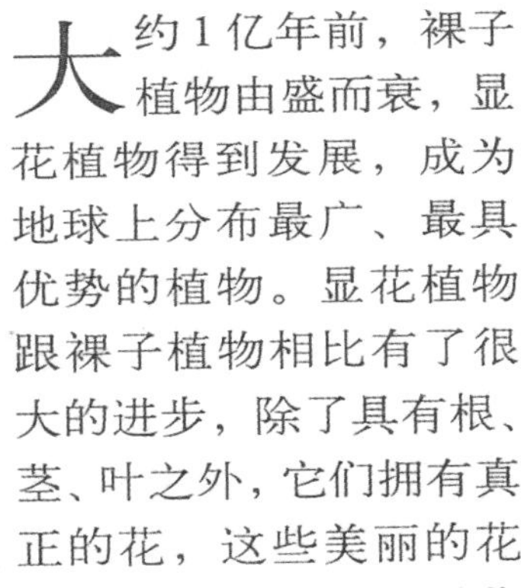

大约1亿年前，裸子植物由盛而衰，显花植物得到发展，成为地球上分布最广、最具优势的植物。显花植物跟裸子植物相比有了很大的进步，除了具有根、茎、叶之外，它们拥有真正的花，这些美丽的花朵是它们用来繁殖后代的重要器官。它们由花进行有性繁殖以产生种子，种子外面包着由子房发育而成的果实，所以它们又被称为被子植物。

单子叶植物

具有单片子叶的显花植物

显花植物分为双子叶植物和单子叶植物两种，它们最根本的区别在于种子的胚中子叶的数量，单片子叶的为单子叶植物。单子叶植物中有大量的粮食植物，如水稻、玉米、大麦、小麦、高粱等。单子叶植物的根系基本上是须根系，主根不发达；主要是草本植物，木本植物很少，茎干通常不能逐年增粗；叶脉为平行脉，花中的萼片、花瓣的数目通常是3片，或者是3片的倍数。

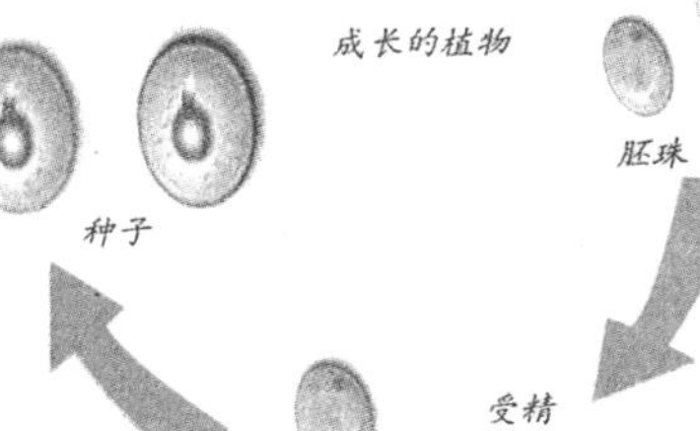

显花植物典型的生命周期

百合科

单子叶植物中大而庞杂的一科

百合科植物大多数为草本，约有3500种，广泛分布于全世界，主要在温带与亚热带地区。它们有根状的茎、鳞茎或球茎；叶子一般有弧形脉或平行脉；花通常辐射对称；能结小浆果。百合科花朵通常艳丽，可供观赏，如郁金香、玉簪、萱草、百合；也有不少种类为著名的中药材，如天门冬、土茯苓；还有一些可供食用，如葱、蒜、韭菜、百合、黄花菜。

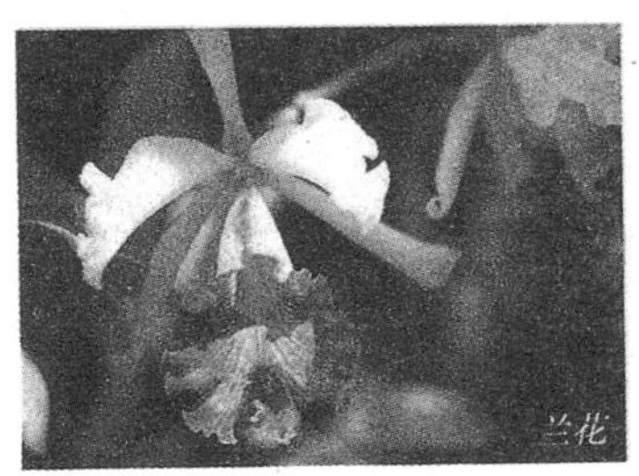

兰花

兰科

显花植物第二大科，单子叶植物

兰科为显花植物第二大科，约有2万种，广泛分布于热带、亚热带与温带地区。兰科为多年生草本植物，具有块茎或根状茎。它们的花对昆虫传粉的适应非常复杂。兰花一般大而美丽，有香气，易引诱昆虫完成授粉。兰科有很多是著名的观赏植物，各地多栽培，是画作中常见的题材，代表着高贵与雅致。还有一些兰科植物可供药用。

天南星科的藤芋

天南星科

单子叶植物中的一科，单子叶植物

天南星科为单子叶植物中的一科，有2500多种，起源于热带亚洲，是在森林地区的水域或沼泽中产生的，经过漫长的历史演化，绝大多数已发展成为陆生植物，水生种很少。其中许多种类可入药，如天南星、半夏、千年健；另外一些如魔芋属植物的则能食用；引进的种类则多属热带庭园观赏植物。

禾本科

没有花瓣的细长的单子叶植物

禾本科植物是细长的单子叶植物，有1万多种，分布广泛。它们有挺立的茎、狭长的叶片和许多缠结着的细小的根。它们的花小而不显著，没有花瓣，在茎的顶端形成羽毛状的花穗。除了小麦等少数几种植物采取自花授粉的方式外，禾本科植物大多数都是典型的风媒传粉植物。谷类作物如大麦、小麦、小米，另外还有甘蔗、竹子、茅草等，都属于禾本科植物。

双子叶植物

具有两片子叶的显花植物

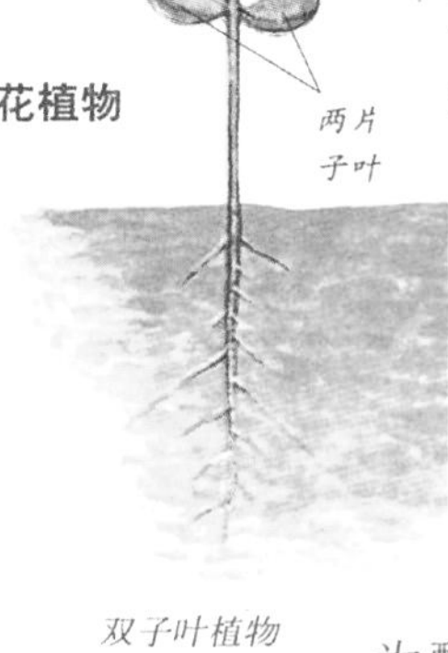

双子叶植物

双子叶植物种子的胚中子叶为两片。在整个显花植物中，双子叶植物的种类占总数的4/5，除了几乎所有的乔木外，还有许多果类、瓜类、纤维类、油类植物，以及许多蔬菜。双子叶植物的根系基本上是直系，主根发达；不少是木本植物，茎干能不断加粗；叶脉为网状脉；花中萼片、花瓣的数目都是5片或4片，如果花瓣是结合的，则有5个或4个裂片。

菊科

显花植物第一大科，双子叶植物

菊科是显花植物中种类最多的一科，有25000多种，大部分属草本植物，菊科植物最重要的特征是由许多小花簇拥在一起形成美丽的头状花序，它们可以与众多的大型单花相媲美，使昆虫很容易就能发现传粉的目标。菊科有大量的药用、观赏和经济植物，如药用的白术、蒲公英；可观赏的菊花、金盏花；可食用的向日葵、茼蒿等。

菊花

杜鹃花科

双子叶植物中较大的一科

杜鹃花科有3500多种，广泛分布于温带地区。杜鹃花科为木本植物，大多常绿，少数落叶，陆生或附生。由于喜欢偏酸土壤而成为酸性土壤的标示性植物。其中有不少种类是著名的观赏植物，如杜鹃、吊钟花；有的种类木材材质致密，可作工艺用材；还有一些可供药用。

杜鹃

豆科

有豆荚和根瘤的双子叶植物

豆科植物有草本也有木本，有12000多种，分布于全世界。豆科植物的果实是豆荚，豆科植物的根与土壤中的根瘤菌共生，形成根瘤，而这种根瘤能将植物无法吸收的空气中氮转化成能被植物吸收的有机氮化合物。

葫芦科

能结瓠果的草质藤本双子叶植物

葫芦科植物是攀援或匍匐草本双子叶植物，有800多种，主产于热带和亚热带。葫芦科的典型特征是会结出瓠果，如葫芦、西瓜、甜瓜、南瓜、黄瓜、冬瓜、丝瓜、苦瓜等，是常见的葫芦科植物。草质藤本是它们的另一个显著特征，葫芦科植物必须匍匐在地或攀爬上架，才能很好地开花结果。

壳斗科

坚硬的果实都长在硬壳里的一种双子叶植物

壳斗科植物为双子叶植物中的一科，约300种，主要分布于亚洲南部及东南部。壳斗科是重要的阔叶树种，它们的特征是坚硬的果实都长在碗状的硬壳内。这个硬壳事实上是由总苞片木质化形成的，这种果实称为坚果。栎树、橡树、板栗树、榉树都是常见的壳斗科植物。

壳斗科中的板栗

桑科

有隐头花序的双子叶植物

桑科植物为双子叶植物中的一科，有1000多种，主要分布在热带、亚热带。桑科植物大多为木本，都具有隐头花序。这种花序看上去很像一个果实，外表看不到一朵花，然而剖开花序，就可以看到内壁上生长的许多雄花和雌花。整个花序内陷于花序托中，靠一种雌黄蜂在其内部传粉。桑科植物体内常有乳汁，如桑树和榕树。

蔷薇科

花瓣数是5的倍数的双子叶植物

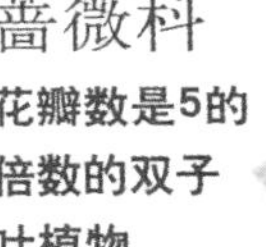

玫瑰

蔷薇科植物为双子叶植物中的一科，草本，有灌木或乔木，共3000多种，主产于北温带。蔷薇科是北温带的花果源，几乎包括所有我们熟知的花和水果：月季、玫瑰、蔷薇、梅花、樱花、海棠花、苹果、桃、李、杏、山楂、草莓、樱桃、猕猴桃。成员之间的外形虽有着极大的差异，但所开的花却又非常相似：两性花，辐射对称，萼片、花瓣5枚或5的倍数，花蕊和花瓣生在花托边缘。正是花的这些特征使这1000余种植物同归一科。

杨树

杨柳科

有柔荑花序的双子叶植物

杨柳科植物为双子叶植物中的一科，约620多种，主产于北温带。杨树和柳树同属杨柳科，雌雄异株。杨树雄花没有花被，依靠风把柔荑花序吹起来授粉。杨柳适应性强、容易繁殖，是水土保持及绿化的重要树种。常见的杨树有毛白杨、加杨、青杨、山杨等；常见的柳树有旱柳、垂柳、中国黄花柳等。

柳树

大王花

在马来西亚，有一种世界上最大的花——大王花。它开着棕红色的花，中间是偌大的花心，四周托着五个大花瓣，花瓣上有许多白色的斑点，整个花朵的直径1米左右，重7千克。但它没有茎、根，甚至也没有叶子来帮助它进行光合作用。

大王花

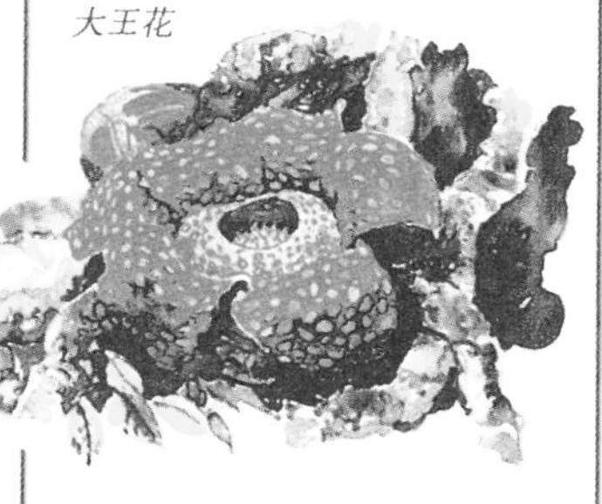

毛茛科

较原始的一科双子叶植物

毛茛科植物为双子叶植物中较原始的一科，大多为草本，有2000多种，全世界广布，主产于北温带。毛茛科植物为单叶或复叶，聚伞花序。其中很多成员是经济植物，牡丹、芍药、飞燕草等可供观赏；黄连、乌头、白头翁、芍药、升麻、金莲花可供药用；有些如毛茛、铁线莲等为有毒植物。

• DIY 实验室 •

实验：种凤仙花

通过种植凤仙花，观察它从发芽到开花的过程，了解显花植物的特点。

准备材料：花盆、土壤、凤仙花种子、水杯、小铲子、报纸、记录单等。

实验步骤：1.首先将凤仙花种子在水杯里泡一个晚上，浮起来的是坏种子，沉下去的是好种子。用水泡过的种子比较容易发芽。

2.在地上铺一张报纸，将花盆里的土倒出来，用小铲子把土拍松，花盆底部铺一层小石子，然后把土倒进去。

3.挖一个5厘米深的小洞，把种子埋进去，然后浇上一些水，土壤湿润就可以了，不要浇太多的水。

4.种子种下去两周之后就会有小芽冒出来，观察并记录芽的特征和生长情况。凤仙花叶子越长越多，茎也越来越高。

5.慢慢地凤仙花会长出花苞，花儿一朵一朵陆续地开放。观察并记录凤仙花的开花时间、花的特征、数量等。

6.观察凤仙花所结种子，结合它的芽的特征判断其是单子叶植物还是双子叶植物。

• 智慧方舟 •

填空：

1.显花植物又叫作________植物。

2.显花植物又可以分为________植物和________植物。

3.黄花菜属于________科植物。

4.豆科植物的两个共同特征是________________。

5.世界上最大的花叫作________。

判断：

1.蒲公英和向日葵都属于菊科。（ ）

2.天南星科为双子叶植物中的一科。（ ）

3.某些杜鹃花科植物可以指示土壤的酸碱度。（ ）

4.葫芦科植物大多结有瓠果。（ ）

软体动物和棘皮动物

·探索与思考·

观察牡砺和海胆

1. 准备好鲜活的牡砺和海胆、水、放大镜、记录单和动物图册。

2. 用放大镜观察牡砺和海胆各自的外形、色泽、大小。

3. 参照动物图册，辨认出它们身体的各部位。

4. 观察它们在水中的进食和运动方式，并作记录。

想一想 软体动物和棘皮动物的差别在哪儿？为什么有这样的差别？

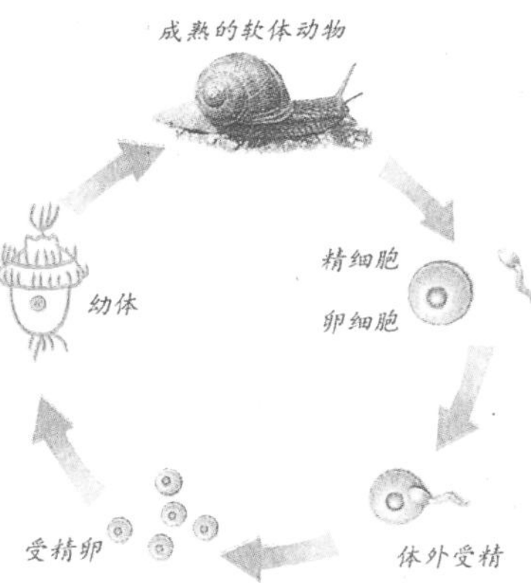

软体动物典型的生命周期

软体动物和棘皮动物都属于无脊椎动物，它们的身体都比较柔软；都具有由碳酸钙构成的外壳或骨板片。不同的是，大多数软体动物生活于水中，而棘皮动物全部生活在海洋中；软体动物身体外面通常包有坚硬的壳，而棘皮动物则长有很多刺。

软体动物

身体柔软的无脊椎动物

软体动物有5万多种，是无脊椎动物中最大的类群，有些生活在陆地上，但大多数生活在淡水或海水中。软体动物不但包括许多体形小、移动缓慢的种类，而且还有一些体形较大、移动迅速，并且在无脊椎动物中十分聪明的动物。所有软体动物身体都很柔软，并且多数生有一层套膜。这层套膜能够分泌出一种可以形成贝壳的物质。大多数软体动物依靠一个叫作足部的肌肉组织来运动，不同的软体动物的足部有不同的用处，如爬行、挖土、摄食等。

触角

眼睛

腹足类动物

腹足类动物

具有吸盘状足部的软体动物

腹足类软体动物包括蜗牛、鼻涕虫等软体动物和其他几种生活在水里的生物。陆地上的腹足动物有的有壳如蜗牛，有的无壳如鼻涕虫，它们都靠腹部蠕动滑行。生活在海里的腹足软体动物称为裸鳃类，它们的壳已经退化。

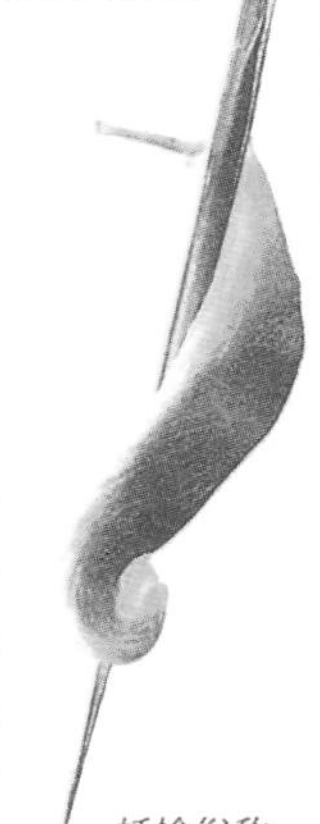

蛞蝓俗称鼻涕虫

非洲大蜗牛

体形较大的有壳的腹足类动物

非洲大蜗牛学名赫云玛瑙螺，也就是人们常说的东风螺、法国螺，是一种繁殖很快的大型陆地贝类。它们是世界上个体最大的陆生蜗牛，重达800克，外壳长达20厘米。非洲大蜗牛有时被人们当作一种食物食用，近来这种蜗牛成了东南亚地区危害最大的农业害虫之一。

织绵芋螺

有毒的腹足类动物

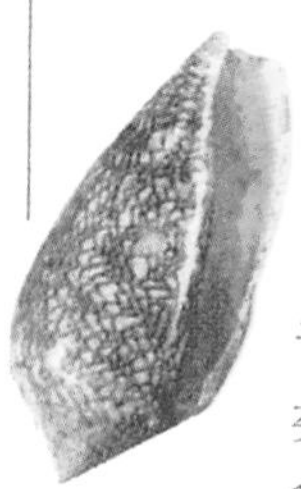
织绵芋螺

多数腹足类软体动物对人无害，但芋螺例外，它的毒汁能置人于死地。它们以鱼类和其他动物为食，常用标枪状的有毒口器刺杀猎物。芋螺的口器顶端有一颗空心的牙齿，能向猎物体内注射毒汁，而且每次使用之后，这颗牙齿就会由一颗新的替换。芋螺有五百多种，多数生活在珊瑚礁或海岸附近的泥沙中。

双壳类动物

双壳类动物

具有两片贝壳的软体动物

双壳类动物是一种软体动物，它们的壳分成两半，由肌肉形成的交合部联接起来，身体躯干就生长在交合部之上。双壳类动物基本属于滤食动物，其活动能力很有限。有些双壳类动物，尤其是扇贝，已经掌握了一种靠"游动"逃避猎食动物的方法。它们能快速地开合两扇贝壳，喷出水流，靠水流推动身体在水中游动。

贻贝

具有两个分隔贝瓣的双壳类动物

贻贝是双壳类软体动物，它们有两个分隔的贝瓣（瓣膜）。贻贝广泛分布于世界各地。海生贻贝常见于凉爽的海域，它们用足丝附着于破碎的贝壳或岩石。贻贝在取食时会先过滤掉吞入的水，然后吸取当中可以食用的浮游生物小颗粒。人们常常集中饲养贻贝，用来做成美味的佳肴。

头足类动物中的乌贼

头足类动物

具有一个大头和若干腕的软体动物

头足类动物包括枪乌贼、章鱼和乌贼。它们全都有大脑袋和复眼，大多没有壳，但身体的柔软部分有一个由肌肉组成的、坚韧的囊包裹。头足类动物有若干长了吸盘的腕，用来抓取食物，又有一条管子把水吸进再喷出来，推动身体前进。游动时，它们的腕常常飘在身后。头足类动物大约有650种，全部生活在海水中。

大王乌贼

生活于深海中的头足类动物

大王乌贼身体一般只有30～50厘米，但最大的大王乌贼能长到21米甚至更长，重达2000千克。它们的眼睛大得惊人，直径达5厘米左右；吸盘的直径也在8厘米以上。大王乌贼生活在深海里，以鱼类为食，能在漆黑的海水中捕捉到猎物。人们还没有见到过待在栖息地的大王乌贼，只能通过死亡或受伤后漂浮到海面的那些大王乌贼来了解它们的一些信息。

蓝环章鱼

身上有蓝环的能分泌剧毒的头足类动物

蓝环章鱼主要生活在太平洋中，因身体上有鲜艳的蓝环而得名。它们是一种极为危险的动物，分泌的毒液能置人于死地。被这种章鱼蜇刺后，几乎没有疼痛感，一个小时后，毒性才开始发作。幸运的是蓝环章鱼并不好斗，很少攻击人类。它们通常生活在海边，如果遇到危险，就会发出耀眼的蓝光，向对方发出警告。

蓝环章鱼

鹦鹉螺

生有永久性外壳的头足类动物

鹦鹉螺是唯一一类生有永久性外壳的头足类动物。几百万年前，它们曾是海洋中数量最多的无脊椎动物之一，但今天存活下来的只有几种。鹦鹉螺的壳内含有许多充满空气的小室，可起到浮囊的作用。小室由一个肉质的盖保护着，它们便生活在这个小室里。鹦鹉螺的腕多达90条，但都很短，而且没有吸盘。

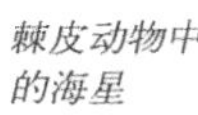
棘皮动物中的海星

棘皮动物

内骨骼具五重对称性的无脊椎动物

棘皮动物是一种皮上长刺的无脊椎动物，包括海星、海胆、海蛇尾以及海洋齿等。这些动物的形体通常是对称的，它们的器官通常按5的倍数排列，例如海星一般有5条腕，5套口器和5套管足。

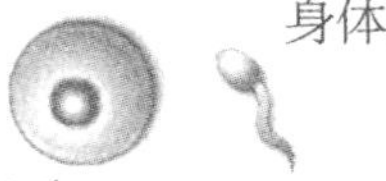
成熟的棘皮动物

幼体

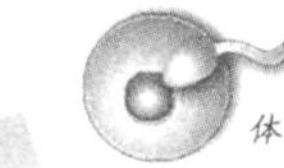
受精卵

棘皮动物典型的生命周期

海星正在进食。

海星

腕部宽阔的星形棘皮动物

海星是典型的棘皮动物。全世界大约有1500种海星生活在海洋里，多数海星都有5条腕，有的海星甚至有50条腕。一些海星的腕非常短，看起来就像是五边形的座垫。多数海星在腕折断或被咬掉之后，都能再长出新的腕。普通海星生活在浅海中，以贝类和其他软体动物为食。它们常常爬到猎物上面，用管足将猎物的壳撬开，只要撬开很小的一个缝隙，它们就可以将胃滑进对方的体内，吃掉猎物软软的身体。

海胆

多刺的胆形棘皮动物

海胆全身长有密密的刺，有些海胆的针刺短而粗，有些则细而长，它们的颜色也有差别，但都呈放射性对称。海胆依靠身上的刺和管足走动，管足的末端有微小的吸盘，能够抓住任何坚固的表面，通过伸展和收缩这些微小的管足，它们可以快速移动。

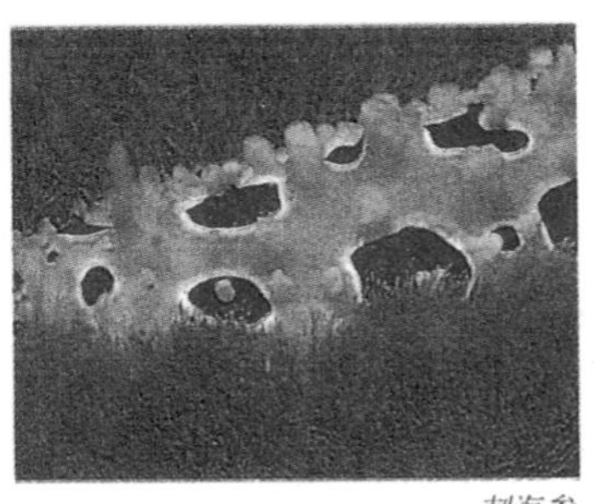
刺海参

海参

具有一圈触须的圆柱状棘皮动物

海参柔软的圆柱形躯体往往被错误地当成奇异的海底植物，但事实上，海参是一种与海星有亲缘关系的动物，它们能贴着海底移动。海参的嘴位于身体的一端，周围长着一圈触须，可用来收集腐败物或捕捉浮游生物。它们保卫自己的方式最为奇特，如果受惊吓或者受到威胁，它们会把所有的内脏从肛门排泄出来，弄成黏呼呼、乱糟糟的一堆，这一招经常使捕猎者落入圈套。2～3周之后，它们又会再生出一套内脏。

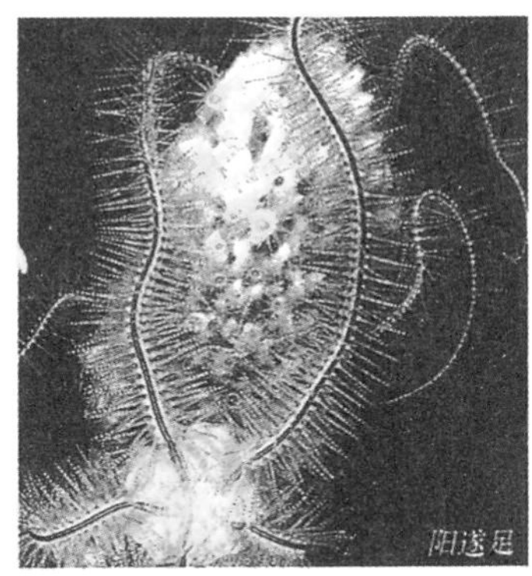

阳遂足

具有细长而脆弱的腕的棘皮动物

阳遂足又叫“海蛇尾”，是棘皮动物的一种。它们生活于海底，以死亡的动物为食，形似海星，但中央盘较小，腕细长，分界明显。这种腕极脆弱，很容易受伤断裂，断裂后又能很快长出新腕来代替。它们能够像蛇那样扭动着腕快速移动。

没有脚的面包海星

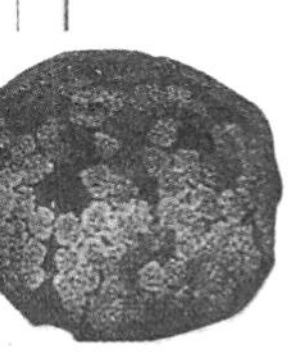
面包海星

面包海星又称为馒头海星，因为形状很像一个馒头或面包，所以得名。海星通常有五条或五条以上的脚（腕），但面包海星是没有脚的。它膨大的身体可以让它不需要拉开贝壳就能吃到很多食物，所以脚就慢慢退化了。面包海星喜欢吃珊瑚，它会爬到珊瑚上，把胃翻出来，盖在珊瑚上，把珊瑚的肉吃掉，只留下白色的骨骼。一只面包海星平均每天要吃掉面积为1平方米的珊瑚。

· DIY 实验室 ·

实验：蜗牛的饲养与观察

蜗牛是到处可见的小动物，我们可以通过饲养来观察它们的特征和生活方式。

准备材料：饲养箱、各种食物、台灯、温度计、玻璃板、细线、石块、砂纸、铅笔、刀片、胶带、记录单等。

实验步骤：1. 在阴暗潮湿的地方搜集蜗牛。

2. 将蜗牛放入小型饲养箱饲养，箱内放置泥土、枯叶、枯树枝并放入少许水保持泥土潮湿和箱内清洁。
3. 每隔2小时观察一次，每次观察10分钟。集中观察3天，之后每天不定时观察，记录蜗牛所有的行为表现，包括爬行的样子、摄食的情形、睡眠的情形等。
4. 让蜗牛在玻璃、细线、石块、砂纸、刀片、胶带上爬行，观察并作纪录。在光滑的玻璃上，蜗牛爬行得很好。将细线竖放拉直，蜗牛的腹足会紧紧地裹住细线向上爬。在尖锐的石头上，蜗牛一样可以轻易地爬行。蜗牛在砂纸上爬行，行动较慢，分泌的黏液较多。蜗牛在刀片上仍可爬行，且不会受伤。蜗牛在有黏性的胶带上仍能爬行，但分泌的黏液较多，速度较慢。

· 智慧方舟 ·

填空：

1. 无脊椎动物中最大的类群是________动物。
2. 世界上个体最大的陆生蜗牛是________。
3. 具有两个分隔贝瓣的双壳类软体动物是________。
4. 内骨骼具五重对称性的无脊椎动物是________。
5. 能够像蛇那样扭动腕而快速移动的动物是________。

判断：

1. 腹足类软体动物中生活在陆地上的都有壳。（ ）
2. 芋螺的毒汁能将碰到它的人杀死。（ ）
3. 头足类动物没有壳，但都有一个大头和一圈触手。（ ）
4. 鹦鹉螺是生有永久性外壳的腹足类动物。（ ）

腔肠动物、海绵动物和蠕虫

· 探索与思考 ·

观察蚯蚓的身体构造

1.准备好水盆、水桶、橡胶手套、小铲子、滴管、酒精、放大镜、记录单。

2.到湿润的泥土中采集蚯蚓数条，把它们放到清水中洗干净。

3.用滴管滴入 2 毫升酒精，将蚯蚓麻醉。

3.用放大镜仔细观察它们身上的环带和刚毛。

4.数一数它身上共有多少环节，并把它们的身体构造画出来。

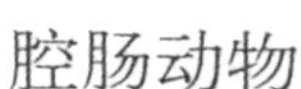

想一想 蚯蚓靠什么器官运动？

腔肠动物、海绵动物和蠕虫在海洋中都能找到。腔肠动物身体中央有个空囊，用于消化所猎取到的食物；海绵动物身体上布满了孔洞，用于滤食水中的营养物；水中的蠕虫也从水中过滤食物的颗粒，而生活于地表的蠕虫则以植物的碎枝烂叶为食，比如蚯蚓。另外一些蠕虫则寄生于动物体内，常常引起疾病，如猪肉绦虫和蛔虫。

腔肠动物

具有空囊和刺细胞的无脊椎动物

腔肠动物大约有 1 万种，多数生活在海洋中。例如水母、海葵、珊瑚等。它们的触手十分敏感，上面生有成组的刺细胞。如果碰到可以吃的东西，末端刺丝就会从刺细胞中伸出，刺入猎物体内，并注入毒素。

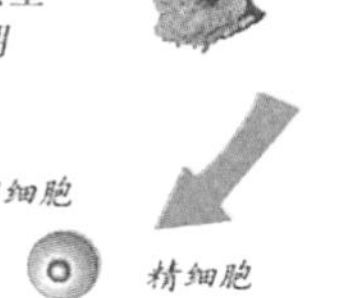

腔肠动物典型的生命周期

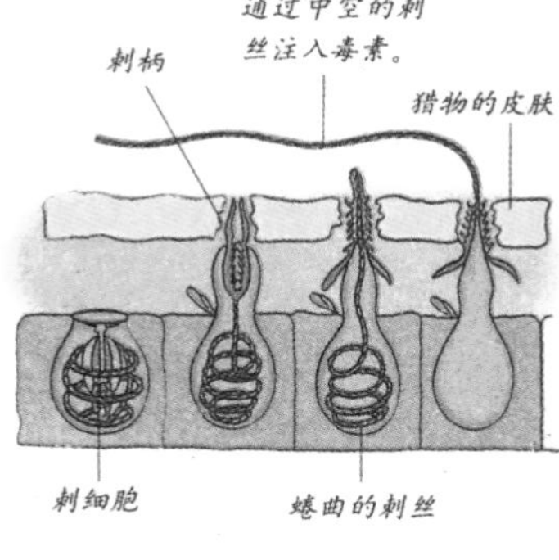

刺细胞剖面图

刺细胞

腔肠动物体内的特殊细胞

腔肠动物体内有一种名为刺细胞的特殊细胞。刺细胞内有一个细胞核和一个外向的刺柄，内藏囊状的刺丝胞，刺丝胞里面有蜷曲、细长而中空的刺丝。当刺柄碰着外面某个动物体时，蜷曲的刺丝立即弹出，刺入其他动物体并放出毒素，麻醉或杀死被刺中的动物。

栉水母

具有长纤毛和黏细胞的腔肠动物

栉水母是一类极美丽的海洋漂浮动物，它们在黑暗的环境中一般都会发出不同颜色的荧光。栉水母的伞向下延伸，并向内收缩把身体蜷成球形；体外有八条由栉板排列成纵行的纤毛带。它们的身体呈左右对称或辐射对称，胶质厚而透明，触手无刺细胞而是黏细胞。栉水母无胃丝，以浮游生物为食，属于终生型水母。

僧帽水母

终生群居的浮游腔肠动物

僧帽水母外形酷似水母,是终生群居的一类浮游腔肠动物。在僧帽水母群中,由一个僧帽水母形成浮囊,其余的则负责刺杀、消化猎物,进行繁殖。当它们在水面上漂浮时,僧帽水母有毒的触手倒垂在水下,有时能伸到20米深的海水中。它们的触手能将人缠住并杀死。

红珊瑚

珊瑚

由珊瑚虫群居而形成的肠腔动物

珊瑚是由一种被称为珊瑚虫的身体柔软的小动物大量群居而形成的。珊瑚虫通过向海水中排卵进行繁殖,它们以漂浮在水中的其他动物的幼虫或小动物为食。珊瑚极少单独生活,而是大量群体生活,每一个都用一薄片组织同它的邻居相连接。它们通常分泌出一种很硬的骨骼,支撑并保护活着的水螅型珊瑚虫。最硬的珊瑚在清澈的热带浅海里被发现。

脑珊瑚

外形像人脑的球状珊瑚

脑珊瑚由一排排的珊瑚虫构成,生长缓慢。珊瑚虫的触手整齐地排列在身体两侧,口长在底部,形如凹槽。脑珊瑚的球形构造有助于它们承受海浪的冲击。

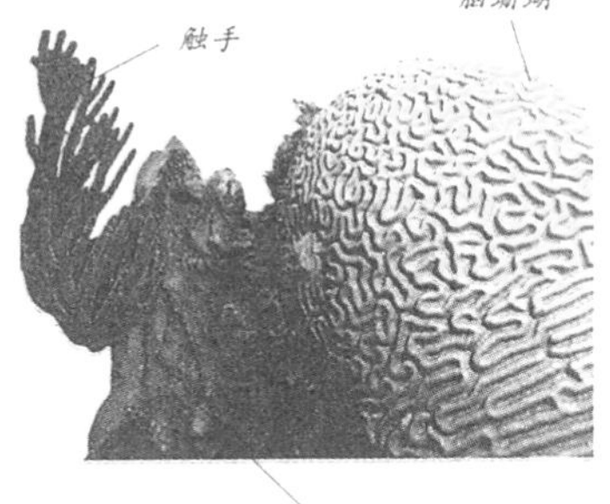

珊瑚礁

珊瑚死亡后硬壳堆积而形成的岩状物

构成珊瑚礁的珊瑚必须生活在明亮、温暖、清洁的水中,随着它们的成长及死亡,外壳不断堆积,最后形成珊瑚礁。世界上最大的珊瑚礁是澳大利亚昆士兰州近海的大堡礁,长约2000千米,是地球上迄今为止由生物建造的最大物体。

水螅

通过芽接繁殖的淡水腔肠动物

水螅是一种微小的圆柱状淡水动物,体长约1厘米,通常一头固定在水下植物或瓦砾上,另一头有许多刺毛触须。它们生活在溪流、池塘之中,通过芽接繁殖。每当条件适宜时,母体水螅身上就会长出一个小的肿胀部,最终会从母体中分离,变成一只新水螅。

海笔

由水螅虫群居而成的外形如笔的腔肠动物

海笔的外形如同昔日人们使用的羽毛笔,因而得名。海笔是由许多称为水螅虫的小动物群居而形成的,它们的下半部分固定在泥沙中,上半部分生有许多水螅虫。水螅虫用它们的触手抓取海水中漂浮着的食物。有些海笔高达1.5米以上,但多数都比较矮。

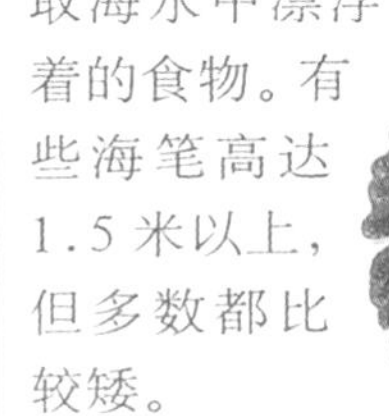

海笔

从空中俯瞰大堡礁。

海葵

具有吸盘状足部的腔肠动物

海葵具有吸盘状足部，是海生的无脊椎动物。它们看上去像色彩艳丽的植物，而不像动物。多数海葵终生用吸盘状的足部固着在岩石等坚硬的物体上，利用具有刺丝囊的触手捕捉从附近游过的小动物。

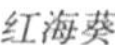

红海葵

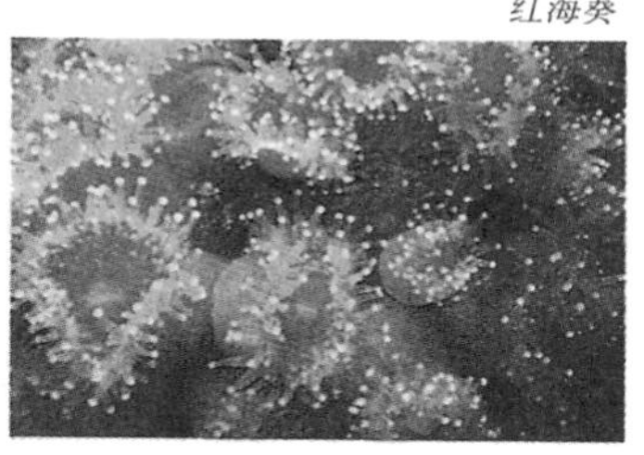

海绵动物

通过身体微孔滤食的无脊椎动物

海绵是一种固定在海底的滤食性无脊椎动物，它们的形状、颜色和大小各不相同。海绵属于原始的多细胞动物，身体构造非常简单，没有消化系统，也没有明显的神经系统。最大的海绵生活在安第列斯海中，它们形如一个空心花瓶，高有1米，直径有90米。最重的海绵像一个大球，里面可盛100升水，这些水的重量至少是它自身的30倍。所以，海绵其实只是个空壳。

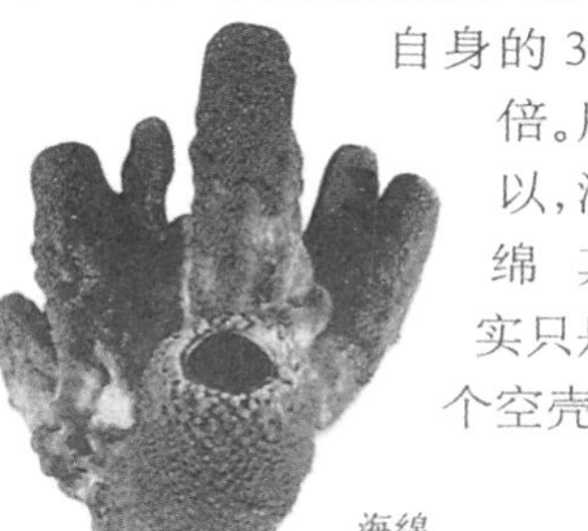

海绵

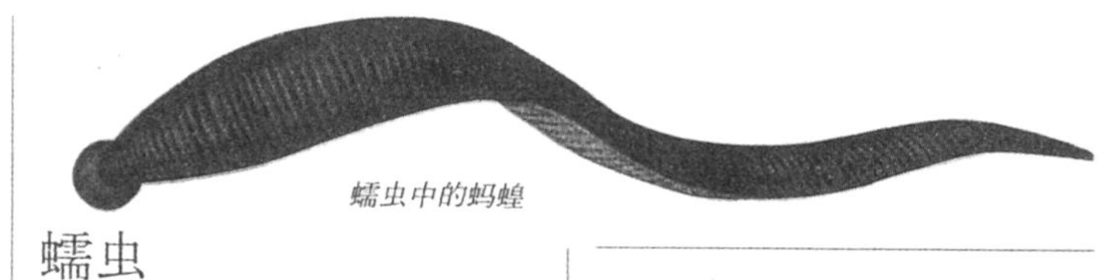

蠕虫中的蚂蟥

蠕虫

身体柔软而无足的简单动物

蠕虫是身体柔软而无足的动物。它们是最简单的有脑动物，头部有神经系统，能从外部获得有关信息，并作出反应。它们身体狭长呈两侧对称，有头尾但没有脊椎。现有种类中既有有性繁殖的也有无性繁殖的。根据身体特征可把它们分为三类：扁形虫、线形虫和环节虫。

扁形虫中的猪肉绦虫

扁形虫

身体扁平不分节的蠕虫

扁形虫是一类低等蠕虫，其身体背腹扁平，左右对称，表皮覆盖着纤毛，通常雌雄同体。大多数扁形虫都是寄生虫。扁形虫通常分为三纲：涡虫纲，如自由生活的涡虫；吸虫纲，如寄生生活的血吸虫；绦虫纲，如猪肉绦虫等。

线形虫中的蛔虫

线形虫

身体为细线形或圆筒形的蠕虫

线形虫是身体呈细线形或圆筒形的一类蠕虫，常见的线形动物有钩虫、寄生在人体的蛔虫和蛲虫。在线形虫的体壁和消化管之间有一个空腔，这是动物界最早出现的一种体腔。这种体腔使动物身体内部的器官有了一个存放之地，但这种体腔与体壁的肌肉层之间没有体腔膜，也没有任何孔道与外界相通，所以比较原始。大多数线形虫是非寄生虫，也有一些是寄生虫。

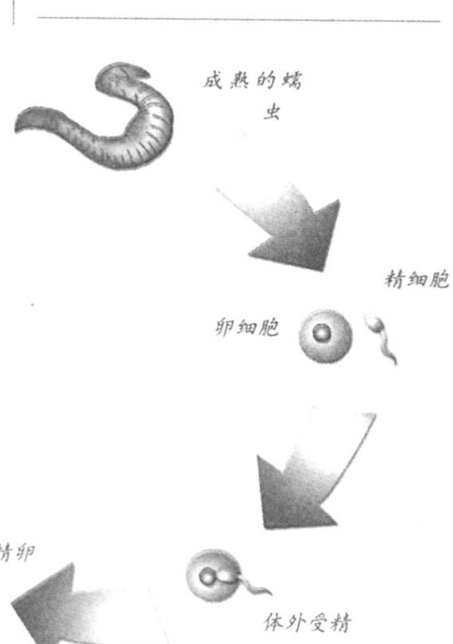

蠕虫典型的生命周期

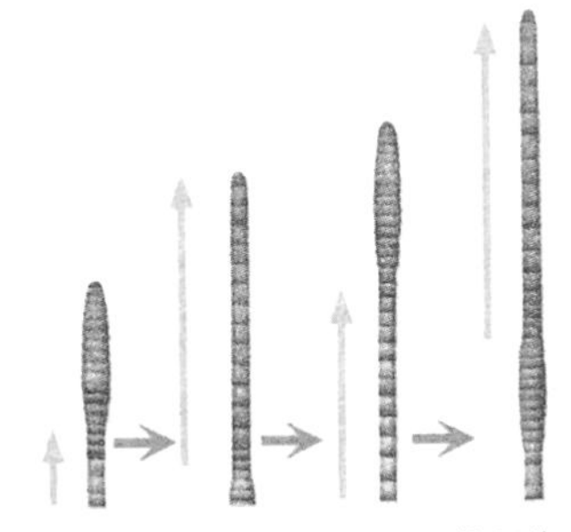

蚯蚓的环节和运动方式

环节虫

身体由许多体节组成的蠕虫

环节虫身体出现的体节，叫作环节，这是动物在形态构造和生理功能向高一级水平进化的现象。环节虫有一个口、一个肛门，环节上有肌肉和刚毛用来运动。它们有真体腔，能通过排泄管与体外相通。常见的环节动物有蚯蚓、蚂蟥等。

蚯蚓的功绩

很早以前，人们就认识到蚯蚓是一种益虫，而最近科学家发现蚯蚓还能防治大气污染。他们培养出一种蚯蚓，体长15～25厘米，它们的粒状蚓粪中，含有能分解恶臭剧毒硫化物和氨气的放线菌和丝菌，而且1克蚓粪中这些微生物的数量多达3亿个。这些微生物以蚓粪为生，它们善于吸附大气中的硫化物、氨气等臭气，并把这些臭气迅速分解为无毒无味的气体。

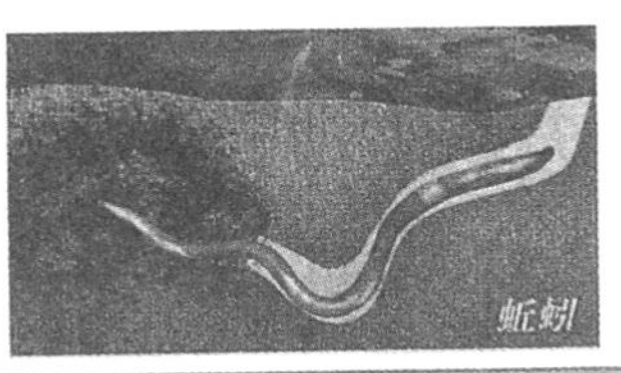

蚯蚓

·DIY实验室·

实验：蚯蚓再生能力的检验

蚯蚓身体中包含着再生器官，它们被分解后，会分泌出一种黄色的带有黏性的物质把伤口包裹起来，所以能继续存活下去。我们可以通过实验来检验。

准备材料：蚯蚓5条、饲养盒5只、标签、小刀、记录单等。

实验步骤：1.取5只饲养盒，盒内装占盒子70%的土壤，土壤湿度大约为80%，然后把5条蚯蚓分别放入。盒子按A～E的编号分别放置。

2.把5条蚯蚓按下列方法进行切割：A切除蚯蚓的头尾两端的两体节（口除外）；B切除蚯蚓前端的六个体节（切掉了口、咽、食管、咽上神经节和咽下神经节等重要器官）；C切除蚯蚓的后端的六个体节（切掉肛门和小部分肠）；D切除蚯蚓的后端三分之一（切掉肛门及头部一部分肠）；E把蚯蚓从中间切成两段（对比前后段的再生情况）.

3.把5条蚯蚓用小刀切割好后，放入相应的饲养盒里，再放入一些稍含水分的土壤，盖上盖子，再把盒子放到黑暗的地方。

4.每两天观察一次，并记录蚯蚓伤口切割处的变化情况，注意保持土壤的湿度。持续两周。

5.实验结束后将蚯蚓放生。

·智慧方舟·

填空：

1.具有空囊和刺细胞的无脊椎动物是________。

2.触手无刺细胞而是黏细胞的水母是________。

3.珊瑚死亡后硬壳堆积而形成________。

4.通过芽接繁殖的淡水无脊椎动物是________。

5.根据蠕虫的身体特征，可把它们分为三类：______、______、______。

判断：

1.刺细胞是海绵动物体内的特殊细胞。（ ）

2.僧帽水母是外形像僧帽的有毒水母。（ ）

3.海绵是一种具有神经系统的多细胞动物。（ ）

节肢动物

· 探索与思考 ·

观察蜘蛛

1. 准备好昆虫饲养箱、放大镜、镊子、记录单。

2. 捉几只蜘蛛，放在饲养箱中，用如蚊子等昆虫来饲养。

3. 用放大镜观察蜘蛛，记录其颜色、大小，腿的数目和长度，是否有翅膀和触角。

4. 观察饲养箱中蜘蛛的生活和行为，如移动、织网、猎食等。

5. 观察比较一下箱子里的蜘蛛和房顶上蜘蛛的异同。

想一想 所有的蜘蛛都织网吗？它们如何织出不同形状的网？

节肢动物是生有外骨骼并具有成对的足的动物。它们的外骨骼由一块块骨板构成，骨板之间有活动关节。外骨骼覆盖着节肢动物的全身，包括颚、爪、螯、蜇针及翅膀，这样可以保护它们不受敌人的攻击，同时还能防止它们身体干燥。节肢动物包括甲壳类动物、蛛形动物和昆虫等，这类动物数目极多，总数超过其他所有动物的总和。

节肢动物中的一种——螃蟹

甲壳动物

具有石灰质甲壳和两对触角的节肢动物

甲壳动物是节肢动物中的一个大纲，它们体外都有一层石灰质外壳，称为甲壳。典型的甲壳动物具有复眼、两对触角和若干分节的附肢。海洋里的节肢动物，主要是甲壳动物，全世界共有3万多种，如浮游动物中的对虾、螃蟹等。它们的生活方式多种多样：有的水中游泳，有的海底爬行，有的附着在岩礁上固定生活，有的穴居，还有的寄生。

甲壳动物的一种——虾

水蚤

生活于水中的小甲壳动物

水蚤并非真正的跳蚤，而是生活在湖泊和池塘中的一类小甲壳动物。它们的足非常小，触角却非常大，呈羽毛状。它们通过挥动触角在水中纵跃前行。水蚤在泥中产卵，第二年春天孵化。它们的卵经常附着在鸟类的爪上被带到其他地方。在气候温暖的地方，成年水蚤繁殖速度极快，但有许多被鱼类吃掉。

虾

身体长而扁的甲壳动物

虾是身体扁而长的一类甲壳动物，它们的外骨骼有石灰质，分头胸和腹两部分。头胸由甲壳覆盖，腹部由七节体节组成。头胸甲的前端有一只呈锯齿状的额剑和一对能转动的复眼。虾用鳃呼吸，鳃位于头胸部两侧，为甲壳所覆盖。它们的头胸部有两对触角，负责嗅觉、触觉及平衡，另外还有三对颚足，帮助把持食物。虾有五对步足，主要用来捕食及爬行。腹部有五对游泳肢及一对粗短的尾肢，尾肢与腹部最后一节合为尾扇，能控制虾的游泳方向。

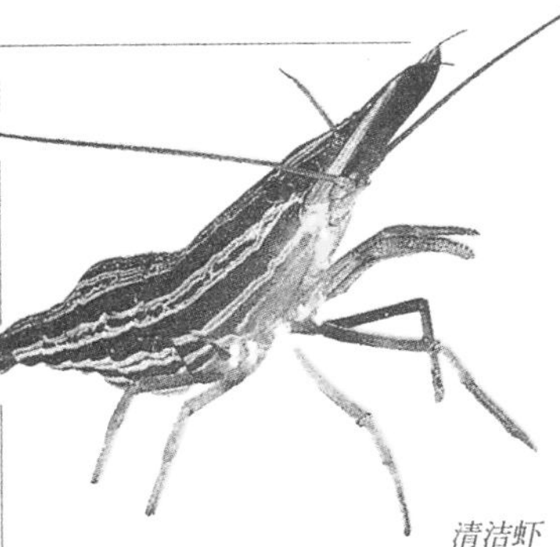
清洁虾

清洁虾

以鱼身上的死皮和寄生虫为食的虾类动物

清洁虾的颜色非常鲜艳，它们以鱼类身上的死皮和寄生虫为食。它们能够像医生一样，用锐利的钳，把鱼身上的外寄生虫一条一条地拖出来，并清理受伤的创口。这对鱼类的健康十分有利，因此它们能长时间地附在鱼类身上而不会被鱼类赶跑。清洁虾主要产自加勒比海。在热带地区人们也可以见到一些其他种类的清洁虾。

椰子蟹

陆地上最大的甲壳动物

椰子蟹是生活在陆地上的个头最大、身体最重的甲壳类动物。最重的椰子蟹达4千克，它们生有强壮有力的螯，外表十分可怕。椰子蟹几乎只以水果为食，尤其喜欢吃在成熟之前就落到地上的椰子。如果在地上找不到足够吃的东西，它们还会爬到树上去寻找食物。成年雄蟹一生都在陆地上度过，雌蟹在产卵时回到大海。

寄居蟹

寄居在软体动物的空壳内的甲壳动物

寄居蟹同多数蟹不同，它们身体细长，腹部长而软，只有身体前端才有一层坚硬的外骨骼。为保护自己不受敌人攻击，它们常常躲进软体动物的空壳内。它们的腹部能绕成螺旋状，以适应贝壳的形状；腿与螯肢的开合也有助于它们在其他动物企图进入贝壳时将入口封住。随着身体不断长大，寄居蟹需要定期更换外壳。

寄居蟹
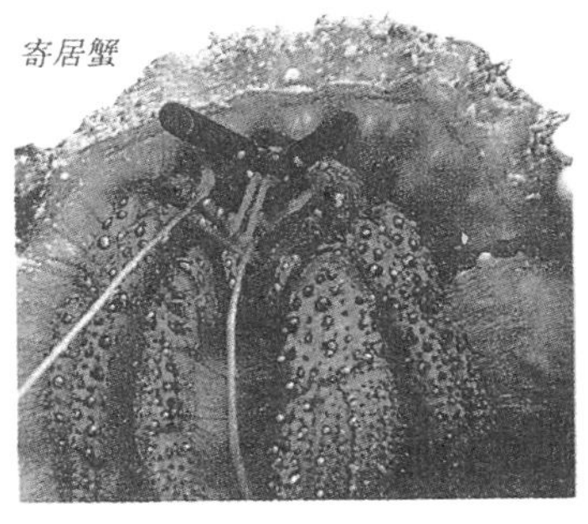

潮虫

在陆地分布广泛的甲壳动物

潮虫是唯一一类能成功地在陆地上生存且分布较广的甲壳动物。它们常藏在木头下面潮湿的缝隙中，以那里的植物残骸为食。潮虫并不在水中生活，但它们却生有鳃，并且只有身体保持湿润才能呼吸。如果进入人类的房屋中，经常会脱水而死。雌潮虫产卵后将卵存放在身体下面的一个小袋里，虫卵孵化后变成发育成熟的幼虫，幼虫很快便能独立生活。

免费的远洋游客——茗荷

茗荷，即茗荷儿，它们是一类甲壳动物，长着长长的坚韧的柄和五光十色的外壳，它们常附着于海洋飘浮物如远洋轮船上，并随之远游世界各大洋。暴风雨降临的日子，它们常常被海水冲到海滩上。很久以前，人们认为它们能变成雁，又称其为雁藤壶。

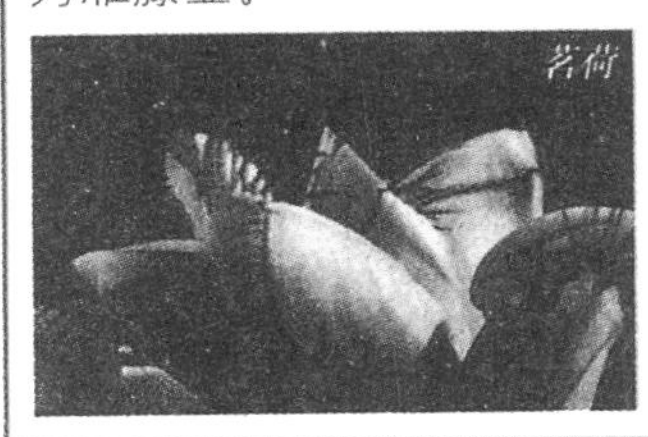
茗荷

蛛形动物

具有四对脚的节肢动物

蛛形动物大约有7万多种，包括蜘蛛、蝎、螨和蜱等动物，构成节肢动物的第二大类，仅次于昆虫。它们有头胸部和腹部，仅有四对脚而没有复眼。大多数蛛形动物生活在陆地上，以小动物为食。它们许多生有锋利的有毒螯肢，常用来向猎物体内注射消化液。等消化液将猎物消化后，就可以吸食猎物了。多数蛛形动物为卵生，但也有几种是胎生。

蛛形动物的一种——蜘蛛

狼蛛

有大眼睛很少织网的蜘形动物

狼蛛身体硕大，很少织网。夜间它们通常在地面上四处爬动，凭借一双大眼睛寻找猎物。同多数蜘蛛一样，狼蛛也将卵包在丝囊内。雌蛛将盛满蛛卵的丝囊捆在腹部的“喷嘴”内，这个“喷嘴”称为丝腺，能制造蛛丝。雌蛛常背着这个蛛卵捕捉猎物。狼蛛喜欢生活在潮湿闷热的地方，常常挖洞居住。它们长有毒牙，用来捕食猎物。它们的毒液对人类不会构成威胁，而且它们也很少咬人。

捕鸟蛛

以鸟为食的大蜘蛛

捕鸟蜘蛛也叫食鸟蜘蛛，是世界上已知个体最大、毒液量最多、毒性最强的毒蜘蛛。它们体形较大，体表多毛，有8只小眼，一起分布在背甲的前部。它们的颚不能张得很大，尖牙竖直而不是横向咬食。多数捕鸟蛛在夜间地面捕食节肢动物和小型脊椎动物如青蛙和老鼠。它们用大型的螯肢压烂猎物，并向猎物体内灌注消化液，然后吸食消化后的液体。很多捕鸟蛛能活10～30年，有的生活在树上，有的在地下打洞。我国的虎纹捕鸟蛛和海南捕鸟蛛就属于这种蛛种。

蝎子

具有双螯和一根毒针的蛛形动物

蝎子是大型蛛形动物，它们栖息在沙漠、草原或森林等地区，有时甚至会出现在人们的居室里。蝎子是神话中星座的象征之一，一直以来就以令人畏惧、迷惑的形象出现在世人面前。如果包括它们的螯，蝎子体长可达15厘米以上。螯是高度发达的须肢，它们的躯干有许多节，最后一节的末尾是螯针，用来自卫或杀死猎物。螯针末端的器官十分灵敏，常可用来侦察地面的震动情况。同时，它双钳上的触须则可以准确感觉到猎物行动所引起的空气流动。一旦发现猎物，它双螯前伸，腹部高举，尾部翘起，随时准备螯刺猎物。

蝎子

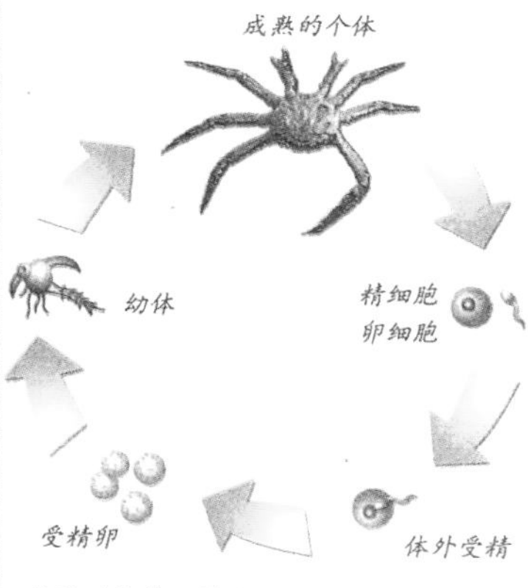

节肢动物典型的生命周期

螨

形体极细小的蛛形动物

螨属节肢动物，已有记载的就达5万多种。螨通常呈圆形或扁形，体形细小，长度只有30～300微米。体形较大者用肉眼勉强可以见到，体形小的如寄生于皮肤内的疥螨幼虫，则肉眼无法看见，要用双目放大镜才能看清。螨外形似蜘蛛、螃蟹或蠕虫，身体分为头胸部和腹部，成虫有4对足，没有触角、翅和复眼，凭这些形态特点同昆虫区别。螨广泛分布世界各地，温暖潮湿的沿海地区尤多。

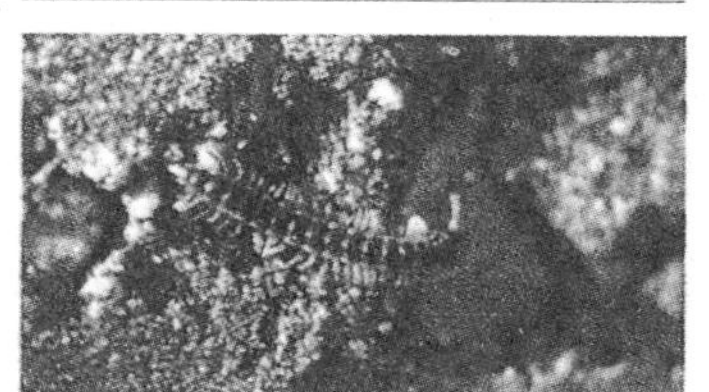

马陆

马陆

每个体节上有两对脚的节肢动物

马陆又叫“千足虫”，体长为2～280毫米，呈圆筒状。它们身体的每个环节都长有两对脚，体节多达200对，所以它们的脚多达400只。靠这些脚的移动，它们能在泥土里钻行。马陆的口特别适合挖掘和咀嚼植物。大多数马陆靠腐烂的植物为生，还有一些则啃食庄稼，给农业带来危害。

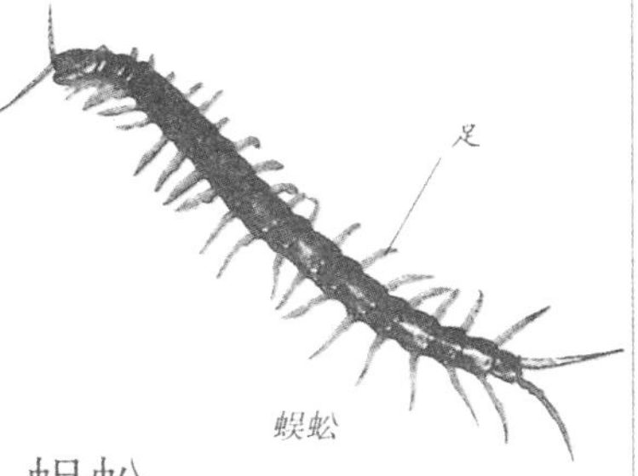

蜈蚣

蜈蚣

具有毒爪的多足节肢动物

蜈蚣又叫“百足”。有几种蜈蚣甚至有更多的腿——最高纪录是177对，但大部分蜈蚣都没有这么多。幼蜈蚣最初没有很多的腿，身体长大后，它们便会长出更多条腿来。蜈蚣的身体由若干类似的部分组成，称为体节，每个体节有一对腿。它们的身体颇为扁平，所以能挤过狭窄的地方。蜈蚣喜欢栖息在阴暗潮湿的地方，它们常常爬行得很快，追踪昆虫、昆虫的幼虫或蠕虫，它们利用毒爪制服猎物。有些热带蜈蚣如果被抓着，会狠狠地咬人，将人的皮肤咬破而引起剧痛，但大部分蜈蚣对人类是完全无害的。

鼠妇

身体较短形似潮虫的节肢动物

鼠妇是一种较小的节肢动物，身体比多数亲缘动物短小。它们最多的有19对足，在遇到危险时，能像潮虫那样将身体蜷成一团。鼠妇生活在落叶中间，有助于枯叶分解，使土壤中的营养得以循环，对环境改善有益。

·DIY 实验室·

实验：蜘蛛网标本的制作

不同种类的蜘蛛，编织的网也不尽相同，所以单从蜘蛛网的形状便能判断蜘蛛的种类。可以试着将整个蜘蛛网制成供研究用的标本。

准备材料：胶水、纸板、黑纸、相机、喷雾胶、薄膜、标签、剪刀等。

实验步骤：1.用胶水将黑纸贴在50厘米×50厘米的硬纸板上，做成采集用的纸板。

2.在采集蜘蛛网之前，先将蜘蛛及蜘蛛网的形状拍下来，以便于对照。

3.找到蜘蛛网后，先将蜘蛛赶跑，然后将喷雾胶喷洒在整张蜘蛛网上。

4.拿着硬纸板，对准喷了胶水的一面将整张蜘蛛网粘贴下来。

5.尽快将薄膜盖上，覆盖时要完全排除气囊。

6.将物种的名称、采集地点、采集日期、特征等写在标签上，再附上蜘蛛的照片就行了。

·智慧方舟·

填空：

1.节肢动物包括________、________、________。

2.甲壳动物具有石灰质甲壳和________对触角。

3.陆地上最大的甲壳动物是________。

4.每个体节上有两对脚的节肢动物是________。

5.人们常说的“千足虫”名叫________。

判断：

1.水蚤是跳蚤的一种，它们都生活于水中。（ ）

2.清洁虾常以死鱼身上的皮和寄生虫为食。（ ）

3.寄居蟹一生都寄居在一个壳中，因而得名。（ ）

4.捕鸟蛛形体较大，都生活在树上靠捕鸟为食。（ ）

5.和老鼠一样，鼠妇会破坏庄稼，是一种害虫。（ ）

昆虫

探索与思考

观察昆虫的附肢

1. 准备好记录单，搜集一些常见的昆虫，如蝗虫、金龟子等。
2. 仔细观察每只昆虫的外形、大小和生理特征。
3. 数出每只昆虫的足、翅膀、体节及触角的个数。
4. 仔细观察每只昆虫的附肢，包括触角、口器、翅膀和足。
5. 比较不同昆虫的附肢，并记录下来。
6. 观察结束后，把昆虫放生。

想一想 这些昆虫的足和翅膀跟它们各自的运动特征有何关系？

昆虫的一种——螳螂

昆虫是地球上数量最多，生命力最旺盛的一类动物。迄今为止，科学家们已经发现了将近100万种昆虫，有比人的一只手还大的甲虫，也有比一个句号还小的飞虫。昆虫种类繁多，形态各异，但它们的身体都分为头、胸、腹三部分。头部生有眼睛、触角和几套口器；胸部一般生有三对足和一至两对翅膀；腹部含有昆虫的生殖器官及大部分的消化系统。

昆虫的祖先

水生节肢动物中的多足类

昆虫最早的祖先是水生的节肢动物中的多足类。在距今约3亿年的石炭纪地层中，就保留有远古时代的昆虫的化石遗迹。昆虫的祖先可能和蜻蜓及蜉蝣的幼虫一样，生活在浅水中。后来经过演化，其身体构造逐渐发生变化，成为具有现在的头、胸、腹三大段的体态，这种体态使其变得较适合陆地生活，于是它们爬上陆地，并有部分就永远生活在陆地上。

巨蜻蜓翅膀的化石

水边的草丛是蜻蜓幼虫的栖息地。

栖息环境

树上和草丛

昆虫分布极广，适应环境的能力特别强。除少数生活在海洋上的黾蝽外，它们多生活在地面、土壤、淡水、污水、咸水中以及动植物的体内外，甚至温度高达55℃的沙漠中；例如冰雪上的跳虫，冷冻机厂内管道中的水蝇，原油中的石油蝇等。虽然昆虫的生活范围包括赤道到两极，但它们大多只栖息在树上和草丛里。

食物

随昆虫种类和自身特点而异

食物对昆虫的生活和分布起着决定性作用，不同种类的昆虫对自己的食物有明显的选择性和适应性。例如为害白菜的菜青虫，不会去吃玉米。食物同昆虫身体的大小、食量和颜色也有着密切的关系，例如偷吃粮食的米象、豆象，整个身体要钻到粮食粒里去，它们的身体就绝不会超过粮食粒的大小；而玉米钻心虫的幼期阶段是在植物茎秆里蛀食生活，不接触光线，所以身体的颜色多半是白色或者灰白色。

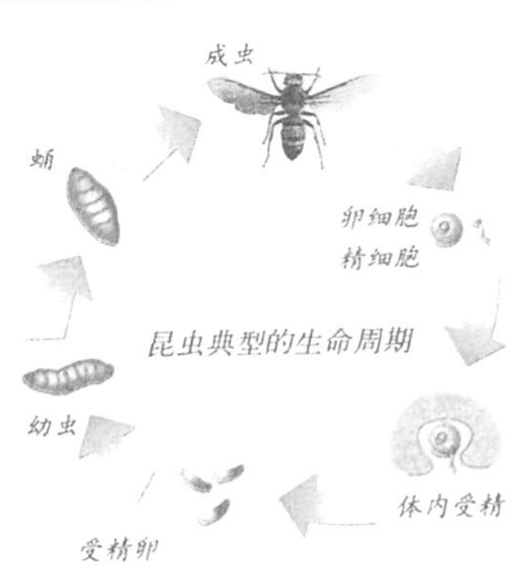

复眼

由众多小眼组成的眼睛

昆虫的眼睛不像哺乳动物那样是由单一器官构成的，而是由许多独立的眼睛组成。所有眼睛的晶状体的映像综合成外部世界的一幅嵌合性画面，这种画面与人眼所看到的映像并没有什么不同，但它却使昆虫能够探测到极为微小的运动。像蜻蜓、苍蝇一类的昆虫，它们的眼睛覆盖了头部的大部分表面，使它们能够探测到来自各个角度的捕食者，因此拍打苍蝇是一件很难的事情。

苍蝇的复眼和它所看到的人像

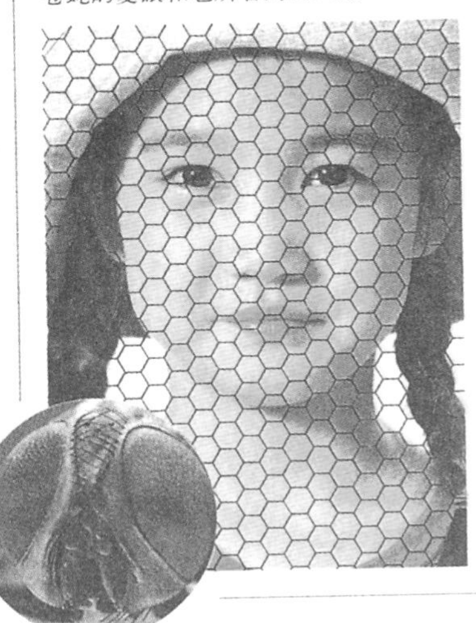

社会生活

昆虫分工合作的群居生活

绝大多数的昆虫是单独生活的。但在昆虫中，也有一些是真正过着社会生活（或称社会性生活、群居生活）的。最著名的要算蜜蜂、白蚁和蚂蚁了。社会生活的标准应当是：它们共同生活在一个大家庭中，过着集体生活，大家庭的成员有不同的品级和明确的分工，各司其职，有条不紊地维护群体生活，繁衍后代。社会性昆虫分工如此明确一般是由于它们各阶层成员之间存在着"食物互惠"的关系。

群居的蜜蜂正在酿蜜。

无翅昆虫

没有翅膀的原始昆虫

无翅昆虫的个头较小，是比较原始的动物，主要生活在落叶或土壤中。全世界大约有3000种无翅昆虫，多见于亚马逊雨林地区和南极洲等地。有些物种数量较多，但由于多数个头非常小，而且颜色暗淡，很少能引人们的注意。除没有翅膀外，它们还在其他许多方面与大多数昆虫不同。其中有些不必交配就可以繁殖。

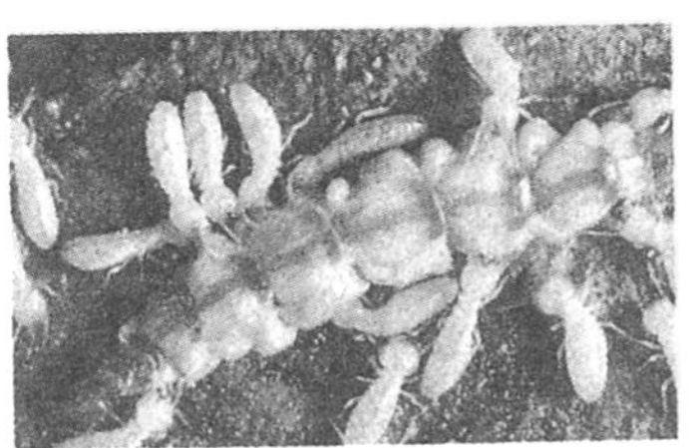

白蚁

白蚁

能啃食纤维素的社会性无翅昆虫

白蚁多数为灰白色和白色，有点透明。由于它们怕光，所以总是生活在洞穴之中。它的主食是木材和含纤维素的物质。但是白蚁没有能分解木质的酶，全靠共生在它肠内的鞭毛虫的帮助，才能消化木质纤维。

有翅昆虫

具有翅膀的昆虫

有翅昆虫只有一对翅膀，这对翅膀赋予它们在空中的速度和灵活性。有翅昆虫有极佳的视力，并有一对在运动中保持平衡的被称作"平衡棒"的特殊稳定器。目前已知的有翅昆虫共有12万种。它们都取食液体食物，但进食方式各不相同。有一些吸花、水果或腐烂食物残余物质的流质；也有一些刺入人或动物的皮肤吸取血液。

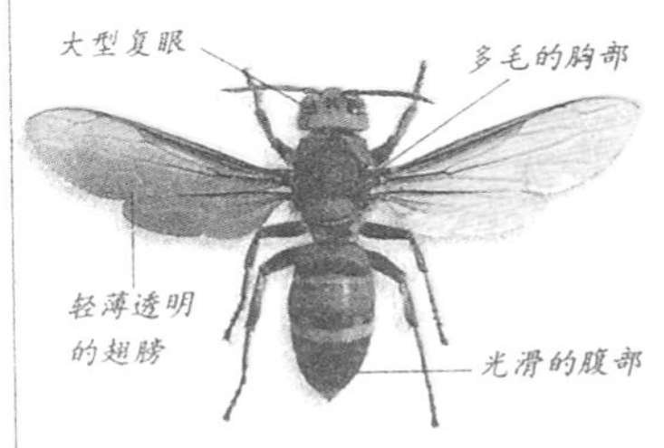

有翅昆虫的一种——蜜蜂

蟋蟀

善于跳跃的有翅昆虫

蟋蟀体形微扁，头部圆形，触角较长。体色多为褐色或黑色，翅膀平叠于虫体之上。蟋蟀的雄虫会发出求偶鸣声，而雌虫却不会。多数雌性的产卵器很显著，呈筒或针状。它们大多把卵产在湿润的土壤里，肉食性的种类如树蟋则把卵群产于植物组织之中。

蟋蟀

草地蚱蜢

生活于草地的有翅昆虫

草地蚱蜢分布较广，能在各种条件恶劣的草地中生存。它们的“叫”声是夏季最奇特的声音之一。同大多数蚱蜢一样，几乎只有雄性的草地蚱蜢才会鸣唱。它们每条足面向身体的一侧都有一排小钉状的突起。当它们上下移动后足时，就会摩擦翅膀坚硬的边缘，从而发出声音。

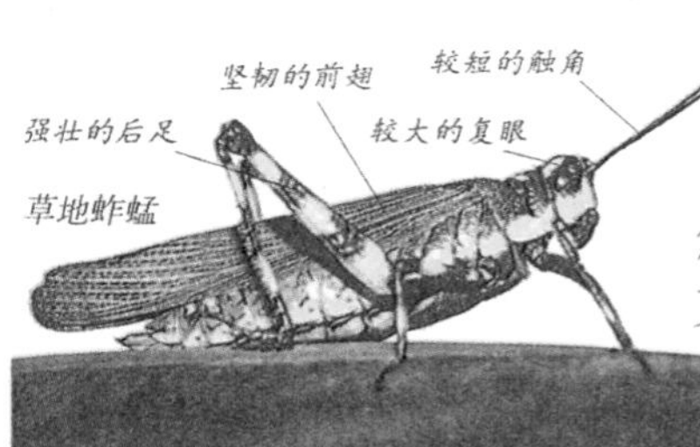

草地蚱蜢

蜻蜓

蜻蜓

最古老的有翅昆虫

蜻蜓在长有翅膀的昆虫中是最原始的一类。它们大多躯体粗壮，色彩鲜艳，翅膀上有不规则的黑斑。蜻蜓的雌虫通常在水面上盘旋，用腹部点击水面产卵，卵落到植物上或水底。蜻蜓的幼虫在水中发育，常在泥浆或植物残骸上寻找食物。

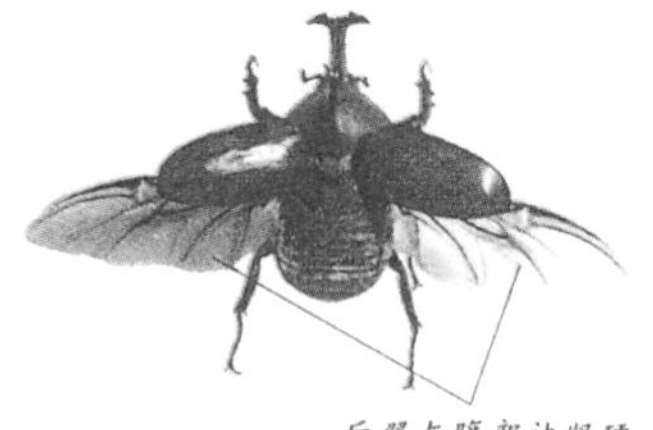

独角仙

独角仙

触角分节的有翅昆虫

甲虫是昆虫家族中较大的一群。所有的甲虫都生有坚硬的前翅，称为翅鞘。翅鞘合拢时，能并在一起将甲虫的腹部盖住，并像外壳一样罩住后翅。独角仙属于大型甲虫，它们体壁坚硬，身体粗壮，触角分成许多节，末端有分叉，身体一般为黑褐色，有金属光泽，复眼大而发达。

会种庄稼的蚂蚁

有些蚂蚁如切叶蚁，会种植一片特别的“食物花园”，花园里可以长许多东西，从蘑菇到无花果，甚至有仙人掌。它们从外面带回大量叶子，把这些叶子嚼碎了培养它们的地下花园，然后再种植一种特殊的蘑菇，蚂蚁细心地照料并清除掉杂菌，保留下蘑菇的孢子，因此就出现了一种有趣的现象：蘑菇和蚂蚁都需要对方，这种蘑菇只在蚂蚁的花园里才能长得好，蚂蚁吃部分蘑菇作为食物，没有蘑菇，它们也会死去。

蚂蚁

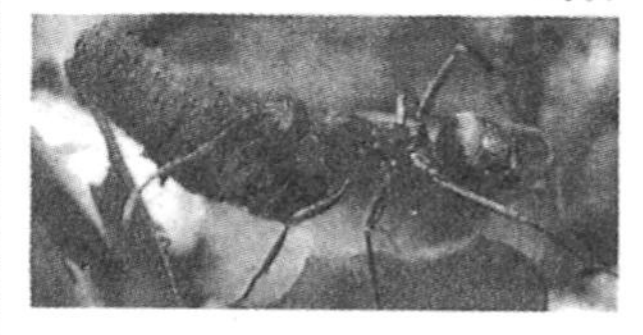

孔雀蛱蝶

能冬眠的蝶类

多数蝴蝶的成蝶常在冬季来临之前死去，但孔雀蛱蝶的成蝶则能够通过冬眠逃过这一灾难。秋季，它们寻找干燥的地方栖宿，凭借后翅上的斑点伪装保护自己。这样，它们就可以安心地冬眠并在来年春季重新恢复活力。成年孔雀蛱蝶以多种花为食，在荨麻上产卵。

裁缝蚁

能将树叶缝合成巢的蚂蚁

裁缝蚁是生活在热带地区的一类蚂蚁，它们筑巢的方式十分奇特。它们先将植物的叶子并拢后做成一个个小室，然后用有黏性的蚁丝将两片叶子粘在一起。蚁丝是由裁缝蚁的幼虫制造的，做巢时每只工蚁就像叼着一桶胶水一样叼着一只幼虫。然后它们在两片叶子间的缝隙上来回爬动，并在上面留下弯弯曲曲的一根丝线，从而将树叶"缝"住。裁缝蚁主要以生活在树上的小昆虫为食，受到惊扰时，它们极具进攻性。

裁缝蚁

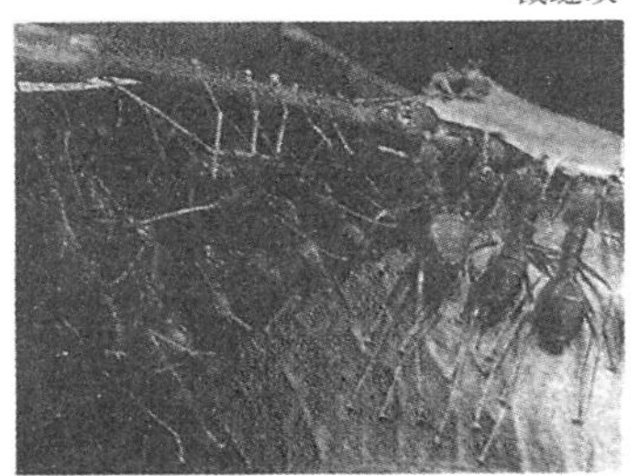

孔雀蛱蝶

眼斑是良好的伪装，孔雀蛱蝶借此逃避敌人的注意。

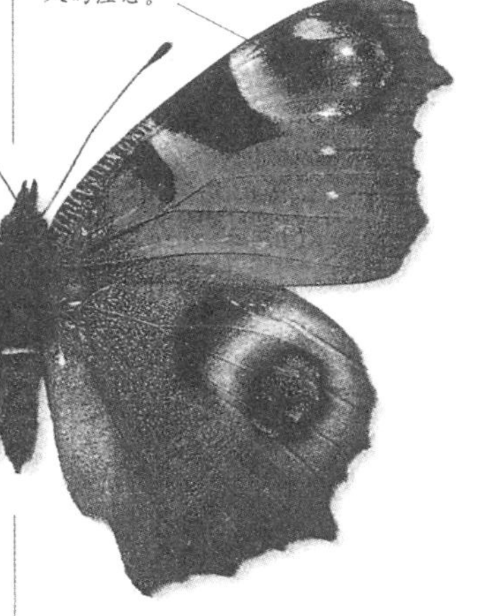

·DIY 实验室·

实验：观察蜻蜓由蛹到成虫的转变

蜻蜓的幼虫生活在河流或池塘中，它们在6～7月出水蜕化为成虫。试着采集一些已经长大了的、快要蜕皮的幼虫来饲养，并观察蜻蜓的蜕化过程，拍下照片，并将观察到的事项记录下来。

准备材料：小网兜、大玻璃杯、食物、小石头、泥土、放大镜、相机、小木棒、记录单等。

实验步骤：1.拨开水草，或把水底的泥巴捞起来，就可以找到蜻蜓的幼虫。注意采集尽可能大的幼虫。

2.把幼虫饲养在大玻璃杯中。杯里的水要经过一天的日晒，这样才能除去水中的氯。幼虫不再进食，是临近蜕皮的前兆，这时候就可以在杯里插上一根小木棒。

3.过一段时间，幼虫的背部裂开一道口子，头部和胸部先出来，身体往后挺，足部也出来了；接着它身体前弓，用脚抓住外壳，腹部也出来。之后，它停靠在旧壳上，翅膀略显苍白。过一会儿，它沿着木棒爬出水面一动不动，等翅膀伸展之后，变得透明。最后，身体干燥了，就完成整个蜕皮过程。

4.实验结束后，把蜻蜓放飞。

·智慧方舟·

填空：

1.昆虫最早的祖先是水生的节肢动物中的________。

2.昆虫的________能够探测到极为微小的运动。

3.有些昆虫过着群居生活，例如________、________。

4.能啃食纤维素的社会性无翅昆虫是________。

5.裁缝蚁是生活在________地区的一类蚂蚁。

判断：

1.为害白菜的菜青虫有时也会去吃玉米。（ ）

2.无翅昆虫比较原始，不必交配就可以繁殖。（ ）

3.只有成熟的雄性的草地蚱蜢才能用声带鸣唱。（ ）

4.蜻蜓在长有翅膀的昆虫中是最原始的一类。（ ）

鱼类

探索与思考

观察鱼鳃的运动方式

1.准备好笔、记录单、放大镜、养有金鱼的透明鱼缸。

2.仔细观察金鱼嘴的开合运动以及水流经过鱼嘴通过鱼鳃的过程。

3.仔细观察位于鱼头两侧的鳃盖的开合过程。

4.观察同一时刻鱼嘴和鱼鳃盖的开合，注意观察它们之间是怎样配合的，鱼嘴张开时，鳃盖如何变化。

想一想 鱼嘴和鳃在鱼的水生生活中起什么作用？

在人类目前已知的脊椎动物中，鱼类大约有45000种，但几乎有一半的鱼类已灭绝了。鱼类是最古老的脊椎动物，大约出现于5亿年前。在生物学上鱼类分为三大纲：一是圆口纲(又称无颌鱼)，是最原始的鱼类，它们的骨骼全为软骨，没有上下颌，现存种类不多，可分为盲鳗目和七鳃鳗目。二是软骨鱼纲，是一群内骨骼全为软骨的鱼类，具有上下颌，常见的有鲨鱼、鳐鱼等；三是硬骨鱼纲，是一种适应各种环境生活的鱼类，雪山溪流、江河大海、地下溶洞、湖泊池塘都有这一类鱼的分布广泛，种类极其丰富。

鱼类的祖先

无颌鱼类、盾皮鱼类、裂口鲨、棘鱼

现知最早的鱼类化石，是约5亿年前的一些零散的鳞片。最早出现的鱼类是无颌鱼类，它们没有上下颌，只有一个漏斗式的口位于身体前端，不能主动摄食。最早的有颌鱼类是盾皮鱼类，它们已有上下颌，能主动摄食。最早的软骨鱼类出现于3亿年前泥盆纪早期，裂口鲨常被视为最原始鱼类的代表之一。硬骨鱼类是最进步的鱼类，一般认为，它们从4亿年前的棘鱼进化而来。

泥盆纪最普遍的鱼类——骨皮鱼的化石

栖息环境

不同种类的鱼栖息于不同的水体中

鱼是水生生物，几乎有水的地方就有它们的踪迹。从海面到7500千米的深海，以及陆地上大大小小的湖泊、河川、沼泽，都有鱼类存在。然而，各种鱼类的栖息环境并不相同。有生活在北极与南极海域的寒带鱼类，也有生活在温度近40℃的温泉中的鱼类，寒带鱼类无法适应热带的水域，反之亦然。而海鱼、淡水鱼也不能离开各自的生活环境，一旦离开就会死亡。

正在吃水草的鲩鱼，它是草食性鱼类。

食性

鱼类对食物喜好的倾向性

人们把鱼类对食物喜欢或厌恶的倾向性称为“食性”。例如喜欢吃动物性食物的，称为“肉食性”；喜欢吃植物性食物的，称为“草食性”；两者都喜欢吃的称为“杂食性”。按鱼类喜食食物的种类，可将鱼分成五大类：以浮游生物为食的鱼类；草食性鱼类；杂食性鱼类；肉食性鱼类；寄生性鱼类。也有些鱼类具有重叠的食性，既是肉食性，有时也出现草食性的情形。

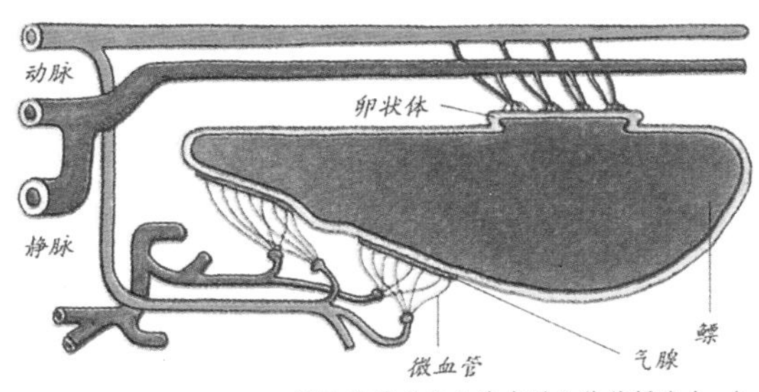

通过气腺吸收血液中的气体使鳔膨大、由卵状体将气体送回血液使鳔缩小。

鱼鳔的结构

鱼鳔

调节鱼在水中浮沉的器官

鱼鳔是鱼体内的一个空气囊，它的主要功能是调节鱼的体重。这样鱼在水中运动就不必费力。鱼鳔的结构中，有从血液中吸取气体的气腺，以及将气体送回血液的卵状体。鲱鱼、鲤鱼类的鳔有气道与食道相通，多余的气体可从口中吐出，也可从水面将空气经食道吸入，再送回鳔中。在海底或急流中栖息的鱼类，由于环境上并不需要，所以有的鳔已退化成很小，甚至完全没有了。

无颌鱼

无颌的原始鱼类

无颌鱼是鱼类中一个很小的群，仅由盲鳗和七鳃鳗组成。科学家对它们感兴趣是因为它们是非常简单的脊椎动物，人们认为最初出现的真正的鱼就是从它们的祖先进化而来。无颌鱼的身体很长，很像鳗鱼，它们无颌无肢、无鳞、无头骨或真正的骨头。

七鳃鳗

营寄生生活的无颌鱼

七鳃鳗是一种原始无颌鱼类，它们靠寄生在其他鱼类身上生存。七鳃鳗常用吸盘吸附在大鱼身上，它们的鳃可以将其身体内部和外界连通。在一般情况下，吸盘能够阻止水流从七鳃鳗的嘴中进入腹内，但是一旦吸盘活动起来，水流就可以通过鳃孔从它们的身体出入，同时还能给血液供氧。

吸附在大鱼身上的七鳃鳗

盲鳗

利用牙齿刮食食物的无颌鱼类

盲鳗也是一种无颌的原始鱼类，全长近1米。它们一般在海面下100米的深处生活，以小型甲壳类动物及多种鱼类尸体为食。盲鳗的牙齿像一排排的梳子，能将肉从猎物身上刮下来。盲鳗和七腮鳗有亲缘关系，但不同的是盲鳗不会攻击活鱼。有时候盲鳗会钻进大鱼的尸体内，将肉全部吃掉，只剩下外面的皮和鱼骨。

软骨鱼

骨骼由软骨构成的鱼

鲨鱼和鳐鱼都是软骨鱼，它们的骨骼由软骨构成。软骨虽然比较脆弱，但它的强度仍然很大，足以支撑海洋中最庞大的动物。软骨鱼没有鱼鳔，却有一个很大的肝脏，经过消化的养分像油一样被储藏起来，它的比重比水轻，起到类似鱼鳔的作用。但它的效果比鱼鳔要差一些，所以鲨鱼要经常地保持运动，否则就会一直沉下去。

大白鲨

一种凶猛的软骨鱼类

大白鲨是一种危险的动物，它们可以长到一辆公共汽车的长度。除了人类，没有任何动物能捕食它们。大白鲨的撕咬力相当于人类的300倍，可以轻而易举地将猎物咬成两半。由于大白鲨喜欢猎食人类和其他动物，因此又被称为“食人鲨”。一般成年大白鲨体长7～8米，有的可达12米。它们的嘴巴很大，锋利的牙齿向内侧长，边缘还长有小锯齿。当它的第一排牙被磨损时，还会长出第二排牙来补充。

软骨鱼类中的鲨鱼

鳐鱼

具有扁平菱形身体的小型软骨鱼类

鳐鱼是鲨鱼的近亲，但外形却与鲨鱼并无多少相似之处。生活在温带海洋的鳐鱼有着扁平的菱形身体，外形奇特而优雅。鳐鱼的鳃孔共有5对，长在扁平的腹部上端，整个胸鳍很像一对大翅膀，在水中游泳的时候就像在水中飞行一样。它们有突出的圆形眼睛，头部有两道缝，含氧丰富的海水会从这里进入它的体内，然后从嘴后面位于腹部的鳃裂口处排出。

硬骨鱼中的草鱼

硬骨鱼

具有双颌和硬骨骨骼的鱼类

从外表看，硬骨鱼的身体和软骨鱼有些相似，但是二者实际上差别很大。硬骨鱼骨架包括鳍在内，都是由骨头构成的；它们的鳃通常由带皮的骨质鳃盖保护起来；身体有重叠的鳞片覆盖着；通常有鱼鳔；尾巴也很有特点，上下两片大小也不尽相同。无论是淡水还是海水中都有品种数量众多、形状、大小各异的硬骨鱼。世界上现有的硬骨鱼约有24000种，约占现存所有脊椎动物数量的一半。

肺鱼

会怀孕的雄海马

海马

海马是倡导"男女平等"的典范，因为"怀孕"和"分娩"都由雄海马来完成的。雄海马尾鳍末端有个育儿袋，受精卵必须在育儿袋里待够20～30天才能发育成熟，然后再由雄海马经历一个痛苦的过程生产下来。雌海马只负责产卵，把它排入雄海马的腹袋。经过一个月的时间，小海马们一个接一个地从雄海马的"肚子"中蹦出来。

海马

头部形状像马的硬骨鱼类

海马外形很独特，除了管子状的嘴巴，整个头部都酷似马头，所以得名。海马身上没有腹鳍和尾鳍，却有一根细长灵活的尾巴，可以使自己随意固定在某处。它们性情温和，行动缓慢，在水中直立前进。虽然海马看上去一点儿也不像鱼，可它们的确属于鱼类。

欧洲鳗鱼

能长途洄游产卵的硬骨鱼类

鳗鱼俗称白鳝，身体细长，鳞片细小，欧洲鳗是其中著名的品种。它们的成体在淡水中度过，通常在天黑以后捕食，猎物主要是小动物。许多年以来，它们的生命周期一直是个谜。1920年，一次远洋研究表明，成体欧洲鳗会从地中海出发，向西穿越整个大西洋，到马尾藻海去产卵，然后，它们会死去。刚刚出生的小鳗鱼体长不足3毫米，像片片树叶，它们自己返回欧洲，并在返程中渐渐长成大鱼。欧洲鳗鱼的整个洄游过程长达6000千米，要花3年时间。

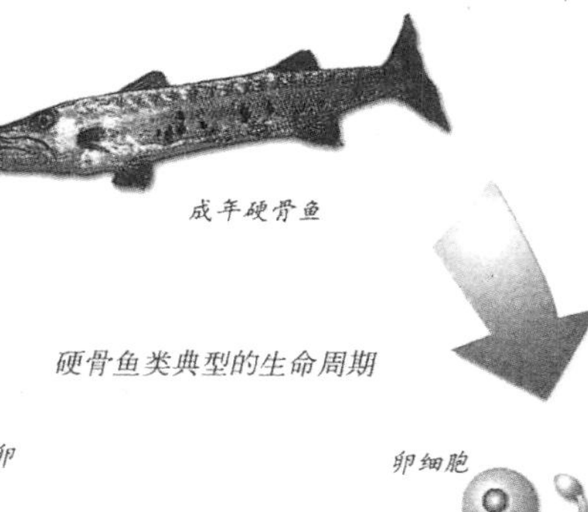

硬骨鱼类典型的生命周期

肺鱼

有肺的古老硬骨鱼

肺鱼是一种淡水鱼，它们几亿年前就开始在地球上生活，可以说是“活化石”。它们身上披着瓦状的鳞，背鳍、臀鳍和尾鳍都连在一起，在水中能像脚那样支撑身体。肺鱼的鳃很不发达，所以常常浮出水面用口吸气，但它们有肺，这与其他鱼大不相同，它们也因此而得名。目前地球上还存活着三种肺鱼：澳洲肺鱼、南美洲肺鱼和非洲肺鱼。

深海鱼类

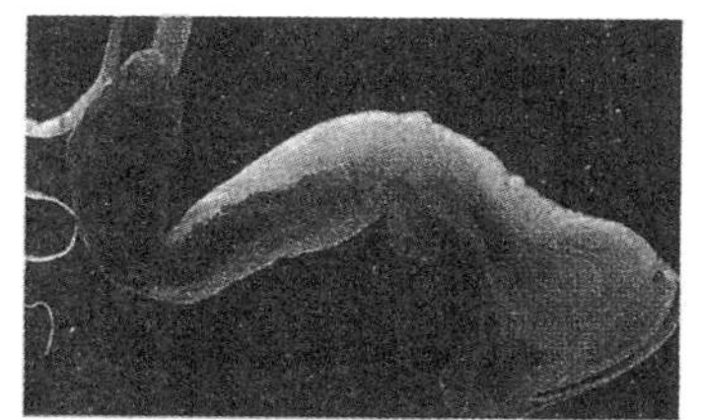

深海鱼类

能长期适应深海环境的鱼类

深海鱼类栖息于数千米的洋底。由于深海海水中的碳酸在高压下能溶解石灰质，所以深海鱼类骨骼中石灰质含量偏少，而多为脆薄松软、富于弹性的薄膜。为减轻巨大的海水压力，它们的躯干和尾部肌肉一般均显单薄和松软。深海鱼类体色单调，以灰褐、黑色和无色透明为主，常随海洋深度而异，如210～500米水深处以红色种类为主，500米以下以黑色为主。

· DIY 实验室 ·

实验：饲养鳉鱼

鳉鱼是一种杂食性的小鱼，体长3～4厘米，很容易养活。如果水温保持在20℃左右，它们就能繁殖得很快。试着通过孵化鱼卵来饲养鳉鱼。

准备材料： 雄雌鳉鱼各5条、小鱼网、鱼缸、过滤器、水草、小水槽、饲料(小蚯蚓、蛋白、鱼饲料)、水桶、氯中和剂等。

实验步骤：

1. 用小鱼网捕捉小河或池塘里的鳉鱼，雄性、雌性各5只左右。
2. 在鱼缸里放上一些水草，把鳉鱼放入其中饲养。每天上午换一次水，水量要少，保持鱼缸的洁净。
3. 把氯中和剂倒入自来水中，待水中的氯清除后，作为饲养用水。
4. 雌性鳉鱼把卵产在水草中。可把附着鱼卵的水草移到较小的水槽里进行孵化。注意每隔两三个月将水槽里的水更换一半。
5. 观察鱼卵的成长。第一天，透明的油粒分散开来；第三天，长出眼睛，心脏开始活动；第七天，整条鱼成形；第十天，小鱼突破鱼卵膜伸出尾巴；孵化后一个月，小鱼开始自己觅食，身体也变得如同成年鳉鱼一样完整。

· 智慧方舟 ·

填空：

1. 在生物学上鱼类分为三大纲：________、________、________。
2. 从化石可以知道，最早出现的鱼类是________。
3. 人们把鱼类对食物喜好的倾向性称作________。
4. 牙齿像梳子的原始无颌鱼类是________。
5. 硬骨鱼都具有________骨架和________。

判断：

1. 鲶鱼是一种常见的肉食性鱼类。( )
2. 大白鲨是一种凶猛的硬骨鱼类。( )
3. 鳐鱼靠鱼鳔在水中游泳，就像在水中飞行。( )
4. 七鳃鳗要靠寄生在其他鱼类身上才能生存。( )

两栖动物

· 探索与思考 ·

保护色的实验

1.准备好20颗干黄豆和20颗干绿豆，把它们混合后轻轻地撒在一张绿色的大纸上。

2.计时开始，你需要在15秒内拾豆子，注意一次只能捡一颗，在规定时间内尽可能多地拾起豆子。

3.15秒种后，看看拾起的豆子中黄豆与绿豆所占的比例。

想一想 为什么捡起的两种豆子的数量会出现差异？

栖息环境

潮湿陆地和水中

两栖动物既能在水里生活，又能在陆地上生活，它们栖息于除南极和格陵兰岛以外的任何地区，但大多分布在较潮湿的热带或亚热带。两栖动物虽然能适应多种生活环境，但适应力远不如更高等的其他陆生脊椎动物，它们既不能适应海洋的生活环境，也不能生活在极端干旱的环境中，在寒冷和酷热的季节则需要冬眠或者夏蛰，以避开不利环境。

两栖动物最早出现在3亿～6亿年前，它们的祖先是鱼类。长期的物种进化使它们大多既能活跃于陆地，又能游动于水中。两栖动物主要包括蛙类、蟾蜍、水螈、蝾螈以及人们不太熟悉的蚓螈。所有的两栖动物都具有潮湿的皮肤。有些两栖动物完全生活在水中，而大多数以陆地生活为主，仅在产卵时才回到水中。

两栖动物的祖先

肉鳍鱼类、鱼石螈和棘鱼石螈

两栖动物的祖先是肉鳍鱼类，但是到底是起源于哪类肉鳍鱼尚不明确。最早的两栖动物是出现于古生代泥盆纪晚期的鱼石螈和棘鱼石螈，它们拥有较多鱼类的特征，如尚保留有尾鳍，并且未能很好的适应陆地的生活。它们代表着鱼类和两栖动物之间的过渡类型。进入中生代后，现代类型的两栖动物开始出现，它们身上光滑而没有鳞甲，皮肤裸露而湿润，布满黏液腺，可以起到呼吸的作用，有些两栖动物甚至没有肺而只靠皮肤呼吸。

早期的两栖动物——扁头螈及其化石

两栖动物的一种——蛙

有尾目

两栖动物中终生有尾的一类

有尾目终生有尾，多数有四肢，幼体与成体比较近似。它们的身体呈长筒形，后肢跟前肢的长度及构造区别不大，仍然残留有发达的尾巴。有尾目有的水生，也有的陆生和树栖。大多有外鳃的都栖息在水中，它们的四肢因退化而变得很小，有些种类甚至没有后肢。

成蛙

两栖动物典型的生命周期

蝾螈

形状像蜥蜴的有尾动物

蝾螈都有尾巴，体形和蜥蜴相似，但体表没有鳞，皮肤光滑而有黏性。蝾螈的视觉较差，主要依靠嗅觉捕食蝌蚪、蛙和小鱼等。蝾螈的四肢不发达，但可以用前足或趾尖在池塘底部泥泞不堪的表面上行走，靠摆动尾巴来加快行走的速度。蝾螈的成体可分为水栖、陆栖和半水栖几类。水栖类型在水中产卵，陆栖类型在繁殖时回到水中产卵，少数种类在潮湿的陆地产卵，幼体要在水中发育成长。目前，世界上有几百种蝾螈，分布于各地的潮湿环境中。

蝾螈

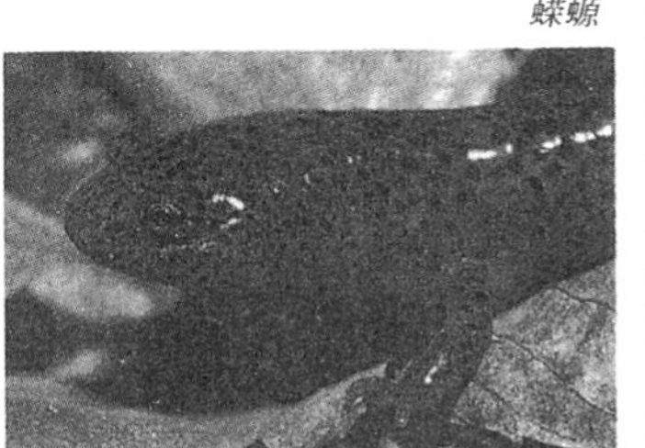

无肺蝾螈

无肺而用皮肤和口腔呼吸的蝾螈

大多数蝾螈都通过皮肤和肺呼吸，但也有大约250种根本没有肺。它们只能通过皮肤和口腔呼吸。有些蝾螈居住在湍急的溪流中，那里的水含有氧气。而陆栖种类则必须一直保持皮肤湿润，这样氧气才能通过皮肤进入血液。无肺蝾螈能适应多种生存环境，陆栖、水栖、树栖和穴居的都有。

无肺蝾螈

美西螈

幼体具有生殖能力的蝾螈

美西螈是一种非常漂亮的大型蝾螈，具有幼形遗留的特性，成年时仍保留有鳃。野生的美西螈是黑色带浅绿色，全身有黑点，眼睛是黄色，带有珍珠光泽的虹膜。由于栖息场所的不同或水温太低，有的幼体未成熟时就具有生殖能力，且终身保持幼体状态。美西螈分布于北美洲，主要以蚯蚓、蝌蚪和水生昆虫的幼体为食。

蚓螈

无足的有尾目动物

蚓螈的生活隐蔽性较大，所以和其他两栖动物相比，人们对蚓螈所知很少。蚓螈栖息在地面的落叶层和松软的土壤里。它们的脑袋大，眼睛小。在挖掘时，蚓螈先用脑袋推开土壤，然后依靠触觉来寻找食物。同所有两栖动物一样，成年蚓螈是食肉动物，猎物的种类取决于自身的大小。最小的蚓螈吃昆虫、蜈蚣和蠕虫，但最大的蚓螈能够对付青蛙和蛇。有的蚓螈直接生出幼螈，但多数蚓螈由蝌蚪发育而来。

无尾目

两栖动物中无尾而有足的一类

无尾目包括现代两栖动物中绝大多数的种类，也是唯一分布广泛的一类，除了两极地区外，分布遍及世界各地。无尾目的成员统称蛙和蟾蜍，它们体型大体相似，而与其他动物相差甚远。它们的幼体和成体区别很大，幼体即蝌蚪，有尾无足，成体无尾而有四肢，后肢比前肢长。一般来说，皮肤比较光滑、身体比较苗条的称为蛙，而皮肤比较粗糙、身体比较臃肿的称为蟾蜍。

蛙

体形较小皮肤湿润的无尾目动物

蛙体形较小，后腿有力，没有尾巴，后脚趾之间有蹼相连，既可以用来跳跃，也可以用来游泳。蛙通常靠跳跃行进，它们既可以生活在地面上，也可以生活在树木中。蛙成年后，能吞下昆虫或蛞蝓之类的小动物。蛙必须使皮肤保持湿润，所以它们很少离开湿润的地方。通常，它们会在产卵时回到水中。

树蛙

脚趾上有黏性足垫的蛙类

树蛙主要生活在世界各地的温暖地区，它们一生都在树上度过。树蛙后腿比前腿长，富有弹跳力。脚趾长得既短又粗，趾间有趾膜相连，脚趾上长有许多尖细的毛，能分泌一种黏性的物质。因为有这样宽大的足垫，所以它们能稳稳地把自己固定在大树的任何部位。树蛙体形娇小(体长仅5厘米左右)，雌性比雄性长，体表颜色鲜艳，看上去很招人喜欢。它们的皮肤光滑而有光泽，可迅速改变颜色，以保护自己不被敌害发现。

树蛙

飞蛙

趾间有蹼能滑翔的树蛙

飞蛙是树蛙的一种，完全树栖，生活在印度尼西亚、菲律宾、马来西亚等山地森林中。它们是一种绿色大蛙，身体扁平，一般体长约7厘米，大者可达10厘米。它们的趾很长，末端扩大形成一个个富有黏液的吸盘，趾间有薄薄的蹼膜相连。这使飞蛙能够轻快地在树枝间跳跃、攀爬，甚至在树间滑翔飞行。飞行时蹼膜张开面积约20平方厘米，可以滑翔飞行16～20米，很容易就能从这棵树飞到另一棵树。

箭毒蛙
亮丽的皮肤上含有剧毒。

箭毒蛙

毒性极强的蛙类

箭毒蛙是众多有毒蛙类中毒性最强的一种。别看它们身上布满鲜艳的色彩和花纹，体长也只有4厘米，但它们能从皮肤腺里分泌出一种剧毒。一只箭毒蛙的毒液足以杀死2万只老鼠，由于箭毒蛙液的毒性极强，生活在南美丛林中的印第安人把它们的毒液涂抹在箭头上，用来打猎。

蟾蜍

蟾蜍

体形较大皮肤干燥的无尾目动物

蟾蜍又名癞蛤蟆。它们的皮肤表面有疣，疙疙瘩瘩，厚而干燥，具有防止体内水分过度蒸发和散失的作用，所以能长久地居住在陆地上，只有在产卵时才会回到水里。它们的卵很长，通常缠在水生植物上面。蟾蜍是爬行前进，行动笨拙蹒跚，不善游泳。每当冬季到来，它便用发达的后肢掘土，潜入烂泥，在洞穴内冬眠。它们是农作物害虫的天敌，一夜吃掉的害虫，要比青蛙多好几倍。

锄足蟾

善于挖洞的蟾蜍

锄足蟾是挖掘地洞的行家。它们的每一只后脚上，都有一条隆起的硬皮，可以像铲子一样挖掘松软的沙质土壤。它们生活在干燥地区，常常一连几个月躲在地下。如果下雨了，就会爬到地表，在那里交配、产卵。这些卵只需两周的时间就能变成小蟾蜍，这有助于小蟾蜍在水容易干涸的地区生存下去。

苏里南蟾蜍

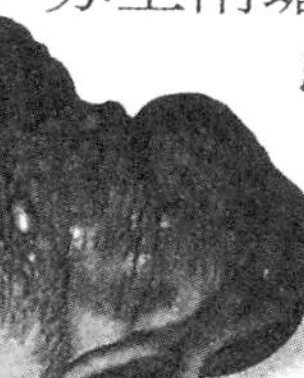

用特殊方法育卵的蟾蜍

苏里南蟾蜍是南美洲最与众不同的两栖动物之一。它们身体扁平，脑袋呈三角形，皮肤上布满了肉瘤，生活在河流和小溪中。这种蟾蜍的生命周期很独特——雌蟾蜍充当卵的托儿所。雌蟾蜍产卵后，雄蟾蜍用身体把卵压在雌蟾蜍的背上海绵状的皮肤里，皮肤会把卵盖住，保护它们不被饥饿的食肉动物吃掉。3～4个月后，卵开始孵化，生出一只完全成型的小蟾蜍。

蛙鸣的秘密

以前人们认为青蛙的叫声都一样，但动物学家研究发现，蛙鸣声原来是各不相同、涵义丰富的。春天，雄蛙的鸣叫声最响，但此时仅是年满两岁的成年雄蛙才叫，实际上是它们在发出求偶信号。遇到危险时，蛙的鸣叫声很容易识别，它们悲哀的叫声常被视为不祥之兆。在各种蛙的鸣叫声中，虎蛙最特别，它们的鸣叫有点像麻布的撕裂声。

青蛙在鸣叫。

• DIY 实验室 •

实验：饲养蝌蚪

青蛙在春季繁殖，我们可以在稻田、水沟或池塘中采集些受精卵，把它们孵化成蝌蚪来饲养，观察它们由蝌蚪到青蛙的变化过程。

准备材料：长柄勺、小水桶、饲养箱、饲料、小木片等。

实验步骤：1. 采集受精卵。最好在雨后两三天，早晨6点之前采集。青蛙的受精卵呈球形，直径为1.7～2毫米，卵外包有胶质膜，卵彼此相连组成卵块。发现青蛙卵块后，先取一些水和水草，盛在预先准备好的桶中，然后用长柄勺轻轻地从水中捞出蛙卵块，移入桶中。

2. 孵化受精卵。最好采用青蛙自然产卵的水域中的水。掌握好蛙胚生活空间的大小，在水中放些水草，靠水草进行光合作用，不断补充水中的溶解氧。温度保持在22℃～25℃之间，受精卵经过三四昼夜，就能孵化成蝌蚪出膜。

3. 饲养蝌蚪。蝌蚪的饲料应以植物性食物为主。初期给饲料要少，以后逐渐增加，每隔一两天换一次水。

4. 饲养幼蛙。蝌蚪发育成幼蛙后，幼蛙可以离水登陆，再逐渐长成为成蛙。

5. 实验完成后，将青蛙放生。

• 智慧方舟 •

填空：

1. 现代类型的两栖动物开始出现的时间是________。
2. 形状像蜥蜴的有尾目动物是________。
3. 两栖动物中唯一分布广泛的一类是________。
4. 雌蟾蜍充当卵的托儿所的一种蟾蜍是________。

判断：

1. 因栖息地减少，许多两栖动物都面临着生存危机。（ ）
2. 无肺蝾螈没有肺，所以只能通过皮肤和口腔呼吸。（ ）
3. 所有美西螈幼体在未发育成熟时都具有生殖能力。（ ）
4. 在飞蛙飞行过程中，它们的后肢起到了舵的作用。（ ）
5. 箭毒蛙有剧毒，是很多有毒蛙中毒性最强的一种。（ ）

爬行动物

·探索与思考·

观察壁虎的脚

1. 准备好显微镜、被麻醉的壁虎、镊子、夹子、放大镜、记录单。

2. 先用放大镜观察壁虎的脚，仔细观察脚趾和脚掌。

3. 再用显微镜观察壁虎脚趾的腹面，可看到许多薄片。

4. 放大显示倍数，可以看到突出的前端是一束一束的。

5. 然后用显微镜观察它的脚掌，可以看到毛状突起。

6. 放大显示倍数，可以看到不同的生长部位，毛状突起的形状也不同。把上述观察结果画下来。

想一想 壁虎脚部的构造与它们能在墙壁上竖直爬行有何关系？

爬行动物包括有鳞目、龟鳖目和鳄目三大类，是最早适应干燥陆地生活的脊椎动物。它们粗糙的皮肤覆盖着鳞片，四肢发达，用肺呼吸，这使它们能离开水而生存。爬行动物的卵外面包有硬壳，能为幼崽提供营养和保护。因此，幼小的爬行动物孵出来时和父母一模一样，并且也能够爬行。

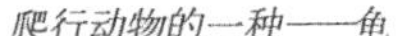

爬行动物的一种——龟

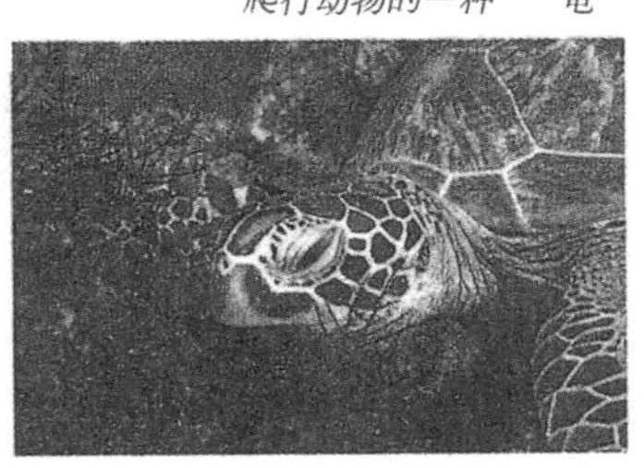

二叠纪的鬼脸杯龙的化石，它是大型的草食性爬行动物。

爬行动物的祖先

石炭纪的两栖类动物

最早的爬行动物生活于大约2.8亿年前的石炭纪大森林里，由两栖类动物进化而来。爬行动物是统治陆地时间最长的动物。在中生代，爬行动物遍布陆地、海洋和天空，地球上没有任何生物有过如此辉煌的历史。其中，侏罗纪是恐龙最为繁盛的时期。

栖息环境

干燥的陆地和水中

因为爬行动物摆脱了对水的依赖，所以它们的分布受温度影响较大而受湿度影响较小。现存的爬行动物大多数生活在干燥温暖的陆地上，但海龟和淡水龟、海蛇和水蛇、鳄鱼和短吻鳄都生活在水里。爬行动物主要分布于热带、亚热带地区；在温带和寒带地区则很少，只有少数种类可到达北极圈附近或分布于高山上；而在热带地区，无论湿润地区还是较干燥地区，种类都很丰富。

变温

体温随外界环境而变化的生理特征

自身体温随着外界环境温度变化而变化的动物称为变温动物。爬行动物和两栖动物均为变温动物，它们不能产生和调节自己身体的热量，通常也叫作冷血动物。这意味着它们必须依靠阳光或地表的散热来保持体表温度。在爬行、游走于冷热不同的环境时，爬行动物可以很好地控制自己的体温，爬行动物都十分喜欢晒太阳，这样它们就可以吸取足够的热能用以捕食和消化。

蛇依靠外界环境来温暖身体。

蜕皮

因身体长大而定期蜕去外皮的生理现象

有些爬行动物在生长过程中有一次或多次蜕去外皮的生理现象，叫作蜕皮。由于外皮不能继续扩大，所以限制了动物的生长，而蜕皮可以使动物得到充分生长。例如蛇一般每隔两三个月就要蜕一次皮，每蜕一次皮，它就要长大一些。在入暑之际，由于蛇刚结束冬眠不久，开始长身体，所以蜕皮现象比较集中。

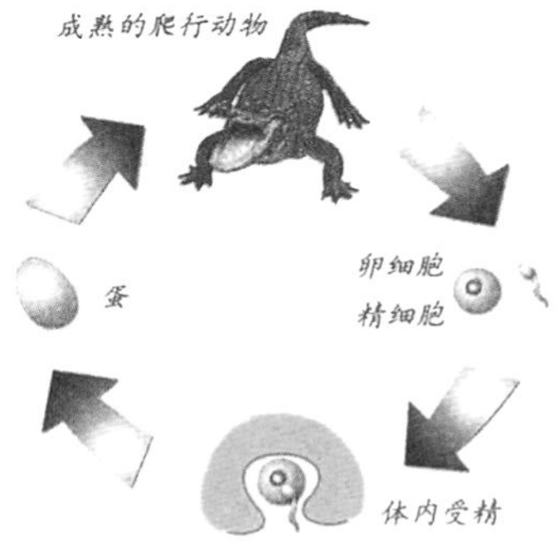

爬行动物典型的生命周期

有鳞目

蜥蜴和蛇

爬行动物中最大的一类就是有鳞目，包括蜥蜴和蛇。它们身体多为长形，表面布满了角质鳞片，前后肢发达或退化。虽然蛇看上去和蜥蜴不同，但它们可能也是从蜥蜴的祖先进化而来的，只是进化的过程中逐渐失去了脚。有鳞目有多种生活方式，水生、陆栖、树栖和地下穴居的都有。

斑点楔齿蜥

最原始的爬行动物

斑点楔齿蜥是世界上最原始的爬行动物，它们几乎跟生活在2亿年前的爬行动物差不多。这种蜥蜴只有在新西兰附近的几个海岛上才能找到。它们生长得非常缓慢，往往要经过50年才能成熟，但能够活到120岁甚至更长。

伞蜥

脖子周围有伞状褶皮的蜥蜴

伞蜥是澳大利亚最引人注目的蜥蜴。它们的颜色从暗红到褐色变化不一，如果被逼得走投无路，就会作出惊人的威胁展示，能在脖子周围张开一块亮红色和黄色的斗篷，使亮红色的嘴巴暴露出来。同时，摇摆着发出嘶嘶声，看上去像是要发动进攻。这常常足以让敌人后退，如果行不通的话，它们会收起斗篷，逃到最近的一棵树上去。

伞蜥

鬣蜥

善于跳跃和游泳的蜥蜴

鬣蜥是爬行动物中最兴盛的一种类群，它们种类繁多，身体细长，表面覆盖着齿状的鳞片，脚趾扁平，不仅可以在陆地上生活，也能在水中游泳，也有些喜欢躲在树上。它们跑起来速度很快，由于体重轻，还能将身体立成45°角，以每小时15千米的速度跳跃。

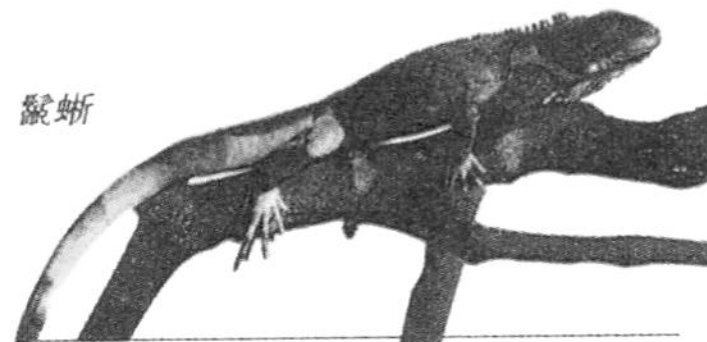

鬣蜥

大壁虎

足部有吸盘的蜥蜴

大壁虎是壁虎家族800多个属种中的一种，在热带地区最为常见。在东南亚，大壁虎是房屋中的常客。它们跑动迅速，足部有吸盘，能在墙上寻找昆虫和其他蜥蜴，甚至还能头朝下在天花板上爬行。天黑之后，它们常常聚在灯光下捕捉食物。大壁虎为卵生，它们大多数一次能产2枚卵。

变色龙

变色龙

皮肤颜色能随环境而改变的蜥蜴

变色龙是一种树栖爬行动物，体长20～60厘米，浑身长满了疙瘩，皮肤的颜色能随周围环境的颜色而改变。它们有善于攀援树干的脚掌和尾巴，能在树干上自由行动。它们的长舌通常蜷缩着，一旦遇到猎物，30厘米长的舌头能迅速地弹出，瞬间将猎物牢牢粘住。

蟒

最大最长的蛇

蟒蛇和森蚺是世界上最大最长的两种蛇，因杀死猎物的方式相同所以都被叫作蟒。蟒是一种大型爬行动物，世界上大约有数十种，它们身体的尾端都有一对叫作尾刺的小钩子。森蚺大多靠产卵来繁殖，而蟒蛇大多是胎生。人们常认为蟒对人类有害，实际上这种蛇没有毒。

蟒

眼镜蛇

颈部有眼睛状斑纹的毒蛇

眼镜蛇是一种有剧毒的蛇，跟非洲的曼巴、美洲的银环蛇和澳洲的虎蛇都有着亲缘关系。它们大多居住在热带地区，靠吃鸟类、小动物和其他爬虫为生。虽然眼镜蛇是肉食动物，嘴的前部有一对固定的有毒锯齿，但却不能将食物撕开，只能先把猎物杀死，再整个吞下去。

眼镜蛇

响尾蛇

尾巴能振动发声的毒蛇

响尾蛇是人人皆知的一种毒蛇。这类蛇具有一个显著特征，即在其尾部末端长着一个响环，它是由若干个特殊的环状鳞片组成的，每秒钟能摆动40～60次，发出的声音，最响时30米以外也能听见。它们体长1～1.5米，最长可达2米，呈绿黄色，背面有菱形的黑褐色的斑纹。响尾蛇喜欢吃鼠类和野兔，也吃小鸟、蜥蜴和其他蛇类。

蝰蛇

蝰蛇

锯齿能折叠的毒蛇

蝰蛇代表着蛇类进化的最高层次，并且具有一些在其他蛇类动物身上找不到的特征。在它们小小的有铰链的骨骼上连着长长的锯齿，这样锯齿就能够在不用时折叠起来。蝰蛇能够自如地控制其毒牙的运动——它们甚至能有选择地每次只竖起一只毒牙。蝰蛇有巨大的毒腺，这些巨大的毒腺使得它们的头部呈现出宽阔的三角形。蝰蛇的毒液包含好几种成分，通常作用于血液和血管，并引起大出血和细胞组织损伤。

龟鳖目

乌龟、甲鱼和水龟

爬行动物中的龟鳖目由乌龟、甲鱼和水龟组成。它们的体形明显的分为头、颈、躯干、尾和四肢五部分。躯干宽短而扁，背部有一个骨质的甲壳，上面覆盖着角质鳞片。大多数龟的头、颈、四肢和尾都可不同程度地缩进坚固的甲内。龟鳖目既吃植物也吃小动物，大多水栖，少数陆栖。一般寿命较长，可活数十年甚至上百年。

海龟

有骨质外壳的海生龟类

海龟主要分布在热带海域。它们四肢粗壮笨重，呈桨状，背部有壳，头和四肢不能缩入壳内。头顶上长有一块长额鳞，褐色或暗绿色的脊部长有黄斑。成年的海龟甲壳一般为100～140厘米长。海龟主要以软体动物、海绵、海藻、水母和甲壳类动物为食，除了产卵和晒太阳，它们很少上岸。

鳄目

鳄鱼、短吻鳄、宽吻鳄和长吻鳄

爬行动物中的鳄目包括鳄鱼和它们的亲缘动物短吻鳄、宽吻鳄和长吻鳄。鳄鱼看上去像巨蜥，但它们的头骨结构表明，它们比现存的任何爬行动物都更接近恐龙。鳄鱼有21种，它们都有一部分时间在水里生活。

龟长寿的秘密

龟

龟应该是地球上最长寿的动物了。科学家认为这与它性情懒惰、行动缓慢、新陈代谢率低有关。从生理学角度研究发现，龟的细胞繁殖代数可能是动物中最多的。龟的心脏机能也很特别，从活的龟体内取出的心脏有的竟可以连续跳动两天。龟类长寿无疑与它们的生活习性、生理机能密切相关，但确切原因还有待进一步研究。

· DIY实验室 ·

实验：壁虎断尾再生观察

当壁虎遇到敌害，尾巴被对方捉住时，它能迅速折断，乘机逃走，断尾以后还能再生。那壁虎从断尾到长出新尾巴需要用多长时间呢？这可以通过实验来观察。

准备材料：饲养箱、壁虎、食物（活蝗虫、小蜘蛛、蛾子等昆虫）、直尺、小刀、放大镜、记录单等。

实验步骤：1.捕捉壁虎，用直尺测量出它的尾长，并作记录。

2.饲养一个星期，再测量它的尾长，并作记录。

3.用小刀按住壁虎的尾巴，它将自动折断。测量折断部分的长度。观察伤口的大小、颜色，以及壁虎断尾后的活动和进食情况。

4.把折断尾巴的壁虎放入饲养箱喂养，每隔三天观察一次壁虎尾巴上的伤口，以及它的活动和进食情况。如果尾巴开始生长，测量长出的尾巴长度，并作记录。

5.壁虎断尾后，尾巴第一个月生长缓慢，第二个月生长较快，第三个月生长较慢。壁虎的尾巴由折断到长出完整的新尾巴大约需要100多天。

· 智慧方舟 ·

填空：

1.爬行动物的祖先是由石炭纪的________进化而来的。

2.爬行动物不能保持自己的体温，通常也叫________。

3.爬行动物中最大的一类就是有鳞目，包括________和________。

4.能将锯齿折叠，并能自如使用毒牙的动物是________。

5.爬行动物中的龟鳖目由________、________和________组成。

判断：

1.只有爬行动物才有蜕皮的生理行为。（ ）

2.爬行动物和两栖动物均为变温动物。（ ）

3.斑点楔齿蜥是世界上最原始的爬行动物。（ ）

4.蟒蛇的身体有剧毒，能把人缠绕致死。（ ）

5.响尾蛇靠尾巴上的响环振动发声。（ ）

鸟类

·探索与思考·

观察鸟类

1.准备好望远镜、深色衣服、照相机、记录单等。

2.到野外的树林或动物园等有鸟的地方，穿上深色的衣服，不要使鸟受到惊扰。

3.先观察鸟的种类、大小、数量、活动方式，数一数鸟巢的个数，并作记录。

4.再用望远镜仔细观察鸟类飞翔时翅膀的运动方式，并用相机拍下飞翔瞬间的情形。

想一想 同为禽类，为什么鸟类能飞翔，而鸡却不能？

鸟类有9000多种，地球上除了海洋深处之外的每一个地方，几乎都能看见鸟类在天空中翱翔。鸟类的一对前肢有强健的肌肉，能够扇动两只翅膀，为飞行提供原动力。羽毛是所有鸟类共有的特征，它们能够靠羽毛被明确地识别。除此之外，鸟类还有一个坚硬的喙和两只布满鳞片的跗，它们每只脚上长着3～4个脚趾，脚趾的尖端长着爪。大多数鸟都会飞，它们是最大、最快和最有力的飞行动物。

鸟类的祖先

始祖鸟

始祖鸟是最早的鸟类，它们生活在距今大约1.5亿年前的史前时代，并且在许多方面已经显现出现在鸟的一些雏形。始祖鸟的全身长有羽毛，而且也已具有明显的叉骨，羽毛和叉骨是始祖鸟已具备飞行能力的最好证明。但它们的骨骼还比较脆弱，肌肉也不很发达，不能轻快飞翔。

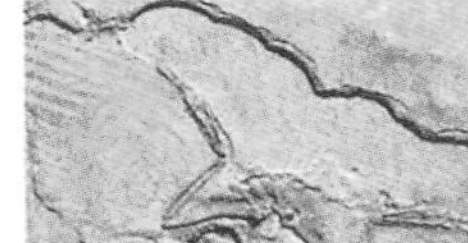

始祖鸟化石

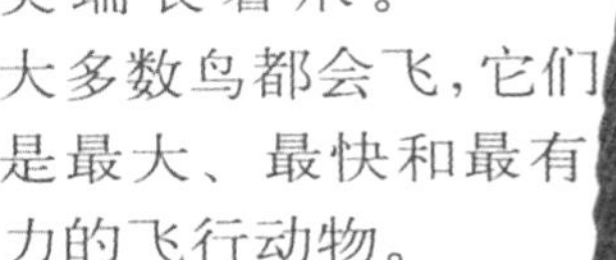

始祖鸟

栖息环境

生活环境极为广泛

鸟的分布很广，它们生活在不同环境中，自然而然地形成了各个生态类群，在结构、生理、习性方面，有着各自的特点。在一种自然环境中，只要结合具体的地区和季节等因素，便能大致知道在这里栖居着哪些鸟类。例如：针叶林中栖息有啄木鸟、太平鸟、交嘴雀等鸟类；村镇、耕地、菜园等平原地区栖息有鹰、乌鸦、戴胜、喜鹊等鸟类；海洋及海岸边生活有鲣鸟和海鸥等鸟类。

飞行方式

鸟类通过翅膀和尾羽完成的飞行状态

鸟类主要有两种飞行方式：拍翼飞行和滑翔。拍翼飞行是鸟类基本的飞行方式，随着翅膀有节奏的上下扇动，鸟儿可以自由控制身体上升或前进。不同的鸟类拍翼飞行时，翅膀每秒扇动的次数也不一样。鸟儿越大，翅膀扇动的次数就越少。例如，海鸥每秒扇动3～4次，鸽子每秒扇动4～6次，而体重只有几克的蜂鸟，每秒却能扇动80次。鸟类滑翔飞行时，双翼平直伸开，一动不动，利用空气的对流，在空中盘旋，这种飞行不需要扇动翅膀。

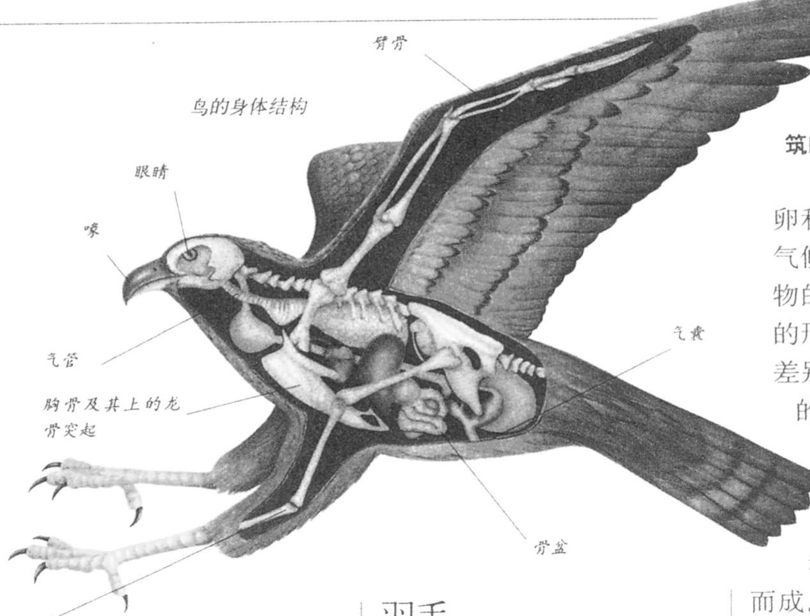

陆上动物的骨骼内充满了骨髓，但是鸟类的大型骨头却是中空的，以适合飞行的需要。

鸟巢

用枯草、细枝等为原料建筑的遮蔽所

鸟类筑巢是为了保护卵和小鸟，使其不受恶劣气候的冲击以及捕食性动物的伤害。各种鸟的鸟巢的形状和大小都有很大的差别。有的鸟巢是由松散的树枝搭起来的大型建筑物，而有的鸟巢却只不过是杯子一般大小的容器，用暖和的头发和羽毛编织而成。

织巢鸟的巢

适合飞行的身体结构

使鸟类具有飞行能力的身体构造

为了便于在空中飞行和保持一定的体温，鸟类的身体构造很轻巧。鸟类整个身体变成如飞机的机身一样，呈圆筒形；位于中心的胸部更有很大的胸骨，臂骨部分也变成利于飞行的筒状。因为需要强力振动翅膀，所以鼓动翅膀的筋肉和附在骨腹面的筋肉都变得健实强大，演化成大型的胸骨突起，称为龙骨突起。鸟的肺部呈海绵状，上端具气管，有五处出口，而且连接着气囊，可以进行呼吸并储存飞行时所需要的大量能量和散发飞翔时所产生的高体温，同时也有减轻身体重量的功用。

羽毛

由角质蛋白构成的片状物

羽毛是由一种质轻、结实、有韧性的叫作角质蛋白的蛋白质构成的。鸟类的羽毛大致分四种类型：体羽、绒羽、尾羽、翼羽。体羽覆盖全身，其流线型的轮廓适于飞行。体羽下面是绒毛状的绒羽，它留住空气，在皮肤上形成一个保暖层。尾羽和翼羽用于飞行。

鸟类典型的生命周期

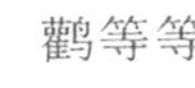

涉禽

具有长长的喙、颈及腿的鸟类

涉禽类鸟适合在沼泽和岸边生活，它们的脚和脚趾特别长，能适应涉水行走；因为腿长，涉禽类鸟需要低头啄食，所以生有较长的脖子。这类鸟包括白鹭、鹭鸶、秧鸡、鹤、鹳等等。

游禽的一种——军舰鸟

游禽

脚趾间有蹼，喙大且宽而平的鸟类

游禽类鸟喜欢在江河、湖泊、海洋等水域中活动。有的擅长游泳，有的善于潜水。游禽类鸟脚短，趾间有蹼；喙阔而且扁平，适合在水中搜寻食物。野鸭、大雁、鹈鹕、鸬鹚、鸥类、信天翁、军舰鸟、海燕、天鹅等都属于游禽类鸟。

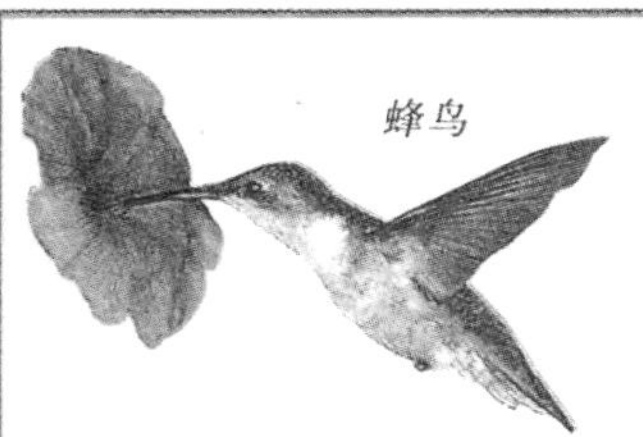

蜂鸟

最大和最小的鸟

非洲驼鸟站起来有2.5米高，体重可达136千克，是世界上最大的尚未绝种的鸟。世界上最小的鸟是加勒比蜂鸟。它的体重不超过2克，还没有体型较大的昆虫那么大。事实上，有些甲虫的体重是蜂鸟体重的20多倍。

军舰鸟

生活在海岸边，喉部呈红色的一种游禽

军舰鸟是一种大型热带海鸟。身体大小如鸡，喙长而尖，端部弯成钩状；喉囊呈红色，膨起时大如人头，翅膀极其细长；尾巴长，脚短弱；成鸟雄体羽毛一般为黑色，雌体腹侧为白色，雌体一般比雄体大。在求偶季节，雄鸟囊部会充满气体，逐渐膨胀，形成一个鲜艳的橙红色半透明的半球形袋状物。军舰鸟极善于飞翔，捕食时的飞行时速可达400千米左右，是目前所知世界上飞得最快的鸟之一。

攀禽

脚趾善于抓握和攀援树木的鸟类

攀禽类鸟最明显的特征是它们的脚趾两个向前，两个向后，有利于攀援树木。在这类鸟当中，有专吃树皮里的害虫的啄木鸟，有吃毛虫的能手杜鹃，还有常年生活在水边靠捕捉水中小动物为食的翠鸟等。

鸣禽有非常发达的鸣管，能发出很美妙的声音。

鸣禽

能通过鸣管发出叫声的鸟类

鸣禽类鸟的数量最多。它们的个体都比较小，且有发达的鸣管，使它们能发出很美妙的声音。它们还能做精巧的窝巢。这类鸟有百灵、画眉、织布鸟、燕子、麻雀、八哥、喜鹊、山雀等。雄鸟一般是主要的鸣叫者，它们鸣叫是为了在求爱季节吸引雌鸟，并警告入侵者远离它的领地。

猛禽

善于捕杀动物的肉食性鸟类

猛禽类鸟的喙和脚部很锐利，翅膀强大有力，有的种类翱翔能力很强，能巧妙地利用上升气流，长时间地盘旋在高空；它们性情凶猛，用利爪和钩状喙捕杀动物，是凶猛的掠食性鸟类。这类鸟有秃鹫、鹰、隼、鹫和各种猫头鹰等。

金雕

一种大型猛禽

金雕是雕属中的最大成员，也是最大型的猛禽之一。它们上体棕褐色，下体黑褐色。金黄色的颈羽呈矛尖状，眼为黑色，喙呈灰白色，脚上布满了绒毛，脚粗大呈黄色，爪巨大。翅膀下面有一个白斑，飞行时清晰可见。尾上羽毛前端是黑色，后3/4为灰褐色。金雕生活在高山草原和针叶林地区，喜欢栖息于高山岩石峭壁之巅。

不会飞的鸟

丧失飞行能力的鸟

经历了几百万年的进化，有一些鸟逐渐丧失了飞行的本领：像鸵鸟、鸸鹋、几维和企鹅这些巨大的鸟类都已经丧失了飞行的能力。在陆地上，这类鸟靠着强有力的腿行走或奔跑。企鹅的腿短，在陆地上不能疾行，而是靠着类似鳍状肢的翅膀在海水中疾行。这些鸟大多体形高大，具有长腿和长颈，生活在开阔地带，也有些小型鸟体形介于鸽子和家鸡之间，翅膀退化或特化，生活在地面或躲藏在植被和洞穴中。

• DIY 实验室 •

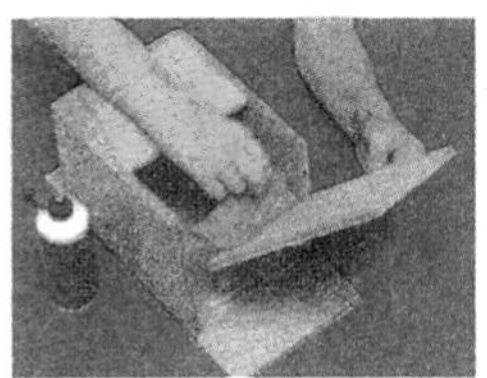

实验：制造鸟箱

研究鸟类筑巢是很有趣的事。可以建造一个鸟箱，将鸟吸引到你家花园里，帮助它们筑巢和抚养雏鸟。春天是鸟类筑巢的季节，因此最好在春天来搭建鸟箱。

准备材料： 木头、锤子、钉子或大头针、粘木头的胶水、铅笔、麻袋布条或是橡胶条（当作铰链）、油漆、刷子等。

实验步骤：

1. 把15毫米厚的松木或胶合板切割成如图所示的尺寸，把木片摆放到位，确保大小合适。
2. 先把较低的箱子前部粘到底面上，再把两边的木片粘上去，一定要小心地粘到位。
3. 把另外一边也粘上去，用钉子把所有的木板钉起来。把箱子放在后面支板的中间，用铅笔把轮廓画出来。
4. 沿着铅笔画的痕迹，把后面那块木板钉到箱子上。把麻袋布条粘在箱顶上，再把它钉在箱子上。
5. 把鸟箱里外都刷一层油漆，并放一夜，等油漆变干。这样可用更长的时间。
6. 把箱子钉在离地面大约2米的树上。让箱子的正面远离阳光直射，以免伤害到雏鸟。这样，一只鸟箱便搭建完成了。

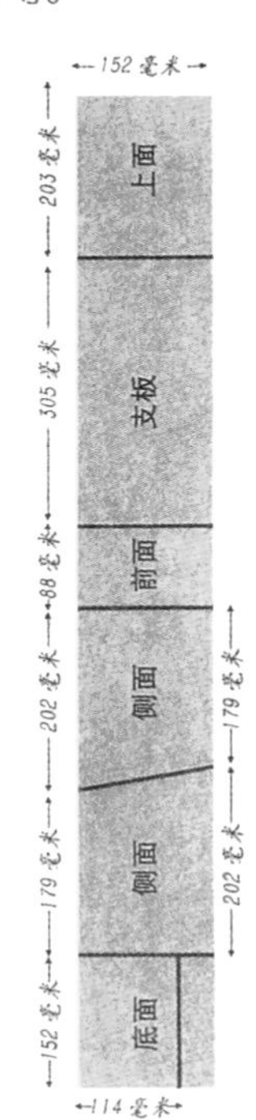

• 智慧方舟 •

填空：

1. 鸟类独有的特征是________。
2. 鸟类的祖先是________。
3. 羽毛主要由________构成。

判断：

1. 啄木鸟大多栖息在针叶林中，海鸥大多栖息在海岸边。（ ）
2. 老鹰、信天翁和鸽子都是滑翔飞行的高手。（ ）

哺乳动物

· 探索与思考 ·

观察禽与兽不同的哺育方式

1. 准备好望远镜、动物百科全书、照相机、记录单。
2. 查阅百科全书，了解禽类和兽类分别通过什么方式繁殖后代。

3. 到动物园观察并记录禽类和兽类不同的哺育方式。
4. 观察雌鸟怎样给幼鸟喂食，喂什么，喂了多少，多长时间喂一次。
5. 观察幼鹿是怎样寻找食物，它们吃什么，吃多少，多长时间吃一次。

想一想 为什么哺育方式存在这些区别？哪一种方法更好？

哺乳动物是一种温血动物。与其他动物不一样，雌性哺乳动物能生下活的幼崽，并用奶喂养它们，这种奶是从乳腺中产生的。哺乳动物常被认为是动物世界中最高级的成员，因为它们有较大的大脑和较发达的感官。哺乳动物有五大共同特征：都有骨骼；都有肺；都呼吸干空气；都是温血；所有雌性动物都能产生乳汁喂养幼崽。

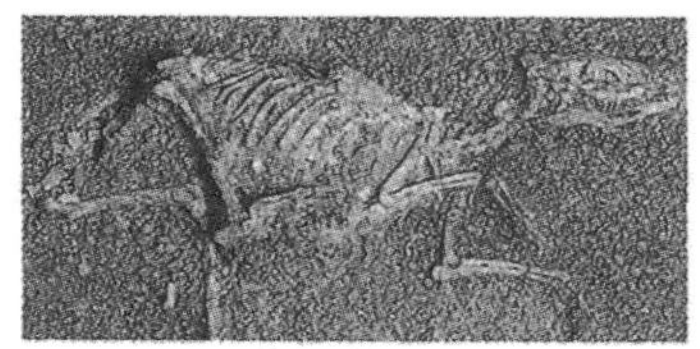

一种原始的哺乳动物的化石——始鹿

哺乳动物的祖先

最早出现于三叠纪，类似单孔目

最古老的哺乳动物是一种体型较小、长约12厘米的小动物，接近于今天的单孔目，它们最早出现在距今约2.2亿年的三叠纪，是3亿年前被称为单孔类爬行动物的后裔。这些原始的哺乳动物在侏罗纪和白垩纪进化为有袋目、食虫目、灵长目等不同的类群，并在白垩纪末期恐龙灭绝后，繁衍至每一块大陆。

老虎正在哺育幼虎。

水獭能够适应水中的生活。

栖息环境

分布极广，大多栖息在陆地

哺乳动物栖息于海洋、河流、地下、地面、树上、空中、极地、热带、高山、沙漠等地。它们绝大多数在陆上生活；其中少数能在地下洞穴或隧道中生活；少数攀援于树枝间；还有一些栖息在水中或飞翔于空中。研究了各种哺乳动物的形态、构造、活动和生活方式，便能发现它们都能与各式各样的的栖息环境保持完美的适应和密切的配合。

食性

草食性、肉食性、杂食性

哺乳动物的食物多种多样，不同的种类对食物的适应有着不同的分化。有以植物为食的草食动物，它们吃根、叶、果实或野草等植食性食物；有以动物为食的肉食性动物，如食虫、食肉等；此外，还有杂食性或随季节变化而改变其食性的。不同食性的动物具有完全不同的生活方式。

土拨鼠是典型的草食性动物。

族群

一个因繁衍生活形成的较为固定的动物群体

哺乳动物的幼崽出生后，经过哺乳，发育长大，便脱离母兽独立生活。但有些猿猴或鹿等群居的动物，幼兽则留在母兽的同一群体中。这一群体有一定的活动范围，它们和别的群体分离而生活，长时间不和别的群体交杂。这便是最小的族群。群体生活便于它们共同觅食、防卫。

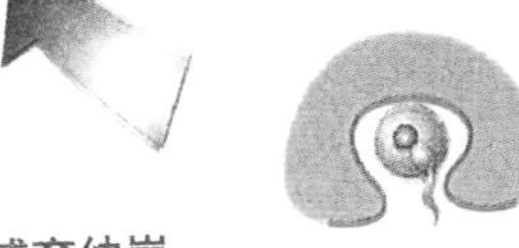

哺乳

用乳汁哺育幼崽

所有哺乳动物都用乳汁哺育幼崽，它们特有的腺体能分泌含有丰富营养物质的乳汁。乳腺是一种由管状腺和泡状腺组成的复合腺体，通常开口于突出的乳头上。乳头的数目随种类而异，2～19个，常与产崽数有关。低等哺乳动物单孔类没有乳头，乳腺分泌的乳汁沿毛流出，幼崽直接舐吸。没有嘴唇的哺乳动物如鲸，其乳腺区有肌肉，能自动将乳汁压入幼鲸口腔。

单孔目动物

产卵的哺乳动物

单孔目哺乳动物是产卵的哺乳动物。已知的现存单孔目动物只有三种：鸭嘴兽、针鼹和原针鼹。鸭嘴兽和针鼹主要生活在澳大利亚，原针鼹只生活在新几内亚。单孔目动物的幼崽孵出后，通过吮吸来自母亲改道的汗腺而不是乳腺的奶水长大，它们的体温比其他动物的体温低，而且针鼹有冬眠的习惯。

鸭嘴兽

有蹼趾和喙，用乳汁哺育幼崽的单孔目哺乳动物

鸭嘴兽是澳大利亚特有的单孔目动物。它们的蹼趾和喙像鸭子，尾部像海狸，没有奶头，但在肚子上有一个小袋，里面分泌出乳汁，小鸭嘴兽靠添乳汁长大。鸭嘴兽生长在河溪的岸边，大多时间都在水里，它们的皮毛有油脂能使身体在较冷的水中仍保持温暖。在水中游泳时它们闭着眼睛，靠电信号及其触觉敏感的鸭嘴寻找在河床底的软体虫及小鱼虾为食。鸭嘴兽生殖是在岸边挖的长隧道内进行的。它们一次最多产三只卵，小鸭嘴兽出生后6个月就能自己到河床底觅食。

单孔目动物——针鼹

有袋目动物

长有育儿袋的哺乳动物

像袋鼠或考拉那样的长有育儿袋的哺乳动物是有袋目动物。世界上有袋目动物约有280种，其中75种是生活在美洲的负鼠，其余种类都生活在澳大利亚及周围的岛屿上。有袋动物目靠吃昆虫、树叶、肉类为生，它们生活在多种多样的环境里，从荒漠、雨林的洞穴到树上、地面，都有它们生存的痕迹。有袋目动物的妊娠期都很短，例如负鼠只有13天。它们生下的幼崽很小，没有毛发，像粉红色的小虫子，幼崽穿过母亲身上的软毛爬进育儿袋，在那里它们以奶为食，直到长大离开为止。

有袋目动物——考拉

袋鼠

善于跳跃的有袋目动物

袋鼠是最大的有袋目动物，是澳大利亚的象征。它们前肢较小，后肢很发达，第四趾特别大，适于跳跃。袋鼠形体大小不一，雄袋鼠可达2米多高。雌袋鼠腹部有一只育儿袋。胎儿发育未完全即产出，在育儿袋内哺育。过一段时间，幼袋鼠就能从育儿袋跳进跳出。大约8个月以后，它就可以离开母袋鼠独立生活了。

正在跳跃的袋鼠

胎盘哺乳动物

在母体子宫内发育的哺乳动物

胎盘哺乳动物在母体的子宫内发育，并通过称为胎盘的海绵状器官吸取营养和氧气，废弃物也通过它传回母体。大多数哺乳动物（包括人类）都是胎盘类哺乳动物，根据它们的饮食习性和运动特征，可将它们分为有蹄类动物、肉食目动物、食虫目动物、长鼻目动物、翼手目动物、兔形目动物、啮齿目动物、海洋哺乳动物和灵长目动物。

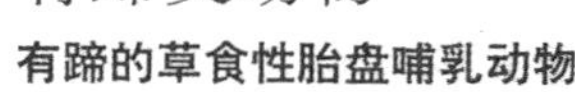

有蹄类动物

有蹄的草食性胎盘哺乳动物

有蹄类动物是那些以植物为食并长有蹄子的哺乳动物的泛称。它们通常用趾尖行走，足趾顶端长有坚硬的蹄，由结构蛋白和角蛋白构成。有蹄类动物最显著的特征是它们有适应咀嚼和研磨植物的牙齿、能将大量植物转化为滋养物的消化道以及在硬地上奔跑的四肢和脚。此外，很多种类头上有角，作为自卫武器。依据趾的个数的奇偶性，可将它们分为奇蹄类动物和偶蹄类动物，它们的代表分别是马、犀牛和羚羊、鹿。

犀牛

鼻尖上有角的体形巨大的奇蹄类动物

犀牛鼻尖上长着一只或两只角，它们形体巨大，是陆地上仅次于大象的第二大哺乳动物。犀牛视觉很差，只能靠灵敏的听觉和嗅觉生活。犀牛是食草动物，以杂草或树叶为食，但并不是反刍动物。身上长着折叠的厚实而无毛的皮肤，是兽类王国里皮肤最坚韧的一种。皮肤在肩胛、颈下和四肢关节处都有褶缝，可以使头和四肢灵活自如地活动。

羚羊

羚羊

双腿纤细、善于奔跑的偶蹄类动物

羚羊双腿纤细，体形似鹿，善于奔跑，它们栖息在开阔的平原和半沙漠地区。对于没有爪子和尖牙作为逃生手段的羚羊来说，这种几乎没有任何防卫的生活环境对它们的安全无疑是一种极大的威胁。因此，它们必须依靠敏锐的视觉、听觉、嗅觉、超常的速度和群居生活来使自己摆脱危险。它们大多时间总是数百只结成一大群，依靠群体的力量一边寻食，一边不断地警惕着四周的动静，时刻提防着远处的豹、狮子等肉食动物。

犀牛

食肉目动物——棕熊

肉食目动物

具有形状特殊的牙齿、通常以猎食为生的胎生哺乳动物

美洲狮

肉食目动物体形的大小差别很大，最小的是伶鼬，又叫银鼠，体重只有35～50克，而最大的棕熊体重可达757千克。体形巨大的肉食目动物俗称猛兽、食肉兽，它们大多体形矫健，肌肉发达，四肢的趾端有锐爪，具有形状特殊的牙齿，以便于捕捉猎物。猎物多为有蹄类、各种鼠类、鸟类和某些大型昆虫等。不过，在肉食目动物中也有少数种类仍然以吃植物性食物为主，如大熊猫以竹子等植物为主食；或者是杂食性，如熊类、貂类等。

东北虎

世界上体形最大的虎

东北虎又称西伯利亚虎，是虎类中体形最大、形态最美的品种。它们单独生活于森林、丛林和野草丛生的地方，没有固定的巢穴。每只东北虎都有一定的地盘范围，即所谓“一山不容二虎”。东北虎善于游泳，很容易渡过6～8千米宽的河。野生东北虎主要分布于俄罗斯远东、中国东北和朝鲜，总数已不到300只，是世界十大濒危动物物种之一。

东北虎在河里游泳。

美洲狮

善于跳跃和爬树的狮

美洲狮是一种凶猛的食肉野兽，栖息环境比任何一种哺乳动物都广泛，包括从海平面到海拔3350米山区的落叶林、低地热带森林、沼泽地、草地、干旱的丛林地区等。它们通常没有固定的巢穴，单独活动，以捕食猎物为食。它们听觉、视觉很好，善于跳跃，也能游泳，但一般不下水。如果捕捉的猎物比较多，它们会把剩余的食物藏在树上，等以后再吃。

猎豹

陆地上奔跑速度最快的动物

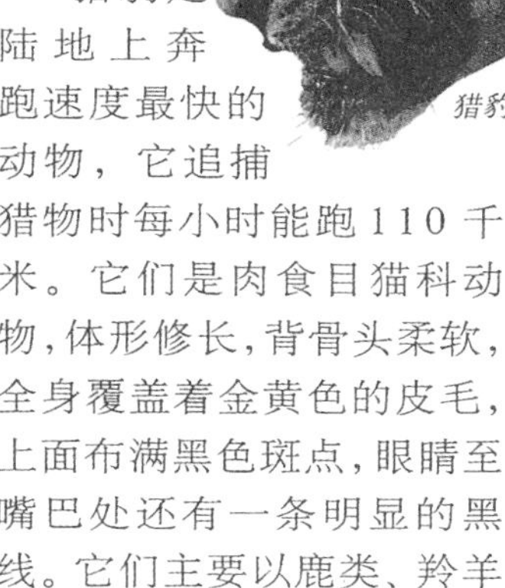

猎豹

猎豹是陆地上奔跑速度最快的动物，它追捕猎物时每小时能跑110千米。它们是肉食目猫科动物，体形修长，背骨头柔软，全身覆盖着金黄色的皮毛，上面布满黑色斑点，眼睛至嘴巴处还有一条明显的黑线。它们主要以鹿类、羚羊为食。

熊猫

主要以竹子为食的食肉动物

熊猫亦称猫熊、大熊猫，是猫熊科哺乳动物。它们身体肥胖，形状像熊但要略小一些，脸廓像猫，眼睛周围、耳朵、前后肢和肩部是黑色，其余都是白色。成年的熊猫重达100千克，体长1.5米，尾短小仅20厘米长，它们虽是食肉动物，但现在已演变成主要食竹的素食动物了。熊猫是一种古老的动物，被动物学家称为“活化石”，是我国的一级保护动物。

正在爬树的大熊猫

食虫目动物

具有尖锐短牙的原始哺乳动物

食虫目是哺乳动物中的一大类群，是比较原始的一目。大多数比较高等的类群都是由早期食虫类分化出来的。食虫目动物体型较小，体长约3.5～40厘米。它们大脑不发达，但嗅觉灵敏，大多具有长而窄的鼻管。它们生活方式多样，有地上生活、地下穴居、半水栖及树栖者，主要以昆虫及蠕虫为食。刺猬、鼹都属于食虫目动物。

长鼻目动物

具有长鼻的体形庞大的哺乳动物

长鼻目哺乳动物通称象，是世界最大的陆栖动物。它们柔韧而发达的长鼻，具有缠卷的功能，是自卫和取食的有力工具。象肩高约2米，体重3～7吨，耳大如扇；四肢粗大如圆柱，支撑着巨大身体。它们的鼻长几乎与体长相等，呈圆筒状，伸屈自如，鼻孔开口在末端，鼻尖有指状突起，能拣拾细物。象喜欢栖息在丛林、草原和河谷地带，以植物为食。

象

最大的哺乳动物——蓝鲸

蓝鲸是世界上最大的动物，全身呈蓝灰色。迄今捕到的最大蓝鲸的时间是1904年，地点在大西洋的福克兰群岛附近。这条蓝鲸长33.5米，体重195吨，相当于35头大象的重量。它的舌头重约3吨，心脏重700千克，肺重1500千克，血液总重量约为8～9吨，肠子有半里路长。这样大的躯体只能生活在浩瀚的海洋中。蓝鲸是地球上首屈一指的巨兽，论个头堪称兽中之王。蓝鲸还是绝无仅有的大力士。一头大型蓝鲸所具有的功率可达1300千瓦，能与一辆火车头的力量相匹敌。它能拖拽588千瓦的机船，甚至在机船倒开的情况下，仍能以每小时4～7海里的速度跑上几个小时。蓝鲸的游泳速度也很快，每小时可达15海里。蓝鲸有一个扁平而宽大的水平尾鳍，这是它前进的原动力，也是上下起伏的升降舵。由前肢演变而来的两个鳍肢，保持着身体的平衡，并协助转换方向，这使它的运动既敏捷又平稳。

蓝鲸

翼手目动物

唯一能真正飞行的哺乳动物

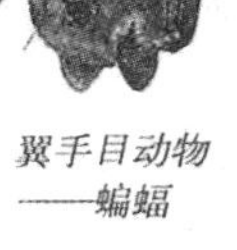

翼手目动物——蝙蝠

翼手目由森林里生活的一支古食虫类演化而来，是唯一具有真正飞翔能力的哺乳动物。它们前肢指骨很长，中间有薄膜，称为翼膜，尾巴与后肢间有膜相连，称为股间膜。它们便靠这种膜来飞行和捕食，飞行时能发出超声波来定向定位。它们大多捕虫为食，某些种类有远迁和冬眠的习性。

兔

兔形目动物

具有双重消化功能的哺乳动物

兔形目哺乳哺乳动物包括一些中型与小型的食草兽类。它们的主要特征是上颌有两对门齿，下颌有一对门齿，上唇中部有纵裂，尾巴很短或没有尾巴。兔形目动物是典型的食草动物，它们以草本植物及树木的嫩枝叶为食，一般不喝水。它们具有双重消化功能，能把盲肠富集的大量维生素和蛋白质排出，再重新吃掉，以充分利用其中的营养物质。

啮齿目动物

长有啮齿的哺乳动物

啮齿目是哺乳动物中最大的一类，拥有哺乳动物中2/5的种类，分布几乎遍及除南极和少数海岛以外的世界各地，包括大老鼠、小老鼠、田鼠、松鼠、河狸和豪猪等。它们体形中等偏小，长有凿子一样的门牙。啮齿目动物的门牙无齿根，终生生长，平均每星期长出1厘米左右，所以常借啮物以磨短。它们之所以能成功地居住于陆地上，在一定程度上得益于它们的繁殖速度。许多啮齿目动物是农林业的有害动物，也是疾病传播者。

海洋哺乳动物

海洋中胎生的哺乳动物

海洋哺乳动物是海洋中胎生的哺乳动物，又称海兽。它们都是从陆上返回海洋的，同时具有陆生高等哺乳动物及水生动物的特征。它们的体型多为纺锤型或流线型，分属半水生生物和全水生生物。前者如海獭和北极熊；后者如鲸类和海牛类。海洋哺乳动物用肺呼吸，依靠皮下厚脂肪层或很好的毛皮保持恒定的体温。

海洋哺乳动物——海豚

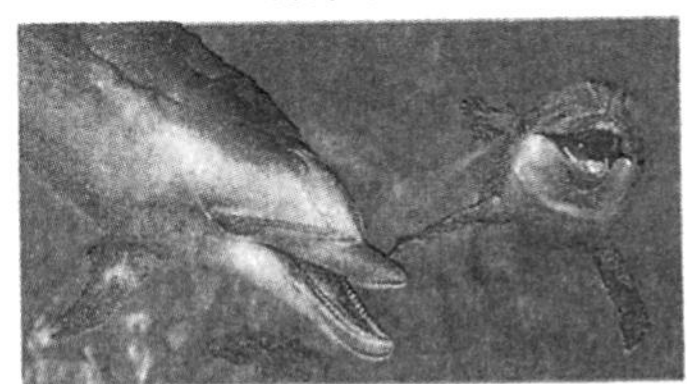

• DIY 实验室 •

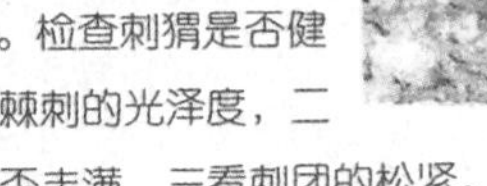

实验：饲养刺猬

刺猬性格温顺，动作举止憨厚可爱，而且便于饲养，逐渐成为人们喜爱的家庭宠物。可以在课余时间试着饲养。

准备材料：刺猬、饲料、饲养箱、干草、记录单等。

实验步骤：1.选购刺猬。检查刺猬是否健壮，一看棘刺的光泽度，二看身躯是否丰满，三看刺团的松紧。

2.布置饲养环境。在院子里或阳台上用80厘米见方的木箱给刺猬建巢窝，窝内铺上干草、松树叶或秸秆。窝外最好用石头和泥土垒一座小土堆或假山，种上花草，使之尽量接近野生环境，供刺猬活动使用。

3.喂食。傍晚前后投喂饲料和清水。可自配饲料，以肉类下脚、粮食及副产品、青菜等按比例配合饲养。另外，毛毛虫、甲虫、蜗牛、蚯蚓等小动物和水果也可用来喂养。

4.防病。只要饲养管理和卫生措施得当，刺猬是很少得病的。常见病主要是肠胃炎、皮癣、寄生虫等，一般用人类相应的药物就可治疗。

• 智慧方舟 •

填空：

1.哺乳动物的祖先最早出现于________。

2.动物护卫自己活动范围的行为称为________。

3.现存单孔目动物有三种________、________、________。

4.陆地上奔跑速度最快的动物是________。

5.唯一能真正飞行的哺乳动物是________。

判断：

1.有袋目动物只生活在澳大利亚地区。（ ）

2.胎生的鸭嘴兽靠舔食母兽奶水长大。（ ）

3.所有啮齿目动物的门牙都终生生长。（ ）

4.陆地上奔跑速度最快的动物是羚羊。（ ）

5.大熊猫是以竹子为食的草食性动物。（ ）

灵长目动物

·探索与思考·

观察猴群的生活

1.准备好动物百科全书、望远镜、照相机、记录单。

2.先查阅百科全书，了解猴子的性别特征、栖息环境、生活习性。

3.到动物园观察猴群。数一数共有多少只猴子，估计一下公猴、母猴和小猴各有多少。

4.观察它们吃什么食物，吃多少，是否能够自己挑选食物。

5.观察小猴子都跟哪些猴子待在一起，它们经常会干什么。

6.观察猴群中是否有首领，它有什么特别之处。

想一想 猴子的这种群居生活跟人类有哪些相似之处？

灵长目动物是哺乳动物中结构最高等的一类。它们的脑较为发达，颜面裸露，两眼向前，视觉发达，四肢平衡，前臂能转动自如。指端长有指甲，第一指与其他四指相对，这样就可以抓握物体。灵长目动物种类繁多，包括原猴亚目和猿猴亚目。人类也是灵长目中的一种。灵长目大多生活在热带、亚热带和温带森林中，喜欢群居，常栖息在树上。

原猴亚目

灵长目动物中较原始的一类

原猴亚目，又称狐猴亚目，是灵长目中较原始的一类，包括狐猴、懒猴和眼镜猴。它们大脑半球还不发达，身体具有一些原始的特征，颜面部似狐，嘴巴突出，没有颊囊。眼窝和颞窝尚未完全隔开，前肢比后肢短，尾巴虽长，但无缠绕性。原猴亚目过着树栖夜行生活，主要分布于亚洲南部和非洲的马达加斯加岛上。

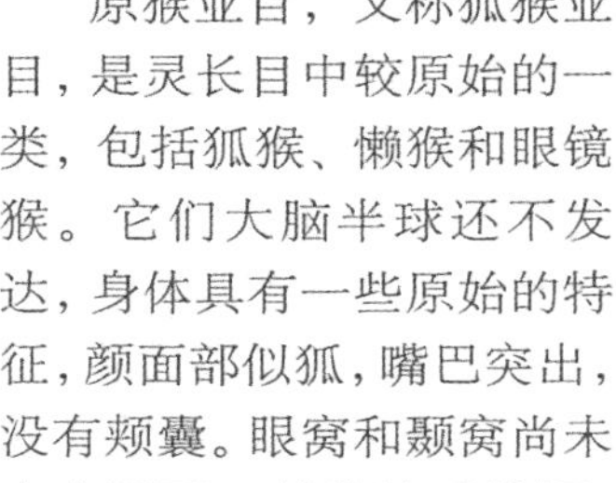

灵长目动物的一种——黑猩猩

环尾狐猴

尾巴上有环纹的原猴亚目动物

环尾狐猴因有着黑白相间的环尾而得名，是狐猴中体色最鲜艳的一种。它们处于进化中的较低等级，智力不及其他猴类。环尾狐猴双眼无视力，但嗅觉很灵敏，生活于较干旱的疏林岩石地区，白天活动，而且主要在地面上活动，这是狐猴中唯一在白天活动的例子。

环尾狐猴

懒猴

懒猴

性情懒惰、动作迟缓的原猴亚目动物

懒猴又叫蜂猴，是灵长目中较低等的猴子。它们个头比猫还小，四肢粗短，毛厚且长，一条短尾巴藏在毛丛中。它们行动缓慢无声，很有耐力，几乎终生住在树上。一般哺乳动物的肌肉在收缩时会挤压血管，阻碍血液循环，而懒猴则不会。这就是它们能长时间用手脚紧抓树枝而不觉疲劳的原因。

眼镜猴

眼睛很大，适合夜视的原猴亚目动物

眼镜猴又名跗猴，包括眼镜猴、西部眼镜猴和菲律宾眼镜猴三种，分布于苏门答腊南部和菲律宾的一些岛上。它们体长如家鼠，最大的也不过20多厘米，体重在100～150克。头大而圆，眼睛特别大，适于夜视。有高度适应树上跳跃的能力，能在树间十分准确地跳跃3米多远的距离。可以用四肢行走，靠后肢在地面上跳跃或奔跑，还能爬树，圆盘状的指垫有吸盘的作用，利于攀缘。它们主要以昆虫为食，有时也吃果实。

猴

有颊囊和胼胝的灵长目动物

猴体形中等，四肢等长或后肢稍长，尾巴或长或短，有颊囊和臀部胼胝，树栖或陆栖生活，这是猴类的共同特征。猴类大脑发达。四肢能使用简单的工具，手趾可以分开，有助于攀爬树枝和拿东西。

灵长目中的一类——猴

狒狒

有大头和长嘴的灵长目动物

狒狒是非洲热带草原最著名的猿猴类动物。它们有巨大的头，用于存储颊囊，长长的像狗一样的嘴部，细而弯曲的尾巴和粗壮的四肢。狒狒主要生活在地面上，靠四肢行走。最典型的是生活在干旱的热带稀树草原和有树的岩石地区的狒狒——阿拉伯狒狒、萨尔瓦狒狒和几内亚狒狒。

山魈

山魈

有深红色鼻子的灵长目动物

山魈仅生活在非洲刚果等地，它们常常成群结队地走在多石的山上。无论是嫩枝、野果，还是鸟、鼠、蛇、蛙，甚至其他猴子，它们都吃。山魈的身体长可超过0.8米，站起来有1米多高。它们的脸很长，头顶生长着一簇长毛，眉骨向外突出，牙齿又尖又长。最显眼的是它们下陷的眼睛下面有深红色的鼻子，两边的皱纹皮肤呈蓝紫色。

狒狒

猕猴

臀部有鲜红色角质坐垫的灵长目动物

猕猴体态匀称适中，体长51～63厘米，体重4～12千克。头顶的毛从额部往后覆盖，脸部和两耳呈肉红色。四肢细长，手、足上均具有5趾，能完美对握。尾巴的长度将近体长的一半，尾毛蓬松，臀部坐骨处具有鲜红色的角质坐垫。猕猴活泼好动，智商较高，呈家族式群居，群体社会中等级次序的划分非常严格。它们以植物的嫩叶、花、果实和种子等为食，有时也吃昆虫。

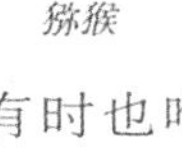

猕猴

猿

和人类亲缘关系最近的灵长目动物

猿是人类的近亲，它们分为两大类：长臂猿和合趾猿是小猿；而大猩猩、黑猩猩和猩猩则属于大猿。大猿的身体跟我们人类非常相似，同样有32颗牙齿，没有外露的尾巴。它们最重要的感官是视觉，能分辨不同的颜色。然而，猿和人还是有很多差别，它们身体多毛，手臂较长，攀爬的技术很好，通常用四肢走路，直立行走只能走很短的距离等。

黑猩猩

人类以外最聪明的灵长目动物

黑猩猩是除了人类外最聪明的灵长目动物，它们有喜怒哀乐，会模仿人类，会利用简单的工具。黑猩猩身高1.2～1.5米，除脸部以外，全身长满黑毛。它们的脑袋比较圆，长着一对特别大的直立的耳朵。眉骨比较高，眼睛深陷，鼻子很小，嘴唇长而薄，没有颊囊。黑猩猩性格比较外向，喜欢群居，主要栖息在非洲中西部地区高大茂盛的落叶林中。

黑猩猩

大猩猩

最大的灵长目动物

大猩猩是最大的灵长目动物。它们生活在非洲赤道的热带雨林中。成年雄性大猩猩直立时高2米，重约140～250千克，最重可超过290千克，雌性约70～120千克。所有大猩猩都有黑皮黑毛。大猩猩结群而居，每群16～30只，由一只雄性大猩猩领导，有自己的活动范围，通常占地约40平方千米。不同群体相遇时也可以友好地在一起觅食，甚至非常友善。大猩猩以树叶、嫩芽、蕨类、块根植物和纤维性树皮为食，有时也吃野果。大猩猩其实是一种非常安静的动物，它们的智力也非常发达，大约相当于人类三四岁儿童的智商。

猩猩

长着红毛的灵长目动物

猩猩是唯一一种长着红毛的类人猿，主要分布在苏门答腊等地区的森林中。它们粗陋的面孔看起来非常吓人，但实际上它们是很温和的动物。雄猩猩的身高不足1米，体重可达90千克；雌猩猩比雄猩猩矮，体重也只有雄猩猩的一半。它们能像人那样直立行走，喜欢用长臂搭窝睡觉。猩猩还喜欢吃白蚁，它们会用牙和手指加工小树枝来钓白蚁。

长臂猿

长臂猿

具有两条长臂的、最活泼的灵长目动物

长臂猿是最活泼的灵长目动物。它们几乎常年生活在树上，借两条长臂和钩型的长手，把自己悬挂在树枝上，像荡秋千一样荡越前进，动作迅速准确，偶尔也到地上行走。在地上行走时，样子非常滑稽，身体半直立，两臂有时弯在身子两侧，有时举过头顶，走起路来一摇一摆。长臂猿过着家庭式生活，通常3～5只为一个群体，它们从不搭窝，睡眠、休息全都在树上。

珍妮·古道尔

珍妮·古道尔(Jane Goodall，1934～)，英国动物学家，被称为世界动物行为学领域的爱因斯坦。为了观察黑猩猩，她与之共度过了38年的野外生涯。她的诸多研究成果，为日后灵长类动物的研究奠定了基础。她奔走于世界各地，呼吁人们保护野生动物，保护地球的环境，于2002年4月被联合国秘书长安南任命为和平信使。著有自传《黑猩猩在呼唤》。

人类

最高级的灵长目动物

人类是最高级的灵长目动物，会制造工具，能直立行走，能使用语言，具有很强的思维能力，这些都是其他动物所不能比的。但是像人类这样高智商的动物也是一步一步进化而来的，早在1400万年前，人类的祖先已经出现，但直到近200万年时，他们才变得和现代人极为相似。

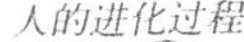

人的进化过程

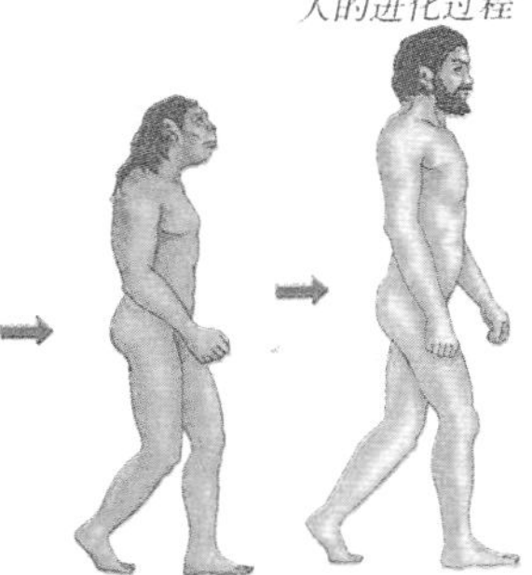

·DIY实验室·

实验：比较人类与黑猩猩

黑猩猩与人类非常相似，因为它们是与人类血缘最近的动物。有研究表明，从遗传学的角度讲，人类和黑猩猩只有1%的区别。既便如此，

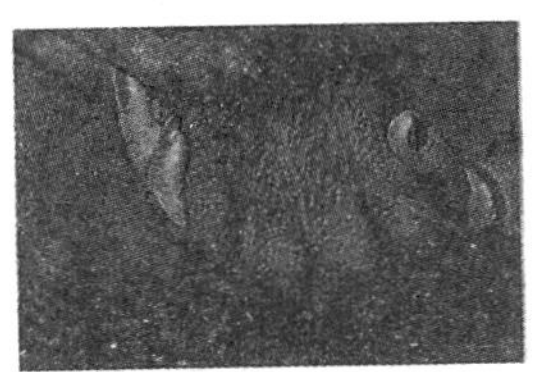

人类与黑猩猩在很多方面还是有很多不同。大约在500万年前，人类和黑猩猩共同的祖先发生了分化，黑猩猩的祖先留在了森林里，而人类的祖先则走进了开阔的草原，造成了今天人类与黑猩猩的区别。到动物园观察黑猩猩，看看它们和人类在哪些地方是相同的，哪些地方是不同的，把自己观察到的特点整理出来。可以用绘图或拍照来记录。

准备材料：望远镜、照相机、绘图本、记录单等。

实验步骤：1.观察身体结构。黑猩猩的身体由躯干和四肢构成，与人类相似。

2.观察脸部。黑猩猩的脸中央没有毛，和人类相似，但面颊两侧的毛很浓密。

3.观察嘴唇。黑猩猩的嘴唇长而薄，而人类的嘴唇短而厚。

4.观察头形。黑猩猩头部很低，而人类的头部很高。

5.观察手形。黑猩猩的手上有关节和指纹，指甲扁平，和人类一样。

6.观察足形。黑猩猩的足拇趾与其他四趾分开，而人类的是全部并列。

·智慧方舟·

填空：

1.原猴亚目包括________、________和________。

2.狐猴中唯一在白天活动的种类是________。

3.眼睛很大、适合夜视的猴子是________。

4.非洲热带草原上最著名的猿猴类动物是________。

5.除人类以外，最聪明的灵长目动物是________。

判断：

1.猕猴是唯一能适应高寒生活的猴类。( )

2.山魈有着深红色的鼻子和蓝紫色的脸。( )

3.长着红毛的大猩猩是最大的灵长目动物。( )

4.善于攀援的黑猩猩是最活泼的灵长目动物。( )

—探索生命的奥秘—

细胞

· 探索与思考 ·

观察洋葱细胞

1. 准备好洋葱头、小刀、显微镜、记录单。

2. 将洋葱头切成两半，挖去内心，用小刀轻轻地挑出一片薄膜。将膜片放在显微镜下，透过目镜观察并记录。

3. 在显微镜下，可以看到一个个“小格子”密密地排列，相互靠在一起。这就是细胞。

4. 在细胞壁的里面可以看到充满液体的空腔，叫作液泡，液体就是细胞质。

想一想 生物细胞由哪几个部分构成？

细胞是构成大多数生物体的最基本的单位，通常只有在显微镜下才能看到。细胞又是最小的生命单位，它可以显示生命最基本的功能，例如生长、新陈代谢以及生殖等。某些简单的有机体只由单一细胞组成，但大部分的动植物都是由许多细胞构成的，这使得它们具有某些特殊功能。典型的细胞都由细胞核、细胞胞质、细胞膜构成。

细胞的形状

因种类不同而多种多样

细胞的形状很多，有立方体形、螺旋形、盒形、片形、圆锥形、长方体形、杆状、盘状等。很多单细胞生物的外观如小球，酵母菌即为一例。变形虫没有固定形状，看起来只是一团胶状物质。细菌呈杆状、球状或螺旋状。大部分的多细胞植物，细胞呈六面体和长方形。

植物的根毛细胞呈片形。

细胞的大小

随种类不同差异很大

大多数动物细胞的直径在10～20微米之间，植物细胞略为大些。细胞的大小差异很大，最小的独立生存的细胞是一种称作支原菌的细菌，这种细胞的直径只有0.1微米。卵细胞是大型细胞，鸵鸟的卵细胞可长达25厘米，是迄今所知最大的细胞。

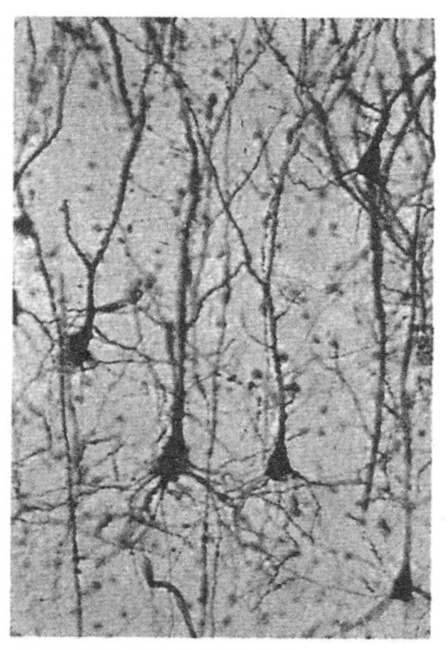

人的神经细胞大小约50微米。

细胞的特征

大多具有细胞核和线粒体

细胞种类虽多，却具有一些共同的特征，它们大部分都具有一个细胞核和若干线粒体，细胞核中带有遗传基因，而线粒体则使细胞产生能量。但并非所有的细胞都含有细胞核和线粒体，像人、狗、马等哺乳类动物血液内的红血球，就没有这两种共同特征。

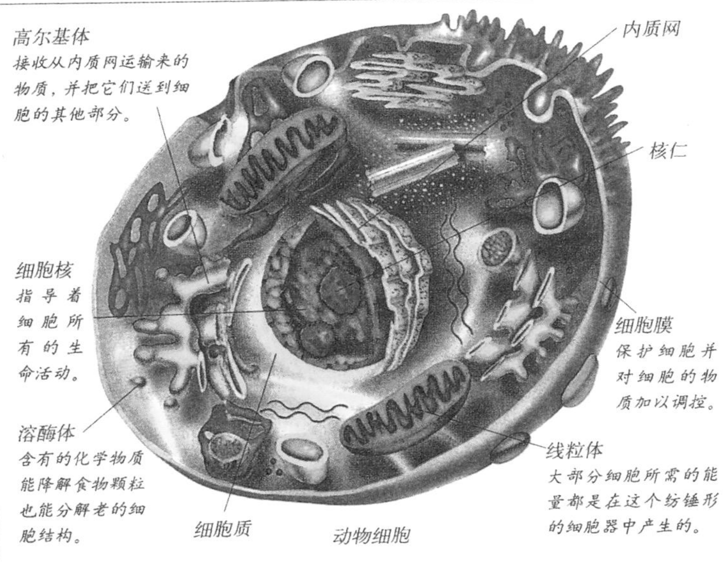

游离细胞

生物体内能到处移动的细胞

组成生物个体的细胞，通常都彼此紧紧地结合在一起，如果不从外部施加压力的话，就不会分离。不过，体内有些细胞却呈游离状态，在体内到处移动，血液的红血球便是一例。当骨髓制造出红血球之后，它便随着血液在体内循环，负责输送气体和养分。另外，白血球或淋巴球也可以在血液或肌肉间，作变形虫般的运动。

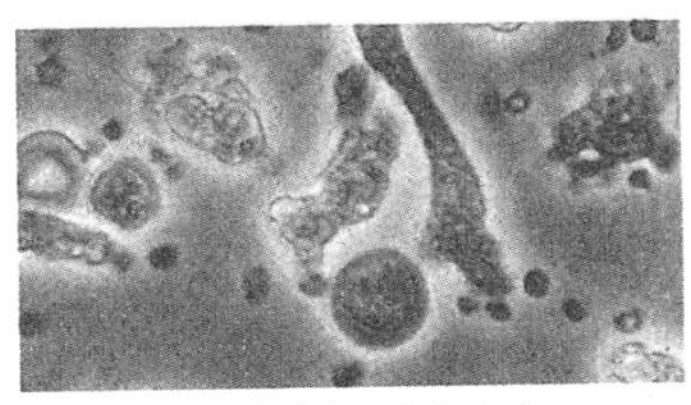

血液中的白血球作变形虫般运动。

植物细胞

具有细胞壁和叶绿体

植物细胞的最外层是细胞壁，对细胞起保护作用。紧贴在细胞壁里面的是细胞膜，它控制着细胞与外部环境的物质交换，提供细胞所需要的物质。细胞膜内充满着可以流动的细胞质，里面除了贮存着营养物质外，还包含着许多形态各异的精细结构，这些结构就是细胞内部的器官，名为细胞器。其中有线粒体、内质网、叶绿体、核糖体、高尔基体等。这些细胞器都有各自明确的分工，相互协调，维持着细胞的生命。

动物细胞

不具有细胞壁和叶绿体

动物细胞主要由三部分组成，即细胞膜、细胞质和细胞核。在细胞里有些被称为细胞器的结构，包括内质网、线粒体、溶酶体和高尔基体。动物细胞和植物细胞的主要区别在于植物细胞有细胞壁和叶绿体，而动物细胞没有细胞壁和叶绿体。

内质网
是一个网络化的通道，能把物质从细胞内的一个区域运输到另一个区域。

细胞核
指导着所有的生命活动。

核糖体

高尔基体
接收从内质网运输来的物质，并把它们送到细胞的其他部分。

叶绿体
这种细胞器能捕获日光中的能量。

核仁

细胞壁
植物细胞的细胞膜外包围着一层坚硬的外壁。

线粒体
大部分细胞所需的能量都在这个细胞器中产生。

液泡
液泡中储存着水、食物、代谢废物和其他物质。

植物细胞

细胞中的分子运动

物质进出细胞的过程

所有的细胞都有一层细胞膜，细胞膜是一种保护性结构，能防止细胞内成分接触外界环境的不利因素。但是，细胞在其生命过程中要不断地从外界吸收有用物质，同时排出体内产生的废物。因此，细胞膜又具有选择通透性，即某些物质能自由通过它，而另一些物质则不能自由通过。通常来说，像氧气、水和二氧化碳这一类的小分子可以自由通过细胞膜；而一些大分子物质和盐类则不能自由通过。物质进出细胞的方式主要有三种：扩散、渗透和主动运输。

扩散

分子从高浓度区域向低浓度区域移动的过程

扩散是物质进出细胞的主要方式。在扩散过程中分子从浓度高的一边移到浓度低的一边。最后，细胞膜两边的浓度会达成平衡。扩散作用不需要耗费细胞的能量。

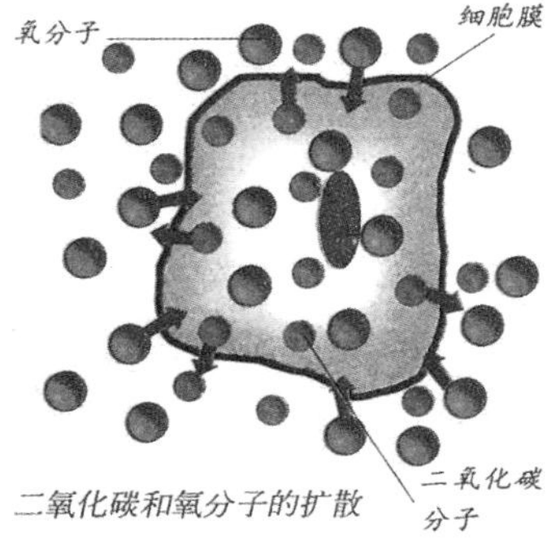

二氧化碳和氧分子的扩散

渗透

水分子通过具有选择通透性膜的扩散运动

水分子能轻易地透过细胞膜进出细胞，它总是从含水分子较多的区域向含水分子较少的区域移动。水分子的这种通过具有选择通透性的膜的扩散运动叫作渗透。渗透是十分重要的，因为没有充足的水分，细胞就无法执行正常的功能。渗透是扩散作用的一种，并不需要消耗能量。

细胞外的水分子较多时，水分子便通过渗透进入细胞中。

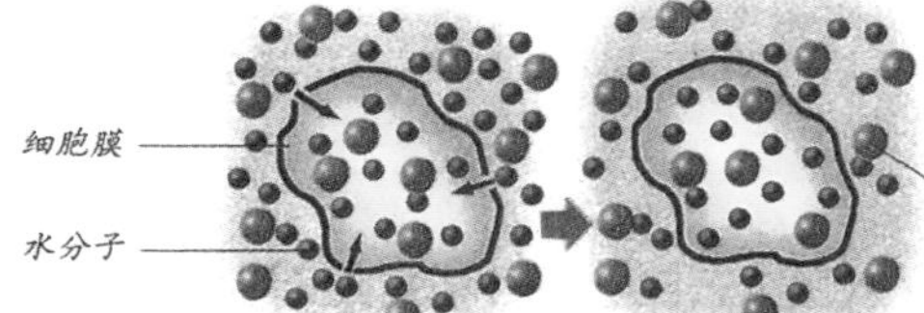

主动运输

细胞消耗能量使物质进出细胞膜的运输方式

对细胞而言，扩散和渗透作用不需要消耗能量，叫作被动运输。但是当一种物质的细胞外的浓度低于细胞内的浓度，而细胞又需要摄取该物质时，细胞就必须以和扩散相反的方向运输该物质。细胞要做到这一点，就必须消耗能量，而且必须由特殊的蛋白质来完成。

细胞的化学成分

构成细胞的各种化合物

构成细胞的化合物包括无机化合物和有机化合物。最重要的无机化合物是水和无机盐。水是细胞中含量最多的物质，是一切生命活动的基础。无机盐是细胞内复杂化合物的重要组成成分。生物体内最重要的有机化合物分别是糖类、脂类、蛋白质和核酸。糖类是细胞的主要能源物质，大致分为单糖、二糖和多糖等几类。脂类一般包括脂肪、类脂和固醇等，其中磷脂是构成细胞膜和多种细胞器的膜结构的重要组成成分。蛋白质是细胞中各种结构的重要化学成分。核酸是遗传信息的载体，可以分为脱氧核糖核酸和核糖核酸两大类。

细胞的活动与能量

细胞对能量的获取、存储与释放

细胞需要能量来完成它们的功能，动物体内的细胞能量来自于食物。而植物和其他一些海藻和某些细菌的细胞却通过利用日光中的能量即通过光合作用来为自己制造食物。植物和其他一些生物进行光合作用时，利用光能，把二氧化碳和水转化为氧气和糖类（如葡萄糖）。同时，细胞又需要分解细胞内的有机物以获得能量来维持各项生命活动。细胞氧化有机物以获得能量并产生二氧化碳和水的过程称为呼吸。在呼吸作用中，细胞分解一些简单的食物分子（如葡萄糖），并从中释放出能量。

列文虎克

安东尼·列文虎克（Antoni Leeuwenhoek，1632～1723），荷兰人，第一个发明显微镜的人，最著名的显微镜专家。1677年他用显微镜发现了人体内的精子；1680年，发现了酵母里的酵母菌；1684年，他准确地描述了血液中的血红细胞；1702年又发现了雨中的微生物。

细胞的有丝分裂过程

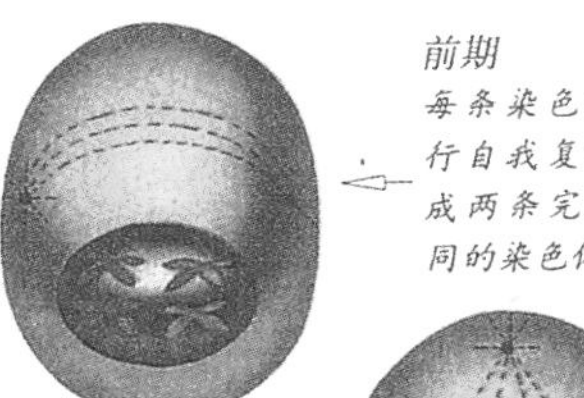

前期
每条染色体进行自我复制形成两条完全相同的染色体。

中期：
每条染色体都移至细胞的中央。

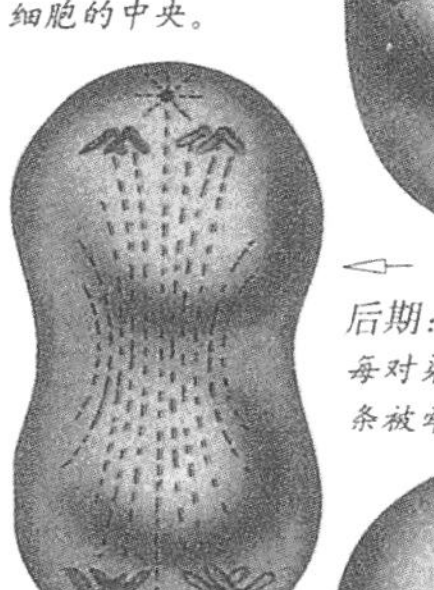

后期：
每对染色单体中的一条被牵向细胞两侧。

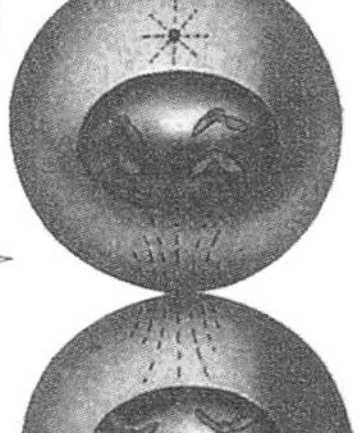

末期：
每组染色体周围形成了新的核膜，细胞分裂完成。

细胞分裂

细胞由一个分化为两个或多个的过程

当细胞的成长大过它们发挥正常功能所需或者细胞已经完成它们的生命周期时，就会发生分裂。单细胞微生物（如变形虫）的细胞分裂过程很简单，它只是一分为二，将细胞中所有物质平均分配。在较为复杂的有机体中，则是进行有丝分裂，以确保基因中的信息在新的子细胞中平均分配。这些带有遗传信息的物质储存于细胞核内的染色体中。

·DIY 实验室·

实验：观察口腔黏膜细胞

我们可以通过显微镜观察人体的某些细胞，比如口腔黏膜的细胞。

准备材料：载玻片、盖玻片、蓝色的美蓝染料、显微镜、记录单等。

实验步骤：1.用压舌板或指甲轻刮口腔颊部黏膜。将收集到的液体在载玻片上涂一薄层，涂得越薄越好，以防细胞互相重叠，看不清楚。

2.由于细胞非常透明，很难看清。因此，要想观察到细胞，需要向载玻片上滴一滴美蓝染料。放置3～4分钟后，用清水冲洗。染料已将细胞着色，这样就可以清楚地区别细胞的不同部分了。

3.将盖玻片盖在细胞上面，把载玻片放在显微镜的载物台上。将能看到细胞中的细胞膜、细胞核和许多点状结构，这些点状结构就是细胞质中的各种细胞器。

·智慧方舟·

填空：

1.典型的生物细胞是由三部分构成的，它们是______、______、______。

2.植物细胞与动物细胞的区别在于，植物细胞具有______和______。

3.物质不需要消耗能量进出细胞的方式有______和______。

4.糖类是细胞主要的能源物质，可分为______、______和______等几类。

5.第一个发明显微镜，并观察到人体精子的人是______。

判断：

1.大多数植物细胞的直径在10～20微米之间。（ ）

2.红血球、白血球和淋巴球都是游离细胞。（ ）

3.扩散和渗透运动都不需要消耗能量。（ ）

4.主动运输需要消耗细胞的能量，而且须由特殊的蛋白质来完成。（ ）

5.细胞的有丝分裂是一种比较简单的分裂类型。（ ）

植物体内的反应

·探索与思考·

观察树叶的蒸腾作用

1.准备好天平、三角烧瓶、记录单、树叶、带叶和不带叶的鲜树枝各一根，以及无盖玻璃皿和带盖玻璃皿各一只。

2.将两根树枝分别插在两只装有水的三角烧瓶中，放置于天平的两端，并使其高度一样。然后将它们放在明亮的地方，观察并记录。

3.将两片叶子分别置于玻璃皿中，其中一玻璃皿加上盖子后放置于天平上使其平衡。接着再把它们放在明亮的地方，再观察其结果。

4.可以发现加盖子的一端和没有叶子的一端会比较重，而未加盖子和有叶子的一端会比较轻。这是因为水会变成水蒸气后由叶子的气孔跑出去了，所以比较轻。

想一想 植物体内的反应对植物的生长有哪些作用？

大多数植物都是由根、茎和叶组成的。每个部位都有其特有的结构特征，对植物的生长起着不同的作用。植物体内的化学成分借助这些结构在植物体内发生一系列的反应，完成促进植物生长的使命。植物体内的这些反应包括光合作用、呼吸作用、吸收作用、蒸腾作用和运输作用。

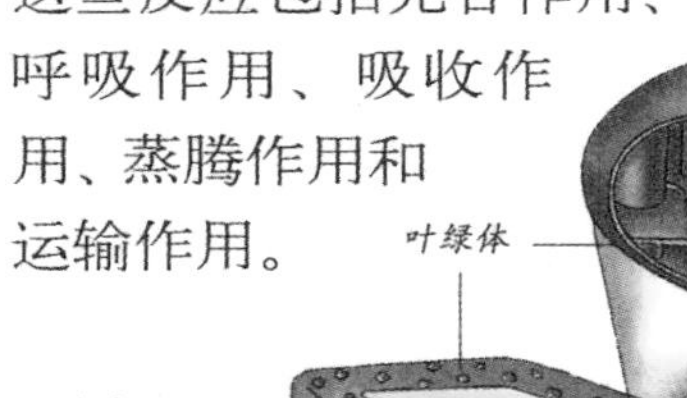

叶绿体与叶绿素

叶绿素

存于植物细胞内使其呈现绿色的色素

叶绿素是存于植物细胞内的色素，能使植物细胞呈现绿色。大部分植物细胞必须在光线照射时才会生成叶绿素，光合作用必须有叶绿素参与才能进行，它能吸收来自太阳的能量，使植物利用二氧化碳和水制造养分。叶绿素位于叶绿体中，叶绿体主要位于植物叶部，在茎部也有可能存在。叶绿体内部有许多片层，有的片层会变厚形成基粒，叶绿素就位于基粒中。

光合作用

植物吸收二氧化碳合成有机物并放出氧气

光合作用指植物利用光能，将二氧化碳和水等无机物合成有机物，并放出氧气的过程。光合作用中合成的有机物是植物和其他生物赖以生长的主要物质来源和全部能量来源。地球上的植物每年通过光合作用合成近2000亿吨有机物，固定的太阳能约为6.3×10^{15}兆焦，相当于世界全部能耗的10倍。因此，光合作用保证了整个生物界生命活动的进行和生命的延续。同时，由于光合作用吸收二氧化碳，释放氧气，因此使大气中二氧化碳和氧的含量长期以来保持基本稳定。另外，光合作用对生物进化也有重要意义。地球上原始大气中几乎没有游离的氧，约在30亿年前，出现了最早具有光合能力的蓝藻，地球上开始有了氧气的积累，为需氧生物的发生、发展创造了条件。由此可见，光合作用是地球上生物生存、繁荣和发展的根本源泉。

光合作用

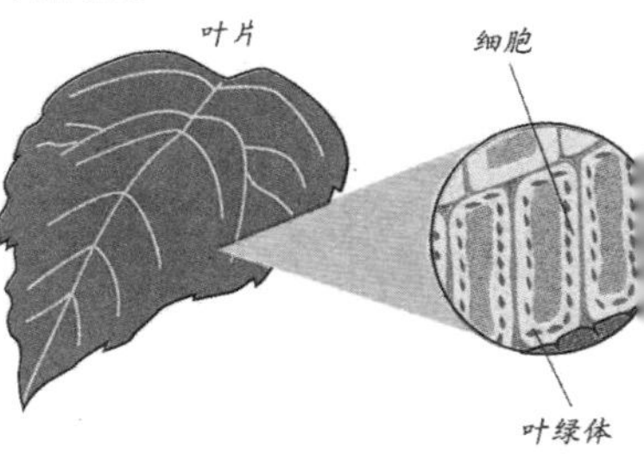

光反应

叶绿素吸收光能生成高能物质，并释放出氧气的过程

光合作用的过程极其复杂，包括光反应和暗反应。光反应指植物吸收光能后，受光激发的叶绿素分子释放出高能电子，光能转化为电能，水作为叶绿素的电子供体，在光的作用下分解，释放出氢离子和氧气，并最终将光能变成活跃的化学能，产生生物代谢中的高能物质。光反应由光引起，需要在光的作用下才能进行，光反应的场所是叶绿体片层膜。

暗反应

把二氧化碳转换成碳水化合物的过程

暗反应就是把二氧化碳转换成碳水化合物的反应。暗反应是光合作用的第二阶段，它借助光反应生成的能量和还原物质，把吸收的二氧化碳合成为葡萄糖等有机物。暗反应过程不需要光，但需要催化作用，反应的场所是叶绿体的基粒。

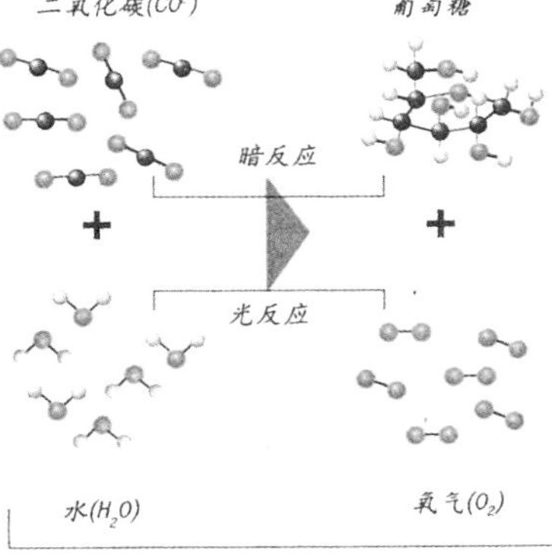

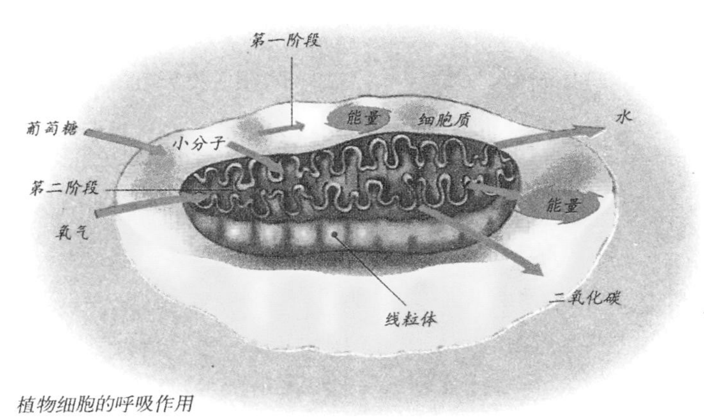

植物细胞的呼吸作用

呼吸作用

分解有机物并释放能量

植物体吸收氧气，将有机物分解成二氧化碳和水，并释放能量的过程，叫作呼吸作用。典型的呼吸作用也像光合作用一样可以分为两个阶段。第一个阶段发生在细胞质中，葡萄糖被酶初步分解成小分子，释放出一小部分能量，第二个阶段发生在线粒体中，小分子被进一步分解成更小的分子，并释放出二氧化碳、水以及大量能量。呼吸作用最重要的生理意义就是为植物体进行各项生理活动提供不可缺少的动力。呼吸作用还为植物体内其他有机物的合成提供原料。如淀粉在呼吸过程中形成的中间产物，可以转变成蛋白质和脂肪等。

有氧呼吸

吸收氧气分解物质的过程

植物的大多呼吸过程都需要氧气的参加，叫作有氧呼吸，它是植物呼吸的主要方式。有氧呼吸的最终产物是二氧化碳和水，以及较多的能量。

天南星的花的呼吸

无氧呼吸

不需吸收氧气就能分解物质的过程

与动物不同的是，植物在缺氧环境如在水淹情况下，也可以短时间进行无氧呼吸。无氧呼吸不能使有机物完全氧化分解成水和二氧化碳，而只能分解成酒精和二氧化碳，只释放较少的能量，也称酒精发酵。

光合作用与呼吸作用的关系

光合作用与呼吸作用的关系

相互依存的两个过程

叶子进行光合作用时，要吸收二氧化碳而排出氧气，此时二氧化碳中的碳储存在淀粉里，而呼吸时所要排出来的碳，就是由淀粉中的碳得来的。植物进行呼吸作用时，淀粉就会分解成二氧化碳和水，并释放出储存的热能。因此，光合作用与呼吸作用可以看作是两个相互依存的过程。正由于它们形成一个循环，才保证了大气中氧气和二氧化碳含量的相对稳定。

吸收作用

植物通过根吸收水分和无机盐

植物的生长都需要水分和无机盐，这些物质主要通过根从土壤中吸收，这一过程叫作吸收作用。植物的根尖部位长有大量的根毛，根毛在土壤颗粒的间隙中与土壤颗粒精密地黏附在一起。根毛细胞的细胞壁很薄，细胞质少，液泡很大，通过细胞的渗透作用，水分和无机盐被吸收到植物体内。

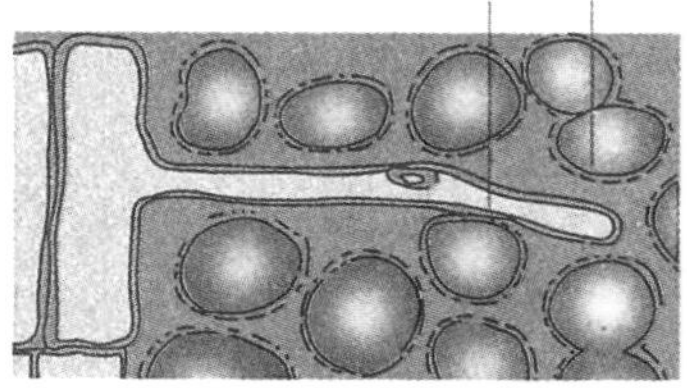

土壤中的根毛

运输作用

植物通过茎运输水分、无机盐和有机物

植物需要把根吸收的水分、无机盐运输到叶里，也需要把叶制造的有机物运输到其他器官，这些运输过程叫作运输作用。运输作用都是靠茎来完成的。

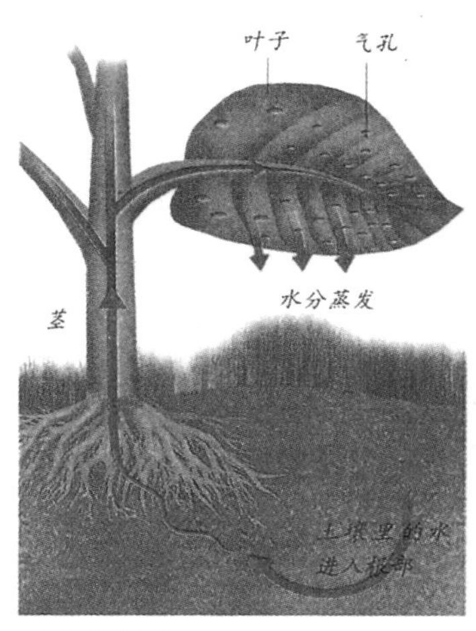

植物的蒸腾作用

蒸腾作用

植物体内的水分以蒸汽状态向大气散发

土壤中的水分由根毛进入根内，然后通过根、茎、叶的导管输送到含有叶绿素的叶肉细胞。这些水分，除了很少一部分参加植物体内各项生命活动以外，绝大部分变成水蒸气，通过气孔散发到大气中，这个过程叫作植物的蒸腾作用。蒸腾作用可按其发生的部位分为气孔蒸腾、角质层蒸腾和周皮蒸腾。蒸腾作用产生的原因是水分子的相互吸引和渗透作用。

将光合作用与呼吸作用的过程作相对的比较，如下：

光合作用：	呼吸作用：
1.仅在植物的绿色细胞中发生	1.发生于动植物的每一个细胞中
2.仅在有光时才可进行	2.无论有光、无光均可进行
3.以水和二氧化碳为原料	3.利用食物和氧气
4.释放氧气	4.释放水、二氧化碳和热能
5.吸收太阳的辐射能转变为化学能贮藏食物中	5.将食物中的化学能转变为热能
6.作用结果增加有机物	6.作用结果减少有机物

吐水

植物叶片边缘出现小水滴的现象

在低矮植物中，有时从根部往上渗透水分比叶子散发水分要快。水分由于不能及时散发，叶子的边缘便出现了小水滴。这种现象就叫植物的吐水。吐水一般出现在黑夜或者空气潮湿的时候。

植物的吐水

蒸腾作用与气候

植物通过蒸腾作用散发的水分很多，例如每公顷生长旺盛的森林，每年要向空中蒸腾8000吨水。这样强大的蒸腾作用，好像抽水机一样，将水从地下抽上来，再喷向空中，这就大大增加了林地上空的水汽。因此，林地的空气湿度比无林地高15%～25%，降水量也相应地有所增加。因此，蒸腾作用能调节气候。

森林的蒸腾作用能调节气候。

· DIY 实验室 ·

实验：光合作用的产物

植物的叶片通过光合作用能产生淀粉，我们可以通过下面的实验来检验。

准备材料：生长良好的菜豆幼苗、少许碘酒、100毫升左右酒精、酒精灯、4只200毫升的烧杯、记录单等。

实验步骤：1.拿1张锡箔纸包住菜豆的1片叶片。

2.过2～3天摘下这片叶子，做好标记。并同时摘下另一片未经处理的叶片，也同样做好标记。

3.将这2片菜豆叶子分别投入正在煮沸的酒精中，煮至叶片失去颜色。

4.从冷却的酒精中取出叶片，将其分开放入含碘酒的溶液里显色，过一段时间取出叶片，用清水洗去残留液。

5.未经处理的叶片变成蓝色，而包有锡箔纸的叶片不显蓝色。

原理说明：未经处理的叶片由于光合作用产生淀粉，淀粉遇到碘酒变为蓝色；而包有锡箔纸的叶片由于没有见光，不发生光合作用，也就不能生成淀粉，所以叶片不显蓝色。

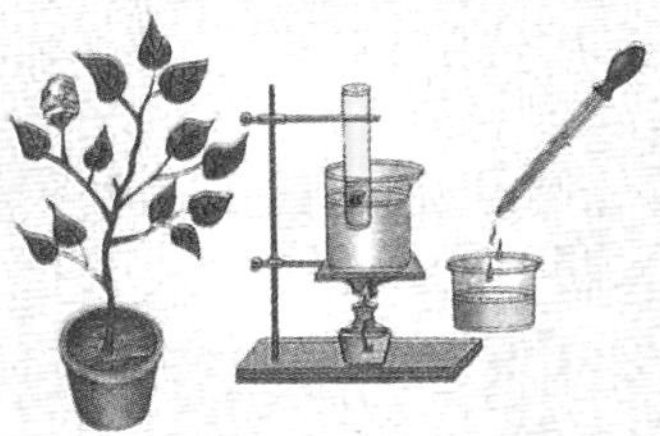

· 智慧方舟 ·

填空：

1.植物体内的反应包括________、________、________和________。

2.植物进行光合作用时必须有叶绿体内的________参加才能进行。

3.光合作用是一个极其复杂过程，包括________和________。

4.蒸腾作用按其发生的部位可分为________、________和________。

5.植物的呼吸作用可分为两个阶段，其中第二阶段在______中进行。

判断：

1.叶绿体只存在于植物的叶部，它使得植物叶子呈现出绿色。（ ）

2.光反应是植物吸收光能把水和二氧化碳合成有机物的过程。（ ）

3.暗反应只在叶绿体基粒中进行，反应过程中不需吸收光。（ ）

4.植物体内的光合作用和呼吸作用是相互依存的两个过程。（ ）

5.蒸腾作用产生的原因是水分子的相互吸引和渗透作用。（ ）

根、茎和叶

·探索与思考·

根尖细胞的观察法

1.准备好小刀、带根的豆苗、水、显微镜、记录单。

2.在载玻片中加一滴水。

3.切下0.6厘米长的根尖，放进水滴中。

4.再将盖玻片盖在水滴上。

5.覆上滤纸，用手指轻压盖玻片以压扁根尖。

6.用显微镜观察压扁的根尖，并作记录。

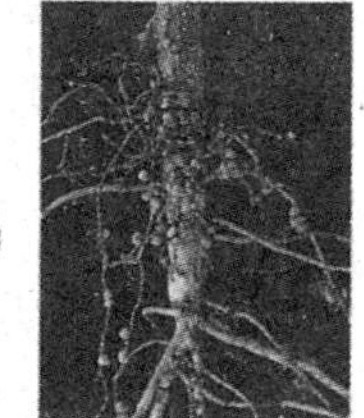

想一想 植物根尖细胞的结构与根的功能有何联系？

根、茎、叶是构成植物的基本器官，统称为植物的营养器官。在自然界里，由于植物的种类不同，其根、茎、叶的外部形状也千差万别。但其基本构造和功能却大致相同。根主要用来吸收养分及固着植物体；茎主要是输送养分，并支持植物体；叶则是进行光合作用的主要器官，能够制造植物体所需的营养。

根毛区

伸长区

分生区

根冠

根的外部构造

根的构造

根冠、分生区、伸长区、根毛区

从外部构造来看，根尖一般由根冠、分生区、伸长区、根毛区四部分组成。靠近根尖的纤细的绒毛叫作根毛；根尖外层的帽状结构叫作根冠；根冠里面的分生组织叫作生长点。就根的内部构造来说，根由表皮、皮层和柱构成。根的外围是一层非常薄的细胞，称为表皮。表皮里面有很多薄壁细胞，称为皮层，而皮层的最内一层细胞，称为内皮。内皮里便是根的中心部分，称为柱。

主根与侧根

复杂根系的基本构成元素

双子叶植物的种子播下后，会长出一个幼根，此根长大之后便成为主根。不久之后，由根横向长出许多新根，称为侧根。主根可以一直伸长，并不断长出许多侧根，而侧根也能生出其他分枝，如此不断地生长下去，形成错综复杂的根系。在排列方式上，不同种类的植物其主根与侧根的排列方式也不尽相同。如水蕨的侧根排成相对的两排，而蚕豆的根排列为四排。

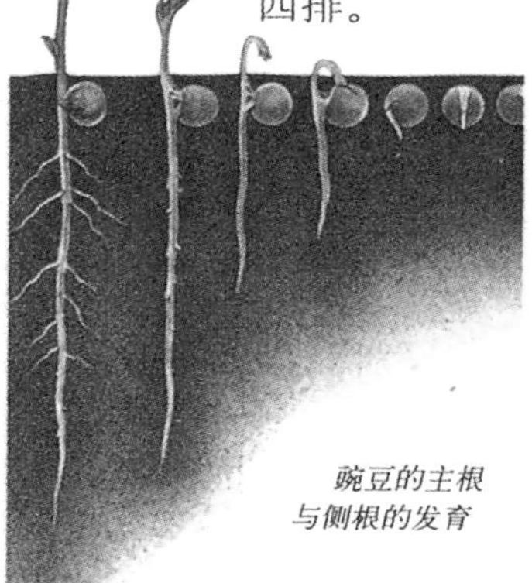

豌豆的主根与侧根的发育

储藏根

能储藏养分的根

一般植物的根除了具备固着、吸收功能外，多少也能储藏养分，而某些根的功能是专管储藏，被称为储藏根。储藏根虽然也有中柱，但是大都退化，只剩下一条细丝；这种根的皮层组织非常发达，储满了养分，这使得根的外形变得异常肥厚。

气根

生长在地面上的一种变态根

气根是从茎上长出来的一种比较细小的根，它们在空气中生长。由于气根生在地面上，所以很容易让人误认为是茎。但若将其放在显微镜下观察，就可以清楚地辨别出来，因为气根的构造和茎差异非常大。例如玉米的茎在接近地面的节上，常常生长出许多气根。

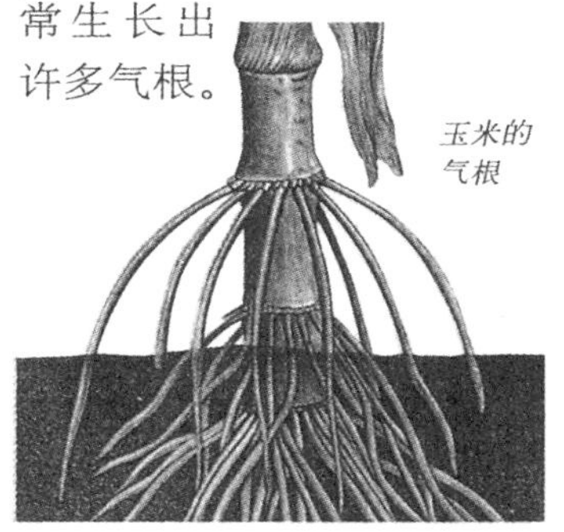

玉米的气根

攀缘根

攀缘茎上所生的根

附生植物的茎上常生有许多根，其根尖能深入树皮或岩石的缝隙中，使植株稳固地向上蔓生在树干或石块上，这种攀缘茎上所生的根称为攀缘根。如常春藤、地锦的根就是攀缘根。

地锦的攀缘根

红茄苳的呼吸根

呼吸根

露出地面能进行呼吸的根

沼泽或海边植物的根会浸泡在水里，因此生长在这些地方的植物，常具有一些特殊的根。它们能将一部分根露出泥地进行呼吸，这种根称为呼吸根。呼吸根的形状千变万化，有的像鱼鳍般地向上凸起，有的隆起如木板，有的弯弯曲曲，有的则如竹笋般直立于地面。

寄生根

伸入其他种植物体内吸收水分和养分的根

有一种植物自身不能独立获取营养，它们的茎通常要缠绕在其他植物上，并从中吸取营养来生长，这种植物叫寄生植物。被它们缠绕的植物叫寄主。寄生植物的根能伸入寄主茎的组织内，并和它们的维管组织相通以吸取寄主体内的养分，这种根称为寄生根。如菟丝子是一种寄生植物，槲寄生是半寄生植物，两者都具有寄生根。

根压

水分由根外部向内部渗透过程中产生的压力

由于根内细胞的浓度高，所以水分会由外向内渗透，这种因渗透作用而产生的压力叫作根压。一般来说，植物根部的水分能往上输送，大多是依靠叶部水分蒸腾时产生的拉力。但在初春时节，落叶树的叶子都掉光了，此时要往上输送水分，就必须靠根压来把水往上推。

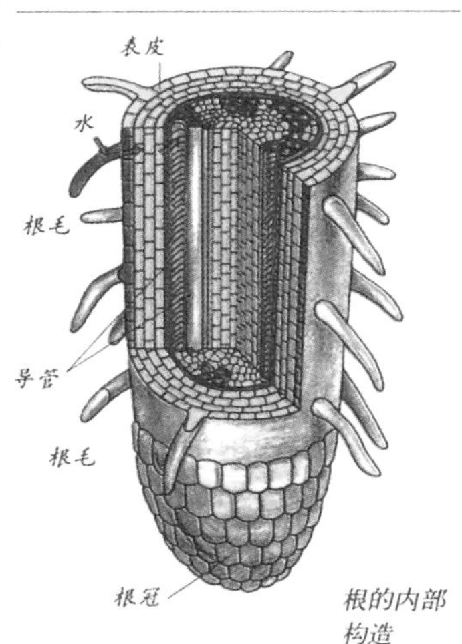

根的内部构造

根的功能

吸收矿物质和水分

根是植物的主要营养器官，大多数植物的根都牢牢地扎在泥土中固定并支持着植物。更重要的是，根还可以吸收植物生存所必需的水分和各种矿物质。从植物的根到叶子中间，有很多细小的管称为导管，植物就是用这些导管把根部吸收的水和矿物质输送到植物的各个部分去的。

茎的构造

由木质部和韧皮部两部分构成

茎的构造和根有些类似，它们都有木质部和韧皮部两套传输系统。木质部由导管等构成，负责由下向上输送水分和矿物质，传输速度较快。例如一株小麦，从根部吸收水分后，15分钟就可传遍全身。韧皮部由筛管构成，负责由上向下输送营养物质，传输速度比木质部慢得多。

茎的种类

地上茎和地下茎两类

由于植物种类的差异，茎的外形和各部位的功能也有很大的差别。根据生长特性的不同，可把茎大致分为生长在地上的地上茎和生长在地下的地下茎两大类。地上茎常见的有直立茎，如木树的茎；匍匐茎，如红薯的茎；攀缘茎，如葡萄的茎；缠绕茎，如牵牛花的茎；肉质茎，如仙人掌等。地下茎常见的有根状茎，如藕、木贼；鳞茎，如黄百合、郁金香；块茎，如马铃薯、马蹄莲；球茎，如芋头、百合等。

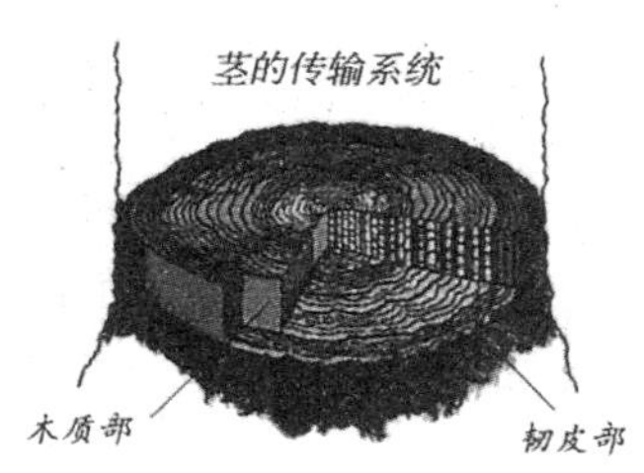

茎的功能

支撑叶和花，并输送水分和养分

茎是植物体的支柱，它支撑着枝叶，使枝叶充分舒展。茎还是植物体的运输器官，植物通过它把从根部吸收来的水分和矿物质输送到叶内，同时把叶内产生的糖、淀粉等营养物质输送到植物体的其他部分。

叶的构造

由叶柄、叶片和托叶三部分构成

一片完整的叶子由叶柄、叶片和托叶三部分构成，这样的叶子叫完全叶。有些叶子不全具有叶片、叶柄和托叶，叫作不完全叶。叶片主要由表皮、叶肉和叶脉三部分组成，它的上下表皮包在叶片的最外层，对叶片起保护作用。叶肉在表皮里面能制造和储存营养。叶脉则是叶肉中的维管组织，具有输导和支持的作用。

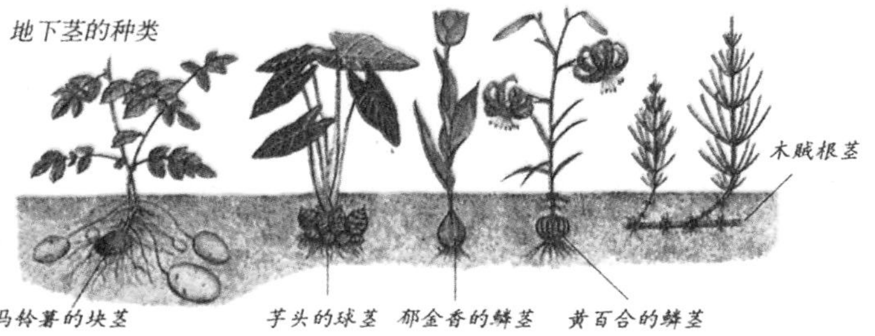

叶子的形状

随着种类不同而差异巨大

叶子的形状随着植物种类的不同而有很大的差异。叶子的整体形状可分为卵形、披针形、针形、椭圆形、长椭圆形、线形、箭形、倒披针形等。若更细致地辨别，则可由叶子的尖端、基部和叶缘的裂口来区分。叶的尖端有凹形、尖形、锐形等；叶子的基部有截形、耳形、心脏形、尖形及楔形等；叶缘裂口依刻裂的深浅及方式有全缘、齿状、锯齿状、羽裂状、掌裂状等。

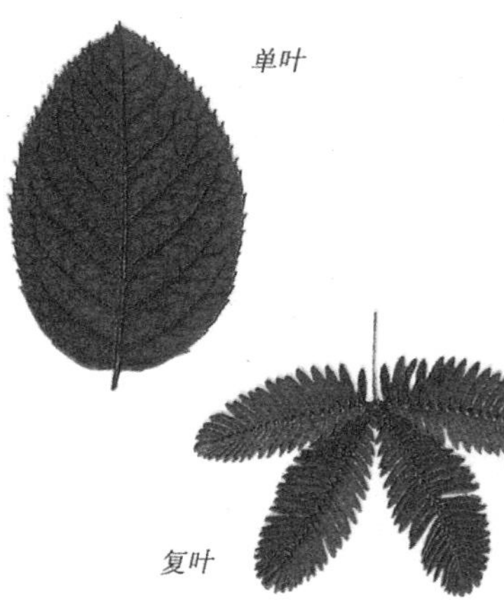

单叶和复叶

叶柄上有一个和多个叶片的叶子

人们根据叶子的分布状况把叶子分成单叶和复叶两种。单片的叶柄上只生一个叶片，如蓖麻、苹果、南瓜、玉米的叶子；而复叶的叶柄上则长着两个以上完全独立的小叶片，如落花生叶柄上有四个叶片，三叶橡胶有三个叶片。

叶序

互生、对生及轮生

各种植物的叶在茎上都有一定的生长次序，叫作叶序。叶序大致分为互生、对生和轮生三种。在茎上每节只生一叶的叫互生叶序，如蚕豆的叶。每节有两叶相互对生的叫作对生叶序，例如丁香、薄荷。每节上生有3片或3片以上的叶并排成轮状的叫作轮生叶序。

叶的功能

制造并储存营养、蒸腾水分和气体交换等

叶是长在茎或枝干上的重要营养器官，它们具有进行气体交换、蒸腾水分和储存营养等功能，但最重要的是，叶能够通过叶肉细胞里的叶绿素进行光合作用，制造植物生长需要的营养。

巨大的叶子

王莲的叶子不像一般的荷叶那样亭亭玉立，它们全部浮在水面上，直径可达2米，而且叶子背面有粗大密集的分枝状叶脉，因此，它们的浮力比其他浮水植物都大。一个30多千克的孩子坐在叶子上，十分稳定，既不会沉入水中，也不会有丝毫的晃动。

王莲的叶子

·DIY实验室·

实验：观察植物的根如何吸收水分

胡萝卜是根的一种，通过下面的实验可以观察植物的根如何吸收水分。

准备材料：胡萝卜、食盐、水杯两只、记录单等。

实验步骤：1．取两只盛有淡水的杯子，将一咖啡匙的食盐倒入其中一只水杯中，搅拌片刻，使其溶化。

2．将胡萝卜切成小条，分别放入两只盛有盐水和淡水的杯中。

3．两小时之后，取出胡萝卜条，用手指挤压它们可以发现放在淡水中的胡萝卜条现在是硬的，甚至比原来还要硬；放在盐水中的胡萝卜条现在却软绵绵的了。

原理说明：胡萝卜和一切植物的根、茎、花、叶、果一样，都是由细胞组成。细胞的外围是细胞膜，它允许水自由出入，但却能阻挡盐分流出。因此，当细胞体外是盐分浓度比体内高的液体时，细胞体内的水分向体外流出，以降低体外液的浓度。水能使胡萝卜条变硬，盐水杯中的胡萝卜条失水，就变得软绵绵了。淡水杯中的胡萝卜条情况正好相反，胡萝卜条的细胞吸收杯中的淡水，因而变硬。

·智慧方舟·

填空：

1．从根的外部构造来说，根一般由_____、_____、_____三部分组成。

2．大多数植物的茎中都有两套运输系统，它们是_____、_____。

3．叶片主要由_____、_____、_____三部分组成。

4．完全叶是由_____、_____、_____三部分构成。

5．植物的叶序大致可分为_____、_____、_____三种。

判断：

1．只有双子叶植物能长出主根与侧根。（ ）

2．储藏根的中柱大多退化，而皮层组织却非常发达。（ ）

3．玉米的茎在靠近地面的节上，常常长出很多气根。（ ）

4．菟丝子是半寄生植物，槲寄生是寄生植物，它们都长有寄生根。（ ）

5．蓖麻、苹果、落花生、南瓜、玉米的叶子都是单叶。（ ）

6．蚕豆、薄荷、丁香都是对生叶序。（ ）

花、果实和种子

·探索与思考·

观察牵牛花

1.准备好牵牛花、放大镜、笔和记录单。

2.把花朵支解成单个的组成部分，在放大镜下仔细观察它们的形态。

3.分辨出花萼、花冠、花蕊、子房、花柱和雄蕊，在记录单上分别画出来。

想一想 花的各组成部分分别有什么作用?

在植物界，很多植物都以开花、结果、结种来繁殖。花、果实和种子都是植物的繁殖器官。植物的花，形式多种多样，却有着基本相同的结构，都会结出果实和种子。果实是由花的子房或花托、花萼等部分发展而成的，种子是由子房里的胚珠形成的，与果实形成的方法不相同。

花的构造

大多由花萼、花瓣、雄蕊和雌蕊四部分构成

花是植物生殖器官的一种。借着花，植物得以使种族不断地绵延下去。大多数植物的花是由花萼、花瓣、雄蕊和雌蕊四部分组成的。这四部分不完全具备的花叫不完全花，如桑树、荞麦的花只有萼片而没有花瓣；杨柳、胡桃的花既没有萼片，也没有花瓣。

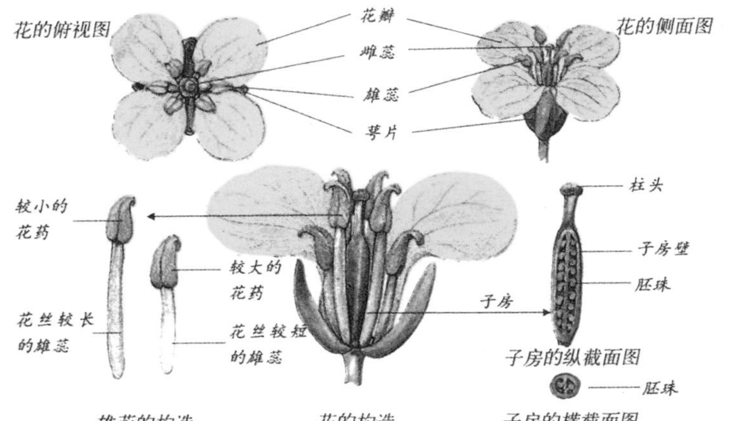

花的分类

单性花、两性花

根据所含花蕊的情况，可以把花朵分为单性花和两性花。只含有雄蕊或雌蕊的花叫作单性花，如黄瓜。其中，只有雌蕊的花叫作雌花，只有雄蕊的花叫作雄花。大多数植物的雄蕊和雌蕊都长在同一朵花内，叫作两性花，如水稻、棉花等。如果雄花和雌花在同一植株上，叫作雌雄同株，如玉米、西瓜等；如果雄花和雌花不在同一植株上，叫作雌雄异株，如银杏、杨柳等。

桃花是离瓣花。

花冠

花瓣

花瓣统称为花冠。每种植物都有其特殊的花冠，它们的形状多种多样，有十字形花冠，如白菜、萝卜；有漏斗形花冠，如牵牛花；有钟状花冠，如风铃草；有唇形花冠，如薄荷、薰衣草；还有舌状花冠、管状花冠，如菊花边缘和中间的部分。可以根据一些共同特征给花冠分类。例如，花瓣分离的叫作离瓣花，如桃花、梨花；花瓣联结在一起的叫作合瓣花，如牵牛花。

花序

有许多小花成簇排列的花枝

有些植物一株只开一朵花，如郁金香；有些植物一株会开许多花，如一丛盛开的蔷薇。如果许多小花按照一定顺序排列在花枝上，这样的花枝叫花序。花序分为很多种，常见的有穗状花序、总状花序、伞状花序和头状花序等。

总状花序　头状花序　穗状花序

花的颜色

多种色素的组合

花有多种多样的颜色，其中最常见的是红、蓝、黄、紫、白等。花的颜色由许多色素相互配合组成，其中主要是花青素和类胡萝卜素。花青素不但使花染上红色、蓝色、紫色，还会使同样的花在不同的条件下改变颜色。如碱性条件下，花青素变蓝；酸性条件下，花青素变红。类胡萝卜素能形成黄色花。如果花朵中没有色素，则形成白花。如果花朵中所含色素及酸碱性物质不同，其颜色的深浅度也会有差异。

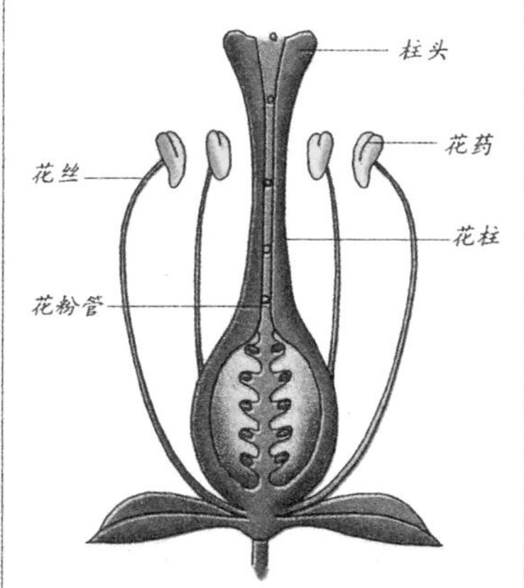

授粉时，花粉由花药传到柱头上。

授粉

花粉的传播

授粉是将花粉由花的雄蕊传递到雌蕊柱头的过程。粉末状的花粉由雄蕊（花丝和花药构成）产生，柱头则是花朵的雌蕊的一部分，在接收到相应的花粉后，花朵便开始孕育种子。植物的授粉方式可分为两种：一种是利用自己的花粉来授粉（自花授粉）而结种；另一种则是利用其他花的花粉来授粉（异花授粉）而结种。稻、豌豆、小麦、大麦属于自花授粉；玉米、白菜、油菜属于异花授粉。异花授粉时，若不开花就无法授粉；但是自花授粉的花，无论哪种原因使花无法开放，都可以结种。另外，传粉的方法因植物种类及种植地点而异。利用风传粉的是风媒花，如玉米；虫传粉的是虫媒花，如南瓜；鸟、水传粉的，则分别叫做鸟媒花、水媒花，如鹤望兰和大苦草。

果实的结构

由果皮和种子两部分构成

果实是植物的子房在开花授粉后发育而成的器官。一般的果实包括果皮和种子两个部分。果实的外表，通常由果皮包裹，果皮里面，则是用来传宗接代的种子。果皮又可分为三层：外果皮、中果皮（各种果肉）、内果皮（坚硬的核）。

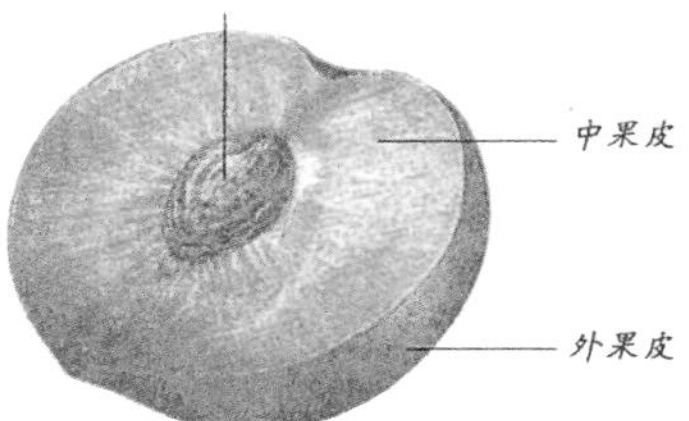

果实的类型

聚合果、单果、聚花果

果实的类型多种多样，依据形成一个果实所需花的数目或一朵花中雌蕊的数目，可以分为单果、聚合果和聚花果。其中单果的形态变化最复杂，因此又可分成许多较小类型。

聚合果

一朵多雌蕊的花形成的果实

一朵花中有许多相互分离的雌蕊，由每一雌蕊形成一颗小果实，并聚集在同一花托上形成一颗大果实，称为聚合果，如莲、草莓等。

草莓是聚合果。

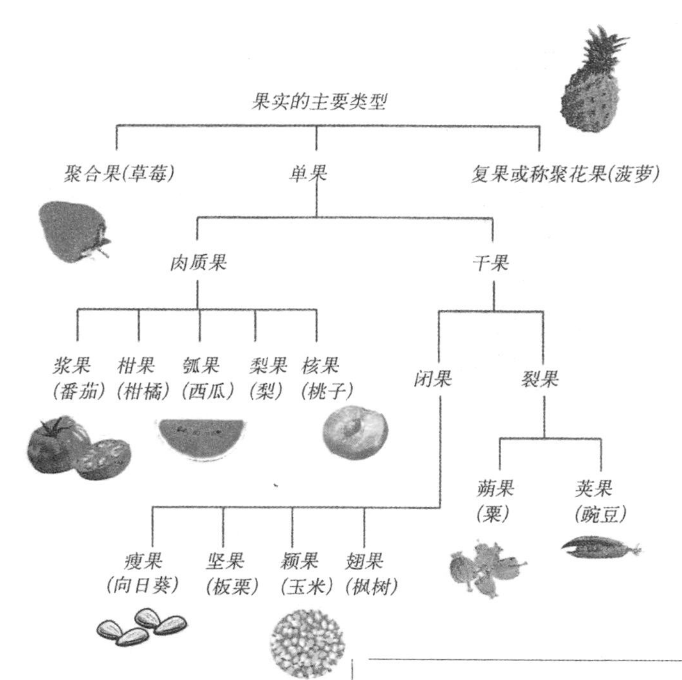

聚花果

花序发育而成的果实

一个花序上所有的花，包括花序轴共同发育为一个果实，称为聚花果或复果，如桑葚、无花果、菠萝等都是聚花果。

板栗是干果。

单果

仅有一枚雌蕊的花形成的果实

一朵花中只有一枚雌蕊，由该雌蕊发育而成一颗果实，称为单果，如苹果、桃、扁豆等。单果分肉质果和干果两大类。肉质果常见的有番茄、柑橘、西瓜、梨、等；干果常见的有豌豆、玉米、向日葵、板栗等。

种子的结构

由种皮、胚和胚乳构成

种子由子房里的胚珠形成，是植物传种接代的繁殖器官，由种皮、胚和胚乳三部分构成。种皮是种子最外面的部分，大多数植物的种皮相当坚硬，主要起保护作用。胚由受精卵发育而成，由胚根、胚轴、胚芽和子叶四部分组成。胚乳由受精的极核发育而成，除了保护胚，还能给胚提供养分，有些植物的胚与胚乳共同组成一颗完整的种子。

种子的结构

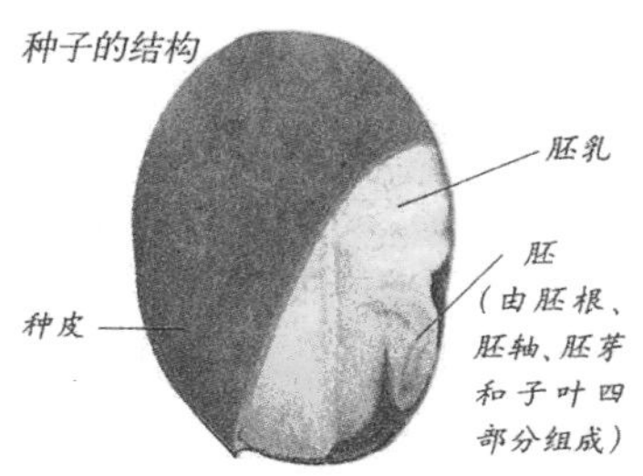

蒲公英靠风传播种子。

种子的传播

自传播、风传播、水传播、动物传播

种子的传播方式有四种：自传播、风传播、水传播和动物传播。自传播指植物成熟后，果实或种子会因重力的或自身挤压的作用直接掉落地面，如凤仙花、豌豆的种子成熟后会自动从豆荚里射出来。风传播指有些植物的种子会长出如翅膀或羽毛的附属物，能被风带到远方去繁殖，如柳树、蒲公英等。水传播指许多水生植物的种子成熟后会浮在水面，随溪流或洋流漂到远方去繁殖，如睡莲和椰子树。动物传播是指许多植物的种子上长有毛刺，能附着在鸟兽身上被带到远方；也有些种子被鸟类啄食，很难被消化，又随粪便排泄到不同的地方，从而传播了种子。

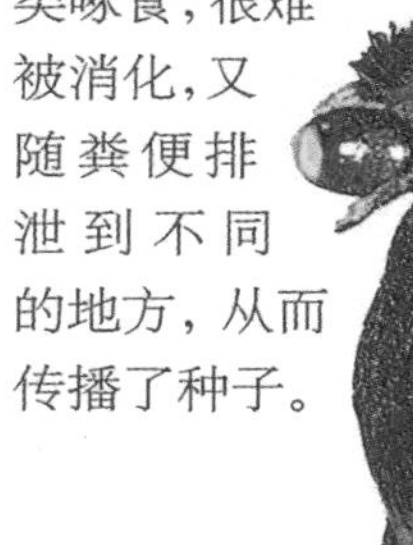
小球果的种子通过小鸟传播。

最大和最小的种子

不同的植物，种子的大小和形状都不一样，甚至差异很大。有一种名叫海椰子的树，生长在西印度洋的塞舌耳群岛上，它们的种子大得惊人，一粒种子的质量可达15千克，可算世界上最大的种子了。最小的种子是四季海棠的种子，一粒种子的质量，只相当于一粒芝麻种子质量的千分之一，大约仅为0.005克。

海椰子的种子

种子的寿命

种子保持活力的最长期限

种子的寿命指种子的活力在一定环境条件下保持的最长期限。超过这个期限，种子就会失去萌发的能力。影响种子寿命的因素很多，一方面决定植物本身的遗传性，不同植物的种子，寿命差异很大，长的可达百年以上，如莲子；短的仅能存活几天或几周，如柳树、槭树。另一方面也与种子的贮藏条件有关，在干燥和低温的条件下，种子的呼吸作用最微弱，种子内营养的消耗最少，有可能度过最长时间的休眠期。

·DIY实验室·

实验：花的开放原理

植物的花朵为什么能展开也能闭合？我们可以通过下面的实验来了解花的开放原理。

准备材料：水杯、剪刀、彩纸、水、记录单等。

实验步骤：1.用纸剪出花或五角星的形状。

2.把花的花瓣或五角星的角向里叠起，再将叠好的纸或纸五角星放在水面上。观察并记录实验现象。

3.纸慢慢地吸收水，几分钟后，水到达折痕处，使纸纤维膨胀，纸花瓣或纸五角星的角就自动展开了。

原理说明：本实验中纸花展开的情形与大自然中花朵的开放原理是一样的，都是水作用的结果。在花瓣的基部有一种特殊的细胞叫作球状细胞。太阳升起时，热量造成蒸腾作用，球状细胞便吸水涨大。它们的体积逐渐增大，把花瓣向外顶，花朵就开放了。反之，当阳光或花接收到的热量减弱时，植物会排出球状细胞中的水分。失去水分的球状细胞又将花瓣收回来。

·智慧方舟·

填空：

1.大多数植物的花都是由______、______、______和______四部分组成，这四部分完全具备的花叫______，不完全具备的花叫______。

2.花的颜色是由色素相互配合组成的，其中主要的是______和______。

3.花授粉的方式有______和______。

4.植物的果实类型很多，植物学家把它们分为三类，它们是______、______和______。

5.植物的种子由三部分组成，它们是______、______和______。

判断：

1.郁金香的花是伞状花序。（ ）

2.南瓜利用风传播花粉是风媒花。（ ）

3.核桃和板栗的果实都具有坚硬的外壳，叫作核果。（ ）

4.莲、草莓、桑等都由花序上所有的花发育而成，叫作聚花果。（ ）

5.种子的传播方式有自传播、风传播、水传播和动物传播四种方式。（ ）

骨骼和牙齿

·探索与思考·

观察牙齿

1.准备好小手电、动物的牙齿、玻璃棒、放大镜、记录单。

2.用放大镜观察牙齿的各个组成部分。

3.用玻璃棒敲击牙齿，感觉牙齿的硬度。

4.请一幼儿园小朋友张开嘴，用小手电照射他的口腔。记录各种类型牙齿的数目。

5.回到家后，在明亮的灯光下观察父母的牙齿，同时记录各种类型牙齿的数目。

6.比较父母和儿童的牙齿在数目上的差别。

想一想 各种类型的牙齿分别有哪些作用？

骨骼和牙齿是身体的主要组成部分。骨骼是身体的支架，除了提供支撑作用外，也是肌肉的附着点，并能保护柔软易损的器官。不同的骨骼接合处，在肌肉的牵动下能使身体自由地活动。牙齿是消化器官的一部分，它的主要功能是把食物咬断并嚼碎。牙齿是有生命的组织，与骨头的成分有些类似。牙齿的形状及类型依照动物不同的饮食习惯而有所不同。

外骨骼

覆盖动物身体的一种坚硬的骨骼

外骨骼是一个从外部支撑身体的硬壳，许多脊椎动物都具有外骨骼。昆虫和其他节肢动物的外骨骼由活动关节相连的硬壳构成，硬壳一旦形成就不会改变形状，所以外骨骼不能扩大，因此动物在生长过程中，必须及时脱去外骨骼，称之为蜕皮。每次蜕皮后会长出更大的新外壳来代替。

螳螂的外骨骼

几丁质

外骨骼所含的成分

几丁质又称甲壳素，主要存在于水生甲壳类动物、软体动物和节肢动物如虾、螃蟹等的壳中。这种物质含有碳水化合物和氨，质地柔软而有弹性，与钙盐混合则容易使骨骼变硬。几丁质不溶于水、酸碱等液体，对骨骼具有保护作用。

大赤旋螺的贝壳

贝壳

软体动物的外骨骼

有的软体动物身体外面包有一层坚硬的骨骼，叫作贝壳。贝壳由碳酸钙构成，软体动物生长过程中，会不断地把碳酸钙置于壳缘。随着贝壳上的螺旋不断增加，壳内的空间也越来越大。因为不断加大贝壳，所以它们一生只需要一只壳，不像昆虫和甲壳动物那样需要经常蜕皮。

内骨骼

脊椎动物身体的支架

内骨骼长在脊椎动物躯体内部，通常由软骨和硬骨构成，所有脊椎动物都具有内骨骼。内骨骼是身体最坚硬的支架，能够支撑并保护身体内部器官；它们也是身体内最大的钙库。另外，骨骼的骨松质中具有的大量腔隙，是重要的造血器官红骨髓的所在地。在所有脊椎动物中，哺乳动物的骨骼系统是最完善的。

骨骼的构造

骨质、骨膜和骨髓

骨骼是一种包含多种细胞的活组织，由骨质、骨膜和骨髓组成。骨质由骨组织构成，分密质和松质两种类型。骨密质质地致密，耐压性较强，分布于骨骼的表面；骨松质呈海绵状，能承受较大的重量，分布于骨的内部。除关节面的部分外，新鲜骨骼的表面都覆有骨膜。骨膜由纤维结缔组织构成，含有丰富的神经和血管，对骨的营养、再生和感觉有着重要作用。骨髓充填于骨髓腔和松质间隙内，有造血功能。

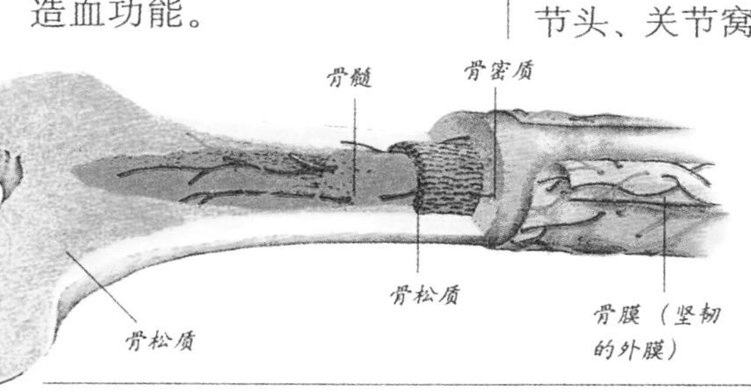

软骨

骨骼中一种坚韧略滑的物质

软骨是一种特化的致密结缔组织，由软骨细胞和大量细胞间质组成，坚韧而有弹性，具有较强的支持和保护作用。软骨的特点是细胞间质坚固而有弹性，有发达的胶原纤维，无血管神经，软骨细胞依赖物质穿过细胞间质的渗透以交换营养和废物。软骨一般长在身体中需要坚固和一定灵活性的地方，如肋骨末端、外耳、鼻、喉、气管壁等。

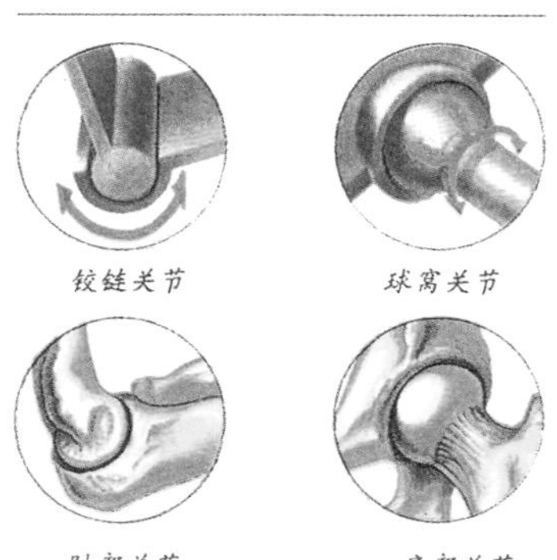

关节

两骨相连的部分

关节就是两块或两块以上的骨头相连接的部位。因为骨不能弯曲，所以只能通过骨关节来进行伸屈、旋转运动。一般来说，关节由关节头、关节窝和关节软骨三个基本部分构成。通常情况下，关节处的一块骨运动时会连带另一块骨跟着运动。

哺乳动物的内骨骼

鸟类的骨骼很轻，可以减少飞行时的负荷。

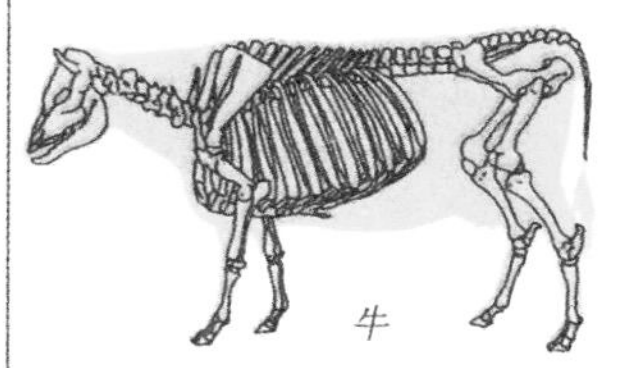

牛等大型哺乳动物的骨骼粗壮，用来支撑它们庞大的身体。

鱼类的脊椎骨易于弯曲，并有刺状的骨支撑鳍部，便于在水里运动。

关节的种类

固定关节、铰链关节、球窝关节等

关节可以分为很多种。有些关节固定地连在一起不能活动，如保护大脑的头颅骨。颅骨最初形成时，骨头是分开的，后来就慢慢地长到了一起，形成波纹状的头颅骨缝。但大多数关节都能活动，如肘部和膝部的关节能进行上下两个方向的运动，叫作铰链关节；肩部和臀部的关节几乎可以朝任何方向运动，叫作球窝关节。

人的骨骼系统

由头骨、颌骨、脊椎、胸廓、骨盆和四肢构成

人的身体有206块骨。其中组成手和脚的骨约占一半。有些骨很大而另一些则很小；所有的骨都很轻但很坚硬，它们相互连在一起构成骨骼。全身的骨骼由一个复杂的系统组成，可使身体保持一定的位置姿势并产生运动，这个系统包括纤维性的韧带、肌腱和肌肉，它们均附着在骨上。它们的共同作用是将骨拉向不同的方向，并防止骨过度移位。在人静止的时候它们起加固的作用。

头骨

由脑颅和面颅构成

人的头骨是人体中最为复杂的骨结构，它是一个由29 块不规则的骨片拼接而成的整体，其中包括负责传送声音的听小骨以及喉与下颌骨之间的舌骨。头骨分为脑颅和面颅，脑颅像个大盆似的装着大脑，它内壁的每一个凹凸都与大脑的表面形状相吻合。除了下颌关节外，头颅上的每一块骨片都通过波浪状的接缝相互连接。脑颅和面颅的界线从两侧的外耳道开始，经过眼眶的上缘一直到鼻根。脑颅由颅盖和颅底组合而成，而面颅则由鼻骨和下颌骨组成。

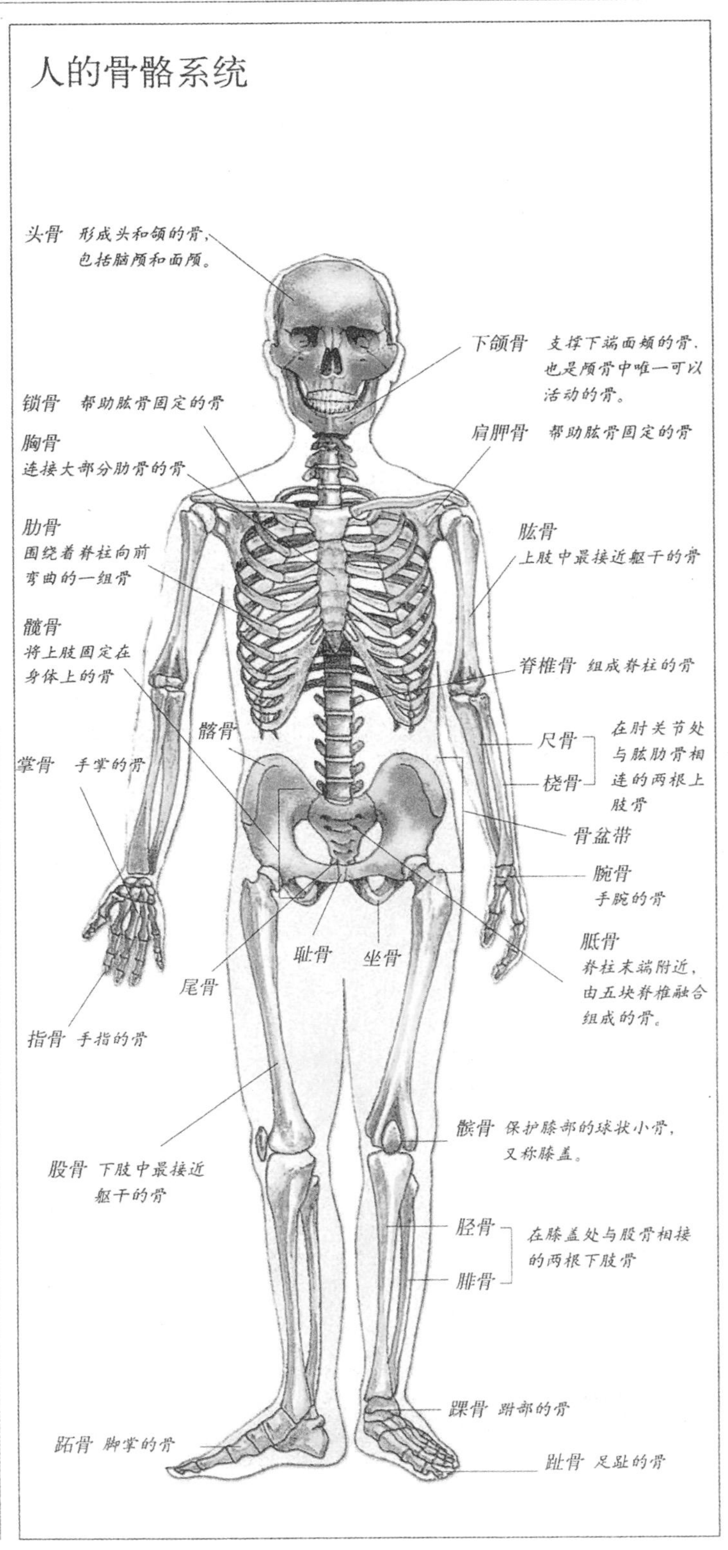

颌骨

由上颌骨和下颌骨构成

上颌骨是面颅上成对的组成部分，上部直达眼眶和鼻腔，容纳了上牙齿的牙根。下颌骨是颅骨中唯一可活动的骨，上面长有固定牙齿的牙槽。上颌骨的内侧有一个空穴，称为上颌窦。下颌骨活动灵活，这全靠纤维软骨状的关节盘和关节腔的帮助。在咀嚼肌的配合下，下颌骨除了作上下运动外还可以前后移动以及相对于上颌骨的碾磨和旋转。

胸廓

由胸骨、肋骨和胸椎构成

胸廓是胸腔壁的骨性基础和支架，由胸骨、12对肋骨和12块胸椎组成。肋骨在后面通过肋关节与胸椎相连，脊柱承托起胸廓，同时构成胸廓的后背轮廓。前面只有7对肋骨与胸骨相连，其他几根则延伸到腹壁部位，没有直接与胸骨相连。胸廓围成了一个既牢固又活动的空间。一方面保护了内部脏器，另一方面又便于呼吸。

上肢

由肩胛带、肱骨、尺骨、桡骨和手部骨骼构成

人体上肢两侧的肩胛带由肩胛骨和锁骨组成。锁骨通过胸锁关节与胸骨相连，又通过肩锁关节与肩胛骨相连。肩胛骨与肱骨组成肩关节，往下通过肘关节与尺骨和桡骨相连。手部骨骼包括8块腕骨、5块掌骨和14块指骨。手部有桡腕关节、腕骨间关节和腕中关节、掌指关节、指骨间关节，以及大拇指的鞍状关节。

脊柱

由颈椎、胸椎、椎间盘、腰椎和尾椎构成

人的脊柱由33～34块椎骨组成，前后呈双S形弯曲。一个成人脊椎的长度在55～63厘米之间，相当于身高的35%。根据不同位置，脊柱分为7块颈椎、12块胸椎和5块腰椎。椎骨与椎骨之间通过纤维软骨状的椎间盘以及关节、韧带和肌肉相互连接成可活动状态。脊柱的下方连接5块骶骨和4～5块尾骨。脊柱是人体骨骼的中轴，既牢固又可活动，它特有的弯度体现了人直立行走的典型特征。

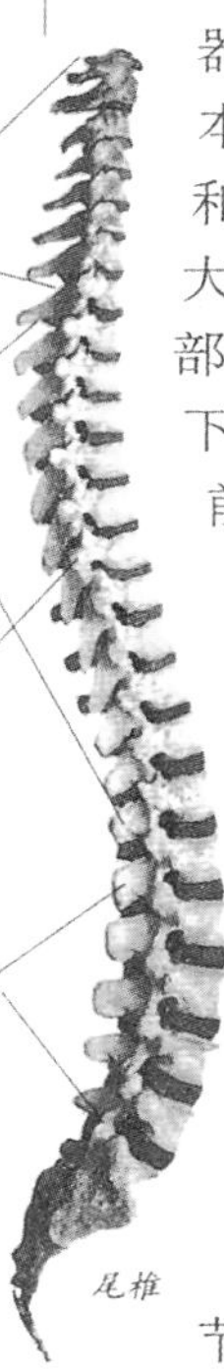

颈椎
胸椎
椎间盘
腰椎
尾椎
脊椎

骨盆

由骶骨和髋骨构成

骨盆像一个环，由脊柱上的骶骨和两块铲子状的髋骨组成，它对盆腔内的脏器具有保护作用。髋骨本身又包括髂骨、坐骨和耻骨三部分，髂骨最大，位于髋骨的后上部，坐骨位于髋骨的后下部，耻骨位于髋骨的前下部。这三部分在成人阶段已连成一体，共同构成与股骨相连的髋关节窝。骨盆与骶骨牢固结合，相对脊柱而言是稳定不动的。正因为有了这样的结构，骨盆才成为两根股骨的拱架，使股骨能通过三轴的髋关节活动。

下肢

由股骨、胫骨、腓骨和足部骨骼构成

与上肢骨骼相比，人的下肢骨骼较粗大，关节辅助结构坚韧而稳固。下肢的骨骼分为六部分，铲子形状的髋骨与脊柱的骶骨构成骨盆带。骶骨关节和耻骨联合起到减缓冲撞力的作用。人的骨盆在支撑身体方面极为重要。髋关节有三个运动轴的球窝关节。股骨通过膝关节与胫骨相连，但并不与腓骨相连。股骨是全身骨骼中最大、最长、最强有力的骨块。膝关节在构造上还带有一块髌骨。小腿的两根骨上部通过胫腓关节相连，下部通过韧带牢牢地连在一起。足部的骨骼包括7块跗骨、5块跖骨和14块趾骨，是整个身体稳固的支架。

羊(草食动物)用下颌的门齿切断草叶。门齿有凿子般的边缘，切草时左右移动，磨刮上颌的厚层。

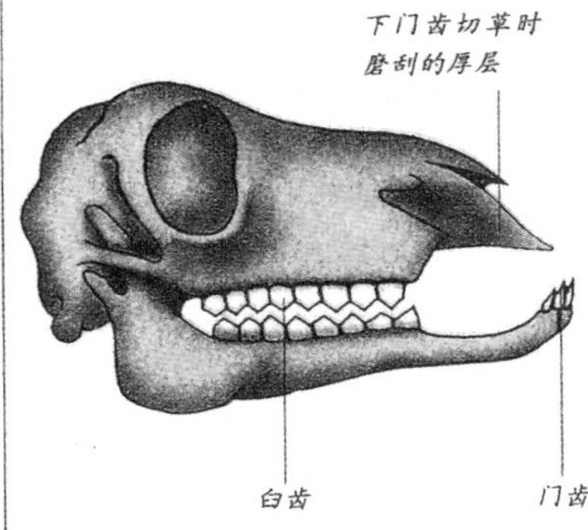

草食动物的牙齿

臼齿和门齿

草食动物的牙齿中，最重要的臼齿。臼齿位于颌的后方，用来磨碎食物。如长颈鹿这类草食动物臼齿很适合磨碎食物。凡是草食动物都具有臼齿。草食动物另一种重要的牙齿是门齿，门齿位于颌的前方，用来切断食物。

肉食动物的牙齿

犬齿和裂齿

肉食动物的牙齿由犬齿和裂齿构成。犬齿位于颌的前方，只有一个尖端，用来刺入食物中。例如猫和狗都具有长而尖锐的犬齿，而人的犬齿较短、较钝。裂齿具有带尖的边缘，位于双颌的咬合部。这使它们能大力咬合，以切断肉类或咬碎骨头。

牙齿

一种磨碎食物的坚硬构造

脊椎动物大都具有牙齿，牙齿是动物消化器官的一部分，主要用来咬断、碾碎食物，所以十分坚固。牙齿的表面包着一层坚硬的物质，叫作珐琅质。珐琅质能保护牙齿免于磨损，以及不受食物中化学物品的侵袭。大部分哺乳动物因为演化方式不同，所以牙齿也形状各异，具有不同的功能。

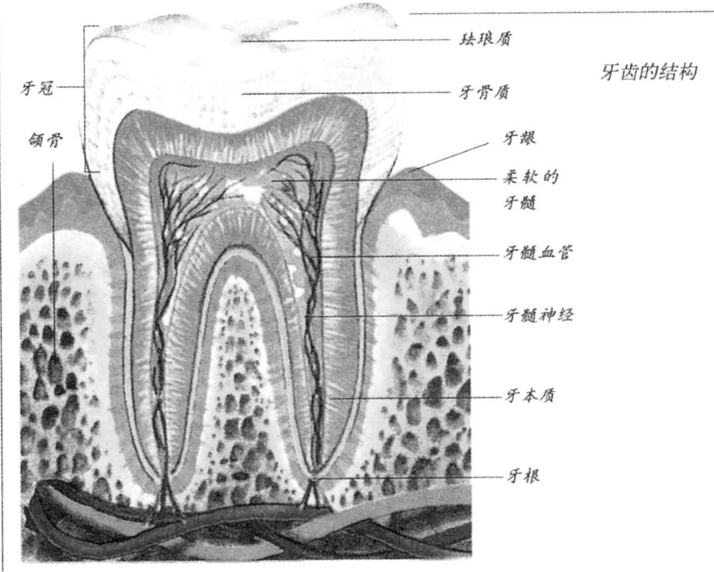

牙齿的结构

牙齿的种类

门齿、犬齿和臼齿

根据牙齿的形态特征和功能特性，可将牙齿分为门齿、犬齿和臼齿。门齿在口腔前端，表面较平，边缘锋利且呈楔形，有利于咬及切割食物。犬齿长在门齿旁，食肉动物的犬齿比较发达，而食草动物则可能没有犬齿。臼齿的顶端较平，方便压碎及磨碎食物。

牙齿的结构

牙冠和牙根

从牙齿的形态上来看，牙齿分牙冠和牙根两部分。露在牙龈以外的部分是牙冠，埋在牙槽骨中的部分是牙根。但从其内部构造来说，牙齿是由外向内共三层结构组成的。牙冠最外面的一层是坚硬的珐琅质，又称牙釉质，而牙根部的外层硬组织叫牙骨质，最内层是牙本质。

人的牙齿

乳齿和恒齿

人的一生有两副牙齿，一副是乳齿，一副是恒齿。乳齿由六个月时开始长出，大约两岁时长齐，共有20颗，到6～12岁时依次脱落。每只乳齿的牙根下面都有一颗正在发育的恒齿，乳齿的牙根会慢慢被恒齿吸收，从而被恒齿代替。恒齿共有28～32颗，有着不同的形状和功能。

各种各样的牙齿

人是杂食动物，既吃植物又吃动物。因此，具有门齿、犬齿、前臼齿和臼齿。这四种牙齿形状不同，功能也不一样。

前边的门齿宽扁而锐利，如同凿子一样，用来啃咬食物。

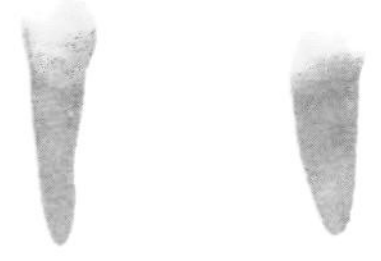

犬齿长而尖，用来撕咬食物。

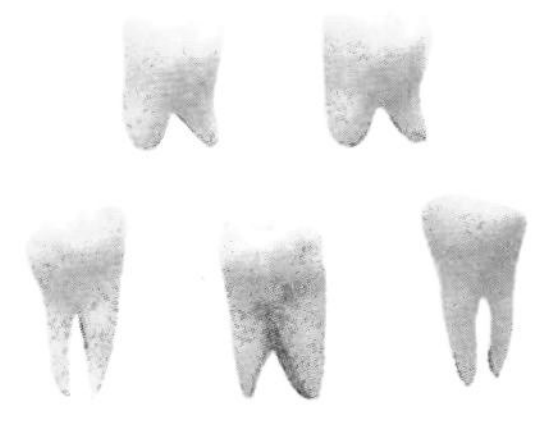

前白齿和白齿大而扁平，用来磨碎食物。

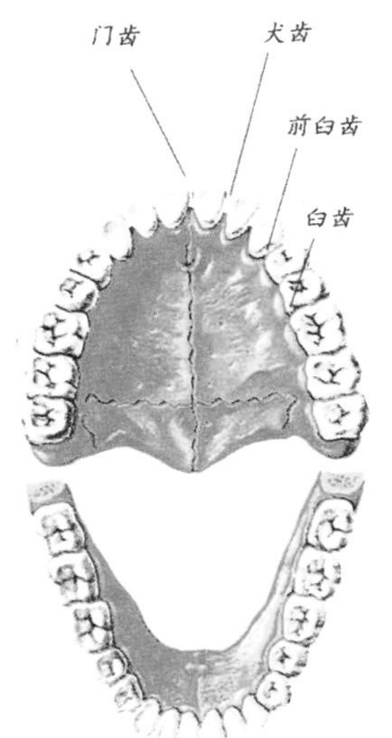

· DIY 实验室 ·

实验：观察骨的成分

骨中含有有机物和无机物，二者具有不同的作用。通过下面的实验，可以了解它们各自在骨中的作用。

准备材料： 动物的新鲜长骨、镊子、试管、玻璃棒、火柴、酒精灯、石棉网、5%浓度的盐酸、烧杯、记录单等。

实验步骤：

1. 取动物新鲜长骨1块，感觉长骨的韧性和硬度。
2. 将长骨放于石棉网上，点燃酒精灯，观察并记录实验现象。
3. 在长骨变为灰白色后，熄灭酒精灯，冷却长骨。
4. 用玻璃棒敲打燃烧后的长骨，观察并记录实验现象。
5. 取另一块长骨，将它置于盛有 5%浓度的盐酸的烧杯中。观察并记录实验现象。
6. 经过1小时后，用镊子取出长骨。
7. 用蒸馏水冲洗长骨，用手感觉浸过酸液的长骨，感觉长骨的韧性。

原理说明： 在长骨的燃烧实验中，可以看到点燃酒精灯后，长骨中的有机物开始燃烧，同时发出“吱吱”的响声，由于长骨中剩下的都是无机物，因此，用镊子敲打燃烧后的长骨，很容易将其敲碎。在长骨的盐酸处理实验中，可以看到，经过1小时的酸处理，无机物都溶于酸中，剩余的是有机物，因此，长骨变得轻软，容易弯曲。

· 智慧方舟 ·

填空：

1. 骨头是一种包含多种细胞的活组织，由____、____和____三部分组成。
2. 许多脊椎动物如节肢动物都只有____骨骼。
3. 草食动物的牙齿有两种，一种是____，另一种是____。
4. 在人的一生中，共有两副牙齿，其中一副为____，另外一副为____。
5. 牙齿分为三层，最外层是____，中间层是____，最内层是____。

判断：

1. 几丁质又称甲壳素，含有碳水化合物和氮。（ ）
2. 贝壳由碳酸钙构成，能够不断长大。（ ）

皮肤和肌肉

·探索与思考·

用放大镜观察自己的皮肤

1. 准备好放大镜、塑料手套和记录单。
2. 把手洗干净并擦干，用放大镜观察手掌心和手背上的毛孔和汗毛。
3. 戴上塑料手套，5 分钟后脱掉手套，然后用放大镜观察手上的皮肤。
4. 把你戴手套前的手与戴过的手相比较，看戴过手套的手的皮肤有什么变化。

想一想 为什么戴过手套后皮肤会出现这种变化？

皮肤是动物身体表面一层坚韧而有弹性的覆盖物，具有保护身体、阻止水分流失、调节体温、排除体内垃圾的作用。肌肉是控制动物运动的组织，它本身不能伸张，但能借助收缩而起作用，使成组的肌肉相互拉动从而控制身体各部分的活动。

皮肤的构造

表皮、真皮、皮下组织

皮肤分表皮和真皮两层，真皮下面是皮下组织。皮肤还有毛发、皮脂腺、汗腺、指甲、趾甲等附属物。表皮位于皮肤的表面，分为角质层和生发层。角质层由多层角化的细胞组成。生发层细胞有很强的分裂增生能力，其中有一些黑色素细胞，能产生黑色素。表皮下面是真皮，里面含有丰富的血管。真皮下面是皮下组织，含有大量的脂肪细胞，具有保温作用。

皮肤剖面图

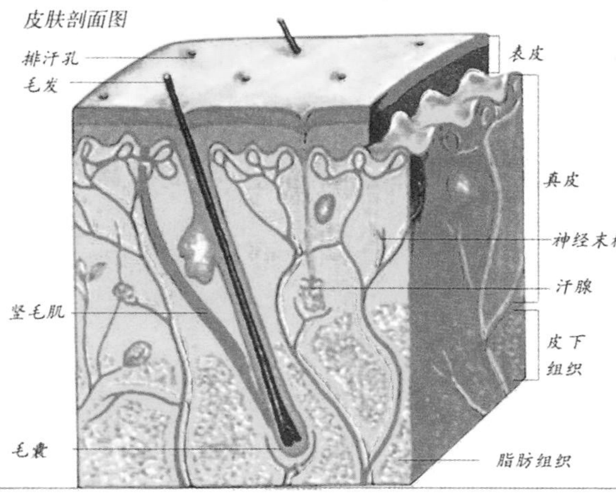

皮肤的颜色

主要由黑色素的含量决定

皮肤的颜色主要决定于表皮内黑色素含量的多少。此外，皮肤内其他色素如胡萝卜素等的含量、表皮的厚薄、真皮血管的血液供应等，也能影响皮肤的颜色。黑色素在受到阳光或紫外线的长期照射以后，会增多并向表层细胞转移，因而使皮肤变黑。表皮角化层和皮下组织中的胡萝卜素，使正常皮肤呈天然的黄色。真皮血管内血液的氧合血红蛋白使皮肤呈现红色，棕、黄、红三色相互配合，使皮肤呈现各种颜色。

不同年龄的人有着不同弹性的皮肤。

皱纹

皮肤的弹性减弱时出现的一种现象

皱纹一般是皮肤老化时出现的一种现象。这是因为在皮肤的真皮里含有一种蛋白质，它具有很强的弹性和韧性。一旦上了年纪，或者长时间经受风吹日晒，皮肤里的蛋白质就会减少，皮肤的弹性也会随着减弱，因此，皮肤上就会出现皱纹。皱纹是肌体衰老的一种表现。

弓型

箕型

斗型(箩)

不同类型的指纹

指纹

手指上的纹理

在人和猿猴的手指皮肤上有一圈圈的纹理，这些纹理叫作指纹。指纹使得指尖上的皮肤面积扩大，比平滑的皮肤具有更多神经末稍，因此有较敏感的触觉。指纹随着年龄的增长而增大，但是指纹的形状是不变的。一般来说，每个人都有自己独特的指纹，因此，世界上几乎找不到一样的指纹。

毛发

哺乳动物皮肤上具有保护性的附属物

差不多所有哺乳动物身体表面都有一层毛，只有一些鲸类身体表面完全没有毛。毛发可使身体与外界隔离，使身体保持温暖并可保护皮肤。哺乳动物的毛有两种类型：内层毛和外层毛。内层的毛非常纤细，能保持一层静止的空气贴在动物身上；外层的毛较粗，叫作针毛。有些哺乳动物可通过这些毛发的颜色和斑纹来伪装自己。人类已不太需要毛发覆盖，除了浓茂的头发之外，在大部分体表只保留有细小而稀疏的毛。

毛发类型

波浪形、竖直形和卷曲形

毛囊的形状决定了毛发的类型，毛发有波浪形、竖直形和卷曲形。平直的毛囊长出卷曲毛发，椭圆形的毛囊长出波浪形毛发，圆形毛囊长出竖直毛发。

甲和爪

动物表皮上用来保护手指和脚趾的附属物

哺乳动物、蜥蜴、鸟类的趾部末端都长有甲或爪。甲或爪是些粗硬、低触觉的覆盖物，终生不停地生长。这些组织由角蛋白构成。毛发、羽毛中也有这种蛋白质。在甲或爪的底部是一层皮肤细胞，甲、爪就从这里长出来。甲一般是扁平的，而爪是尖的。两者都可用来保护指(趾)尖，也可用来抓东西。

北极狐身上覆盖着一层厚厚的毛，具有保暖和伪装作用。

鳞片

由角蛋白构成的用来保护皮肤的小片

鱼类、爬虫类和一些哺乳类动物都具有鳞片。鳞片是皮肤的衍生物，由角蛋白或骨质构成，具有保护身体的功能。鳞片为躯体提供了一个防御层，能阻止微生物侵入机体，有助于抵抗疾病和感染。

肌肉

通过收缩而引起运动的组织

所有动物的运动都由肌肉控制。肌肉由许多成束的肌纤维构成，当纤维接收由神经发出的信号后，就随之收缩变短，从而拉动骨骼来完成一系列的工作。肌肉的强壮与否取决于肌纤维的数量。锻炼可以增加纤维的数量，因此健美运动员通过锻炼后，其肌肉就发育成较大的肌肉群，比一般人的肌肉发达得多。

运动员的肌肉

肌肉的结构

许多肌纤维的集合

肌肉由许多叫作肌纤维的长细胞组成，每一个肌细胞有几个细胞核，它们也含有许多由肌浆蛋白构成的粗丝和由肌动蛋白构成的细丝。每个肌纤维被一层叫作肌纤维膜的薄膜所包绕。肌纤维束被另一层膜包裹在一起，这些肌纤维束就组成了肌肉。

肌肉的结构

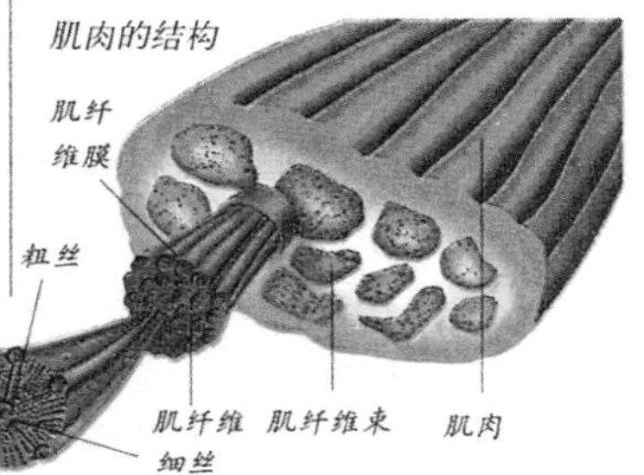

肌肉的类型

随意肌、不随意肌和心肌

肌肉大致可分为随意肌、不随意肌和心肌三种类型。随意肌又叫骨骼肌，是脊椎动物体内最多的肌肉，大多数的运动都由随意肌产生。随意肌的收缩与舒张会牵动其所附着的关节附近的骨骼，从而引起运动。人体内的随意肌有600多种，约占人体总重量的2/5。不随意肌又叫平滑肌，它不受动物的主观意志操控，可以自动工作以保持身体某些系统正常活动。心肌可以使心脏跳动，它由含有1～2个细胞核的分叉状细胞组成，肌纤维有序排列成十字交叉图案。

肌肉的形态

纺锤形肌、多裂肌、板状肌和环形肌

肌肉有许多不同的形态，一般可分为纺锤形肌、多裂肌、板状肌和环形肌四种。纺锤形肌收缩时能使肌肉显著缩短，从而引起大幅度的运动，主要分布于四肢。多裂肌由许多短肌束组成，收缩的幅度不大，但收缩力较大而持久，主要分布于各椎骨之间。板状肌大多呈薄板状，主要分布于腹壁和肩带部。环形肌位于自然孔的周围，形成括约肌，如肛门括约肌，收缩时可关闭自然孔。

环形肌

随意肌

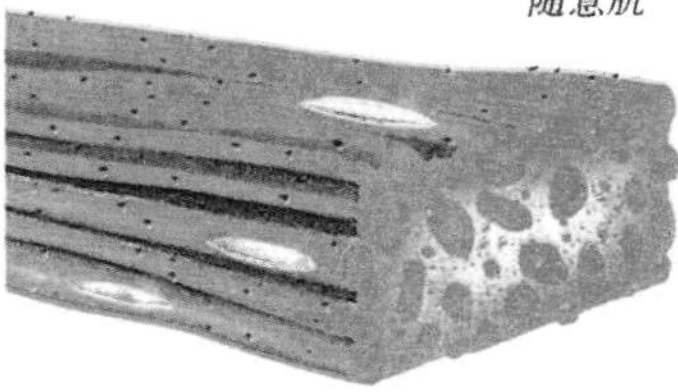

不随意肌

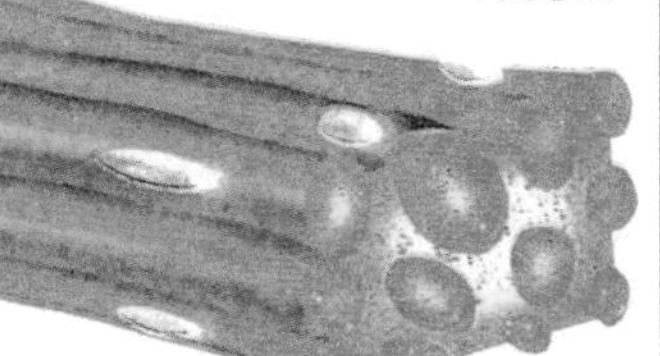

心肌

肌肉的收缩

肌原纤维缩短引起的运动

所有肌肉都要受到刺激才会收缩，刺激是经由神经传达过来的信息。由脑部传达过来的信息可使随意肌收缩，随意肌的收缩能引起所依附的骨骼产生运动。而不随意肌则由神经系统中的自主神经系统传达信息来控制。不论是随意肌或不随意肌，其肌纤维都具有自行缩短的特性。因为肌肉细胞只能收缩而不能伸展，所以骨骼肌必须成对地工作。当一块肌肉收缩时，与它成对的那一块肌肉则会恢复到原来的长度。

肌肉的双向拉动

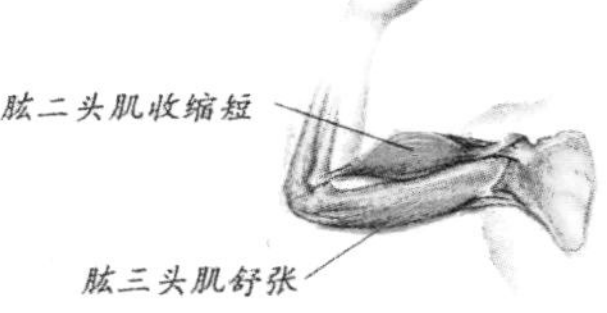

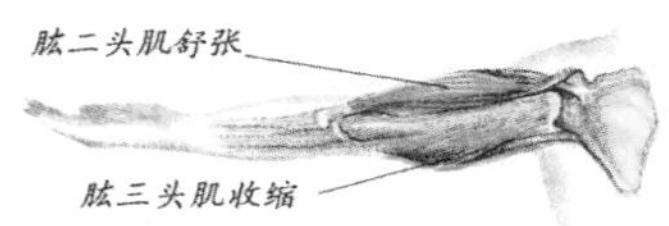

肌肉的双向拉动

肌肉的收缩与舒张

肌肉都是成对或成组双向排列组合的，一块肌肉将骨骼拉向一方，另一块又将骨骼向相反的方向拉回。如人体上臂的肱二头肌和肱三头肌。肱二头肌收缩，拉动前臂，弯曲肘部，肱三头肌舒张；肱三头肌收缩，拉动前臂，将肘部伸直，肱二头肌舒张。

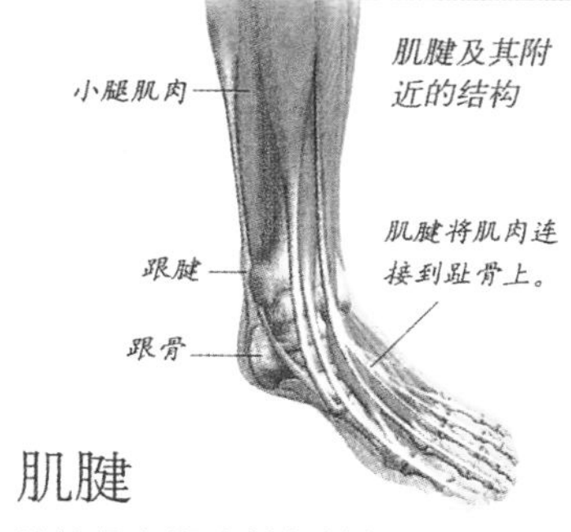

肌腱

连接骨和肌肉的韧性组织

肌腱是一种白色的强韧性结缔纤维组织，在肌肉的起始边与肌肉紧紧地缚在一起，连接着肌肉和骨骼。它们的弹性可以避免肌肉和韧带承受过大的拉力。大多数肌腱呈索状，但也有一些呈扁平状，被称为腱膜。人体最大的肌腱是足部的跟腱。

肌肉与表情

人的面部可以表现出十分微妙的表情，而且表情的变化十分迅速，能够准确地反映出人的内心世界。原来，在人的面部和颈部有40多块小肌肉，它们收缩时会牵拉面部皮肤，从而形成多种多样的表情，包括皱眉、微笑等，表现了人们悲伤、愉快、生气或恐惧的情绪。

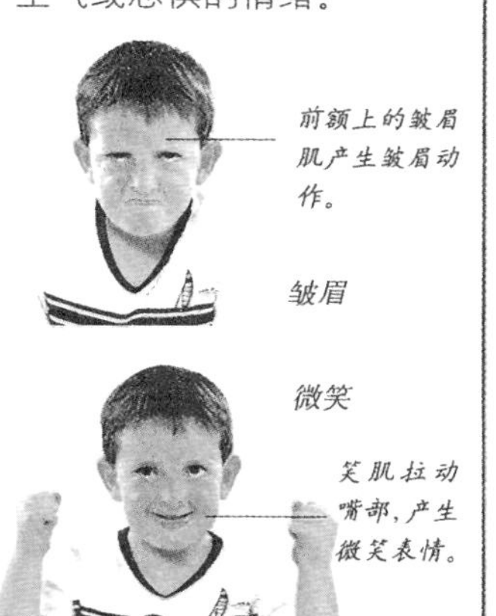

• DIY 实验室 •

实验：观察指纹

世界上每一个人的指纹几乎都是独一无二的。通过下面的实验来检验全班同学的指纹是否相同。

准备材料： 滑石粉、白炽灯、透明胶纸、玻璃板(10 厘米 × 10 厘米)、黑纸、凡士林、记录单等。

实验步骤：
1. 将实验材料在桌子上摆放好。
2. 洗净并擦干双手，将凡士林均匀地涂抹于一个大拇指上。
3. 迅速将大拇指在玻璃板上按一下。
4. 立刻在大拇指按过的地方撒一些滑石粉。
5. 轻轻地吹走多余的滑石粉。
6. 剪取一块大小合适的透明胶纸(刚好可以覆盖剩余滑石粉)，粘贴在剩余滑石粉上，用拇指按几下透明胶条。
7. 揭下胶条，然后粘贴在黑纸上。
8. 观察全班同学的指纹，试着寻找完全一样的指纹。
9. 记录所看到的实验现象。

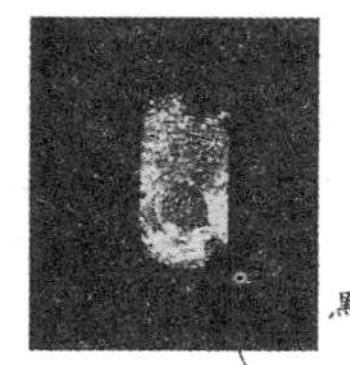

原理说明： 人类的指纹是在母腹里 7 个月大时就已经定形了的，随着年龄的增大，指纹只是大小发生变化，其形状永远都不会改变。如果世界人口按 60 亿计算，则需要 300 年才可能出现重复的指纹，概率几乎为零。因此，在全班同学中是找不到完全一样的指纹的。

• 智慧方舟 •

填空：

1. 皮肤分______和______两层，______下面还有______。
2. 皮肤的颜色主要决定于表皮里的______的含量。
3. 哺乳动物的毛发分______和______两种。
4. 帮助骨骼运动的肌肉是______，它也叫作______。
5. 肌肉的形态可以分为______、______、______和______。

判断：

1. 黑色素是真皮层里的黑色素细胞产生的。( )
2. 皱纹是皮肤老化时出现的一种现象。( )
3. 人和猿猴都有指纹，它能随年龄的增长而增加。( )
4. 鳞片是皮肤的衍生物，哺乳动物不具有鳞片。( )

呼吸

·探索与思考·

测量你的肺活量

1. 准备好气球若干、皮尺、记录单。
2. 用一次呼吸呼出的空气吹一个气球，在气球的末端用线绑紧，使它不漏气。
3. 用皮尺测量气球最宽处的周长。
4. 让其他同学按照第二步的方法再做一次。
5. 将你与其他同学得出的结果进行比较。气球的周长越大，表示呼出的空气量就越多。

想一想 一个人呼出的空气量是由哪些因素决定的？

所有动物都需要氧来分解食物，并在体内产生能量，这整个过程称为呼吸作用，而将氧气进入体内的过程称为呼吸。细胞靠分解细胞内的有机物来呼吸；昆虫靠身体上的呼吸孔来呼吸；蜘蛛、蝎子一类的蛛形动物通过一种叫作书肺的特有的呼吸器官来呼吸；两栖类动物通过皮肤来呼吸；鸟类通过气囊来呼吸；鱼类通过鳃来呼吸；而包括人在内的陆生脊椎动物则通过肺来呼吸。

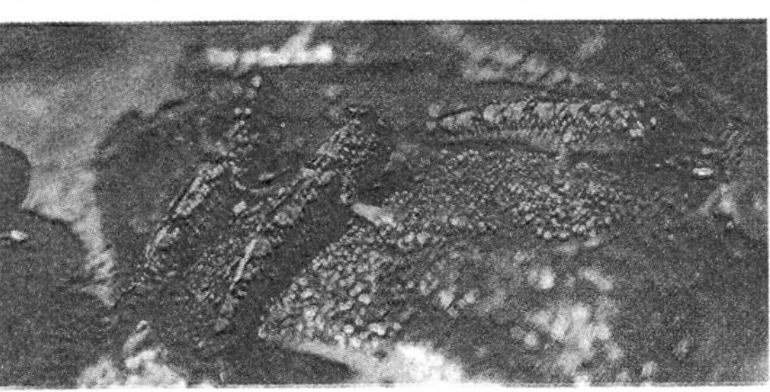

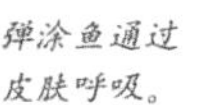

弹涂鱼通过皮肤呼吸。

细胞呼吸

有机物在细胞内被分解的化学反应

细胞呼吸又称“细胞内氧化”或“生物氧化”，是指糖类、脂类、蛋白质等有机物在活细胞内氧化分解，产生二氧化碳和水等物质并释放能量的过程。一般情况下，物质氧化过程要消耗氧，所以细胞不断地摄入氧，并发生一系列变化放出二氧化碳的过程，叫作细胞呼吸。细胞呼吸产生的能量是推动一切生命活动的动力。细胞一般进行有氧呼吸，有些情况下也进行无氧呼吸。

有氧呼吸

需要氧气才能进行的呼吸

细胞需要吸收氧气才能进行的呼吸叫作有氧呼吸。动物用呼吸器官吸入空气中的氧气后，血液把氧气输送至身体各个细胞，使细胞呼吸得以进行。细胞中的氧气和食物结合，释放能量。然后，血液将无用的二氧化碳输送回呼吸器官，以便排出体外。

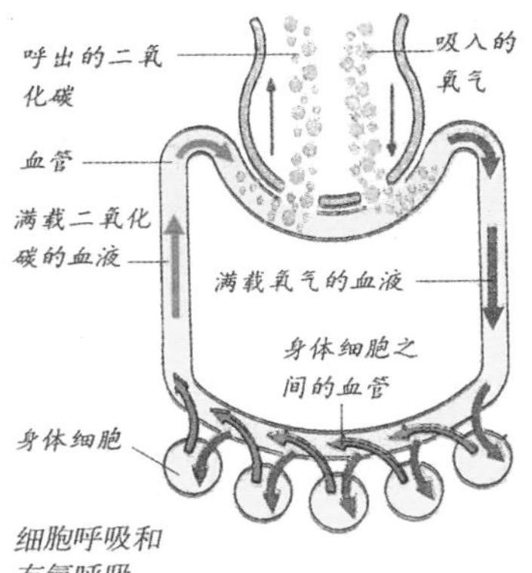

细胞呼吸和有氧呼吸

无氧呼吸

无需氧气便能进行的呼吸

有些生物不需要氧气就能进行呼吸作用，这种呼吸称为无氧呼吸。这些生物包括生长在泥土里的微生物和在动物内脏生存的寄生虫。人在急速地奔跑时，肌肉也会做无氧呼吸。这个过程产生另一种废料——乳酸，而不是二氧化碳。乳酸聚积在肌肉内，使肌肉感到愈来愈酸痛。经过急速呼吸，吸入足够的氧气，便可把乳酸化为二氧化碳从体内排出。

气管系统

昆虫进行呼吸的通道

昆虫通过管道系统进行呼吸，这个管道系统就是昆虫的气管系统。管道通过腹部和胸部叫作呼吸孔的小孔与空气相通。在昆虫体内，管状气管有许多分支与肌肉相连。通常氧气通过气管进入体内组织，二氧化碳也由气管排放出来。像蜜蜂和黄蜂这些比较大的昆虫，在肌肉中还长有气囊，通过肌肉的伸展与收缩能够吸入更多的空气，这样可以增加对肌肉的供氧量。

书肺

蛛形动物的呼吸器官

书肺也叫“肺囊”，是蜘蛛、蝎一类动物特有的呼吸器官。在蜘蛛腹部前方两侧，有一对或多对囊状结构，叫气室，气室中有15～20 个薄片，由体壁褶皱重叠而成，像书的书页，因而叫“书肺”。当血液流过书肺时，与其中的空气进行气体交换，吸收氧气，同时排出二氧化碳，完成呼吸过程。

蜘蛛用书肺呼吸。

皮肤呼吸

通过皮肤进行的气体交换

皮肤呼吸指通过皮肤来进行气体交换。两栖动物是人们最熟悉的能用皮肤呼吸的动物，它们的皮肤很薄，柔软湿润，通透性好，有很大的淋巴间隙。皮肤上面覆盖着一薄层黏液物质，氧气能在这层黏液外衣中溶解，并进入真皮致密层里丰富的血管网，供身体利用。

青蛙用皮肤呼吸。

气囊

鸟类呼吸系统的一部分

大部分鸟类都具有飞行的能力，除了其骨骼结构为其飞行提供了必需的支持外，它们的呼吸系统也为飞行提供了方便。鸟类的呼吸系统以一系列与肺相连的气囊为主要特征，这些气囊与肺相连并延伸到整个体腔，有时甚至延伸到骨骼和组织。气囊作为临时的贮存室贮存了大量空气，使得鸟类能够吸入大量的氧。

鸟类的气囊

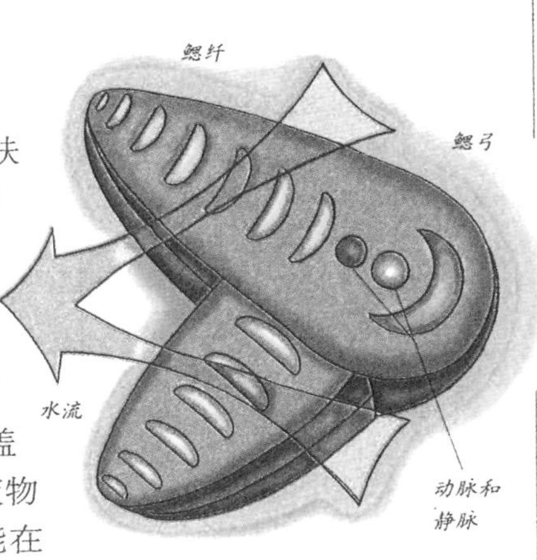

鳃

鱼鳃的形状各异，但是都以提供最大表面积以便于微血管接触水为目的。水从口部进入，然后流过鳃，再从鳃缝中流出。

鳃

水生动物的呼吸器官

水生动物利用鳃来呼吸。鳃里有一团暴露在水中的微血管，以利于氧和二氧化碳的交换。简单的鳃由一串的微血管组织构成，如蝌蚪早期的鳃。这种组织可提供气体交换所需的较大表面积。鱼的鳃较为复杂，当鳃未完全发育时，鱼卵或刚孵化出的幼鱼只能通过卵黄表皮或鳍的微血管来呼吸，但等到鳃发育完全时，鳃就成为鱼类主要的呼吸器官。大多数鱼类具有左右两个鳃，它们利用口和鳃盖开合摄取水中的氧气。鳃只能利用溶解在水中的氧，不能直接利用空氧中的氧；因此大多数鱼如果离开水面就会窒息而死。

人的肺活量

不同的人肺的容量也不同，这取决于人的身高、年龄、性别、体质等因素。让你的家人或朋友尽可能地屏住呼吸，并记时。你将看到，一般成年人和经常参加体育锻炼的任何年龄的人，都能屏住呼吸较长一段时间，这说明他们的肺活量比较大。

屏住呼吸，用秒表计时。

肺

陆生动物的呼吸器官

肺是高等陆生动物呼吸系统的主要器官，它的主要功能是吸入氧气，将身体不需要的二氧化碳和水蒸气排出。目前所有两栖类、爬行类、鸟类和哺乳类动物都有肺。人的肺位于胸腔内，呈半圆锥形，左、右各半。左肺为两叶，右肺为三叶。左、右支气管分别进入左、右两侧的肺内，在肺内形成树枝状分支，愈分愈细，最后形成很小的肺泡管。每一肺泡管都附有很多肺泡。肺泡壁由一层薄的上皮细胞构成，外面缠绕毛细血管网和弹性纤维。毛细血管网与肺泡上皮紧紧贴在一起，结构很薄，有利于气体交换。

气管

气体的通道

气管是从颈部到胸部的一条供气体通过的管道，位于食管的前方。由于气管壁是由一系列的软骨环构成的，所以它是直的。为了防止周围结构使气管坍陷，这些软骨环是不完全封闭的。在气管背面这一区域没有软骨，只有平滑肌。平滑肌的收缩决定着气管径的大小。在下方，气管的末端分成两个主支气管，每个主支气管进入一个肺内。在肺内，支气管再反复分支形成支气管树。主支气管进入肺以后，又被分为肺叶支气管和肺段支气管。

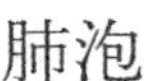

肺泡

肺泡

气体交换的场所

肺泡是一种很小的充气囊，在支气管末端有成簇的肺泡，它们能增加肺内的表面积，便于吸收氧气。在肺泡内，氧气被叫作毛细血管的微小血管吸收并被运到身体各处的细胞。同时，毛细血管将二氧化碳释放到肺泡，再经呼吸排放出去。

气体交换

肺泡内氧气与二氧化碳的交换

气体交换是在肺泡里不断进行的。这一过程既保证了身体细胞持续的氧气供应，也使它们免受二氧化碳堆积带来的毒害。氧气从浓度高处向浓度低处透过肺泡的薄壁进入毛细血管，再进入红血球。二氧化碳则相反，从血液进入到肺泡里的空气中，然后被呼出。

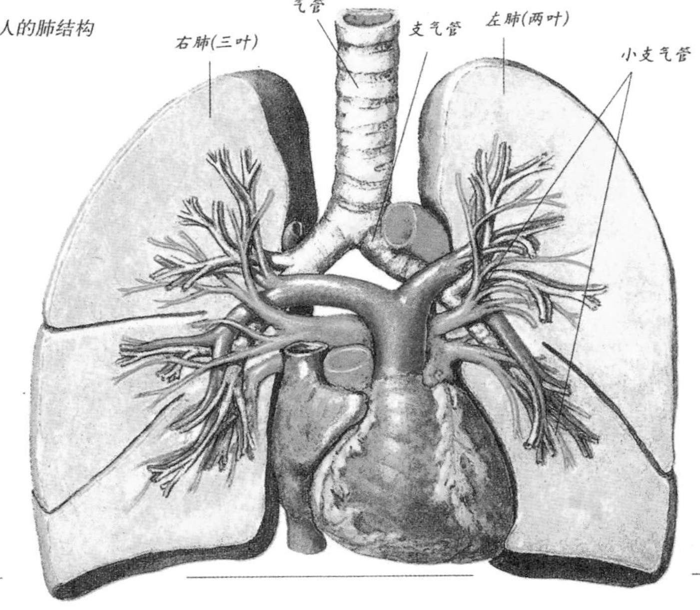

人的肺结构

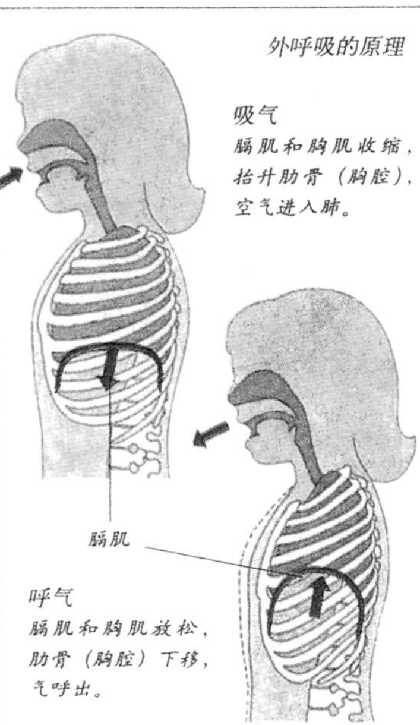

人的呼吸

有内呼吸和外呼吸两种

人必须呼吸才能生存。呼吸过程分为两部分：外呼吸和内呼吸。外呼吸包括吸气和呼气。吸气是通过嘴巴和鼻子把空气吸入体内；呼气则通过同样的通道把气体排出体外。内呼吸是指空气中的氧气在肺部被吸收，由血液中的红细胞带到人体各组织中；血液又把代谢产生的废物，诸如二氧化碳和水，从人体各组织中运走，以呼气的方式排出体外。呼吸时，空气并非完全充满或完全排出肺部。肺部一般含有1.5升空气。正常呼吸时大约会另有0.5升的空气进出。但如果做深呼吸，肺内空气会增加3升。运动时，空气的进出量会比平时多两三倍。

· DIY 实验室 ·

实验：模拟肺

肺通过胸部隔膜的膨胀或收缩，使气体吸入和排出。我们可以通过下面的实验来模拟肺的功能。

准备材料：塑料瓶、圆珠笔管、橡皮筋、大、小气球各1只、细绳、橡皮泥。

实验步骤：1. 剪去塑料瓶的底。

2. 用橡皮筋将圆珠笔管捆扎在小气球的口上。将小气球放入塑料瓶，瓶口用橡皮泥封住，圆珠笔管的头露在外面。
3. 将大气球剪成上下两半，用下面一半蒙住塑料瓶底，绷紧后下端用细绳扎牢。
4. 拉动瓶底的气球膜，瓶内气压下降，小气球鼓了起来，这就是吸气。相反，放开瓶底的气球膜时，瓶内压力加大，使小气球内的气体排出，这就是呼气。

原理说明：这个模拟肺的呼吸原理和真肺是一样的。塑料瓶类似于人的胸部，瓶底的气球膜就像是胸部的横隔膜，而瓶内的小气球则代表着人的肺。

· 智慧方舟 ·

填空：

1. 细胞呼吸又称_____或_____，是_____在活细胞内氧化分解的过程。
2. 书肺是______________动物特有的呼吸器官。
3. 气管壁是由一系列_____形成的，所以它比较直。
4. 气体交换是在______________内进行的。
5. 呼吸过程分为两部分，它们是_____和 _____。

判断：

1. 泥土中的微生物和动物内脏中的寄生虫都能进行无氧呼吸。（ ）
2. 蜜蜂和黄蜂的肌肉中长有气囊，能够帮助呼吸。（ ）
3. 青蛙和蝌蚪都能通过皮肤呼吸。（ ）
4. 鸟类的气囊是与肺相连的呼吸器官。（ ）
5. 人体的氧气和二氧化碳交换是在肺泡内进行的。（ ）
6. 人做深呼吸时，能把肺内的全部空气都排出体外。（ ）

血液和血液循环

·探索与思考·

测测你的脉搏

1.准备好电子手表或带秒针的手表、记录单。

2.用一只手的三个指头轻轻按在另一只手腕部的拇指侧，能触摸到一种有规律的跳动，即脉搏。

3.记录下脉搏在一分钟内搏动的次数。

想一想 脉搏是由什么引起的？

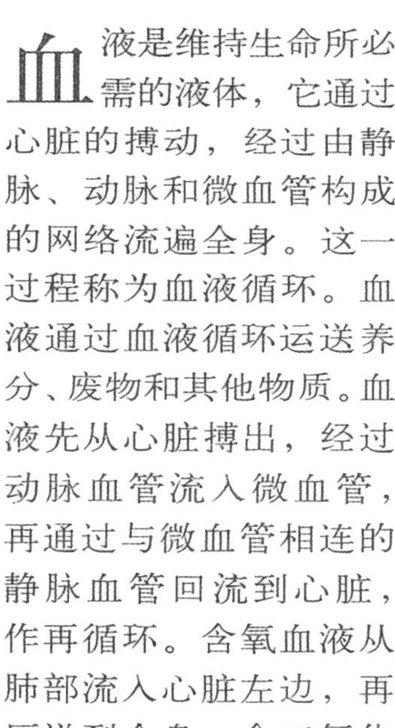

血液是维持生命所必需的液体，它通过心脏的搏动，经过由静脉、动脉和微血管构成的网络流遍全身。这一过程称为血液循环。血液通过血液循环运送养分、废物和其他物质。血液先从心脏搏出，经过动脉血管流入微血管，再通过与微血管相连的静脉血管回流到心脏，作再循环。含氧血液从肺部流入心脏左边，再压送到全身；含二氧化碳的血液从身体各部分，经由心脏右边送到肺部，从而协助完成体内气体交换。

血液

给身体细胞提供氧及养分的一种液体物质

血液由血浆、血细胞（血球）、血小板组成。血浆是血液的基础，呈淡黄色，半透明，其中溶有养分、代谢废物和激素等物质。血细胞一般在骨髓内形成，是血液的主要成分。血小板是一种非常小的细胞，可协助血液凝固。血液还有一种叫作色素的物质，色素能帮助吸收和传送氧气，不同的动物有各自不同的血液色素，其中血红素最常见。

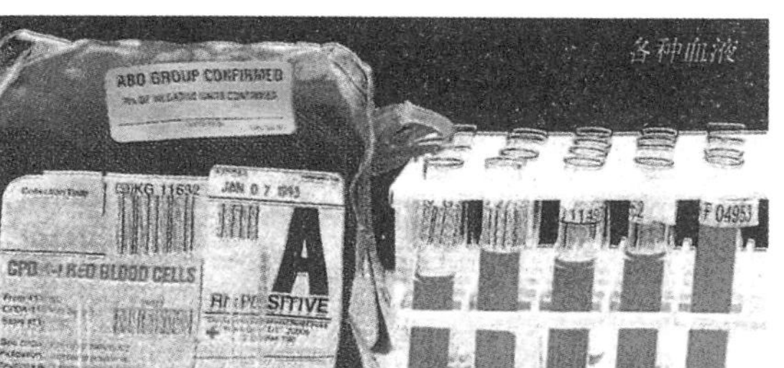

各种血液

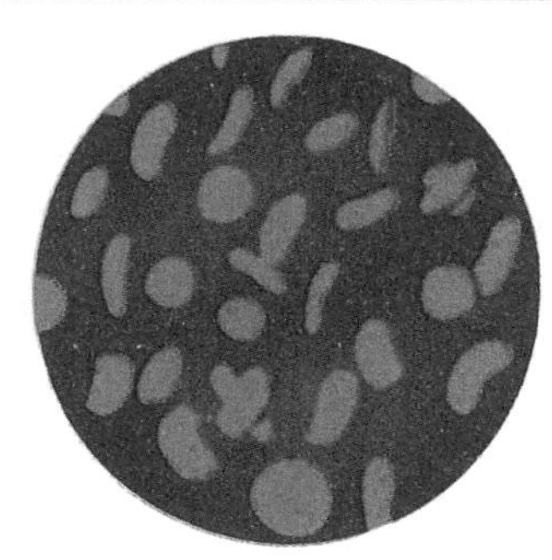

血红细胞

血红细胞是双凹形的，携氧能力极强。

红血球

携带氧气的血球细胞

红血球也叫血红细胞，是血液中最常见的一种血细胞，同时也是脊椎动物体内通过血液运送氧气的最主要的媒介。运送氧气的过程是通过血红蛋白来完成的。在哺乳动物中，成熟的红血球没有核，也没有线粒体，它们通过葡萄糖合成能量。人类的红血球是扁平的卵状，中间凹陷。这种形状可以最大限度地从周围摄取氧气。同时它还具有柔韧性，这使得它可以通过毛细血管，并释放氧分子。

血红蛋白

红血球的主要组成部分

血红蛋白是一种含有亚铁血红素的复杂分子，它可以在肺部或腮部临时与氧气分子结合，再在身体的组织中释放氧气分子。血红蛋白也可以运送由机体产生的二氧化碳。红血球的90%由血红蛋白组成，这样的血液便呈红色。

白血球

具有抵抗感染作用的血球细胞

能抵抗疾病的血细胞叫作白血球。白血球比红血球大，能制造抗体，并通过微血管壁到达感染的部位。这些抗体除了能辨别入侵的病菌外，还能附在病菌上，使免疫系统很轻易就认出它们，并将其消灭。有些被称为吞噬细胞的白血球还能吃掉病菌。

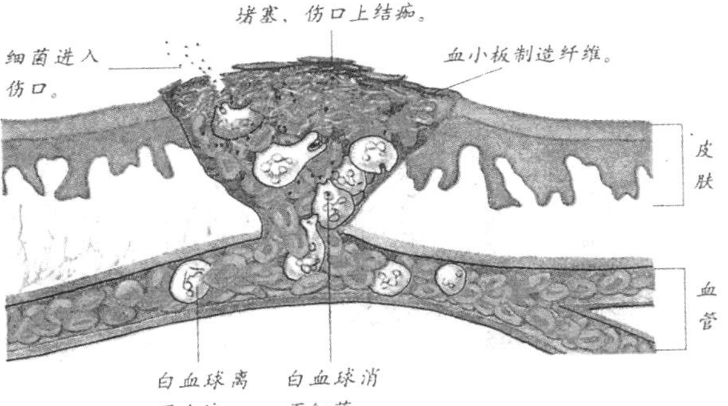

血小板止血，以及白血球消灭伤口处的细菌。

血小板

帮助血液凝结的细胞碎片

血小板是血液中的有形成分之一，是一种没有细胞核的细胞碎片，其表面覆有细胞膜。血小板只见于哺乳动物体内，它不仅具有止血功能，还有营养和支持毛细血管内皮细胞的作用，使毛细血管的脆性减小。如果血小板数量显著减少或功能有障碍，都可能会导致出血。血小板还能吞噬病毒，被它吞噬的病毒将失去增殖的可能。

静脉和动脉都可分为三层。但由于静脉中血流的压力较弱，所以，静脉壁比动脉壁薄，大的静脉腔内有瓣膜，能防止血液逆流。

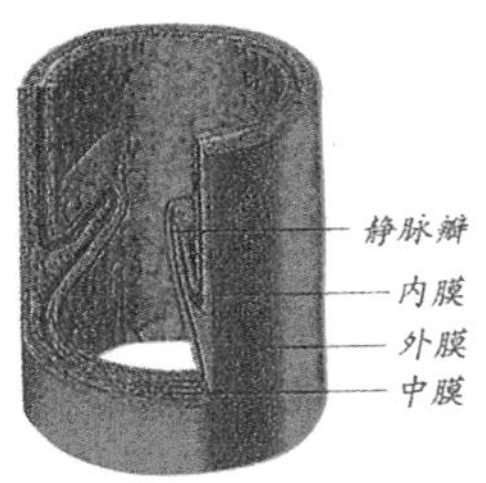

血型

根据血液中蛋白质的种类对血液进行的分类

血液中含蛋白质，同一物种的不同个体所含的蛋白质的类型可能相同，也可能不同。拥有相同类型蛋白质的个体就拥有相同的血型，蛋白质的类型不同，其血型也就不同。如果把血型不同的血液相混合，它们中不同的蛋白质就会产生免疫反应，造成红血球的凝结。人类有4种主要的血型，它们是：A型、B型、AB型和O型。

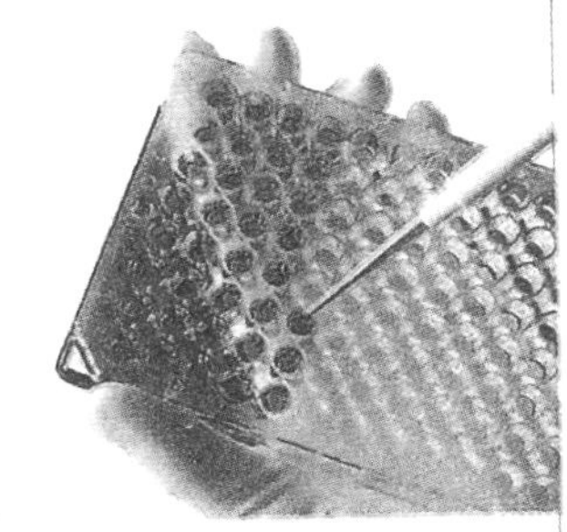

输血时，输入的血液与接受人的血液血型必须一致。

血管

血液循环的通道

血管有三种类型，分别为动脉、静脉和毛细血管。它们都呈中空的管状，但在结构上有所不同。动脉管壁较厚，可分为内膜、中膜和外膜三层。外膜由结缔组织组成，中膜由平滑肌组成，内膜由较薄的细胞构成，非常光滑。静脉血管的管壁较薄，弹性和收缩性比动脉壁稍差。毛细血管的管壁极薄，仅由单层细胞构成。

动脉

把血液从心脏输送到全身的血管

动脉血管分布在身体较深的部位，包括大动脉、中动脉、小动脉和微动脉。血液从心脏流出到达全身各处时，首先必须经过动脉血管。由于血液从心脏泵出时会产生一定的压力，所以动脉血管的内部有厚厚的可伸缩的内壁，可抵挡每次心跳所带来的血液高压。动脉血管在与心脏相连处很粗，经过多次分流，越分越细，最后变成众多的毛细血管。

静脉

把血液送回心脏的血管

血液由心脏流出到达身体各组织器官后，再由静脉血管带回心脏。静脉和动脉一样，也可分为内膜、中膜和外膜三层。但由于静脉中血流的压力较弱，所以，静脉壁比动脉壁薄。大的静脉腔内有瓣膜，能防止血液逆流。

毛细血管

连接动脉与静脉的血管

单层细胞

极薄的内壁

毛细血管

毛细血管是连接最小的动脉与静脉之间的血管。毛细血管的管径极细，管壁极薄，仅由单层细胞构成，有较高的通透性，使物质能够通过。毛细血管构成的网使动脉与静脉相连，血液在毛细血管网内的流动是整个循环系统最重要的阶段。

血压

血液在血管内流动时对血管壁造成的压力

血液是依靠压力循环的。血液在血管内流动时会给血管壁造成压力，这种压力就是血压。血压有收缩压和舒张压两种。收缩压是指心脏把血液泵入循环系统的压力；舒张压是心脏在搏动之间的舒张期间的压力。

心脏

血液循环的主要器官

心脏是一种肌肉器官，它能推动血液在动脉、毛细血管和静脉中循环。鸟类、鳄鱼和哺乳动物血液的传递要经过双重循环。心脏将血液从它的右侧运送到肺部进行气体交换叫作小循环；然后携带氧气的血液回到心脏的左侧，再流到身体其他的各部位，叫作大循环。

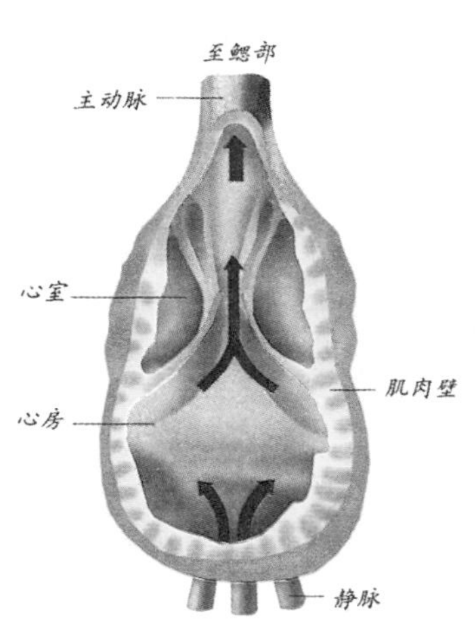

鱼类的心脏

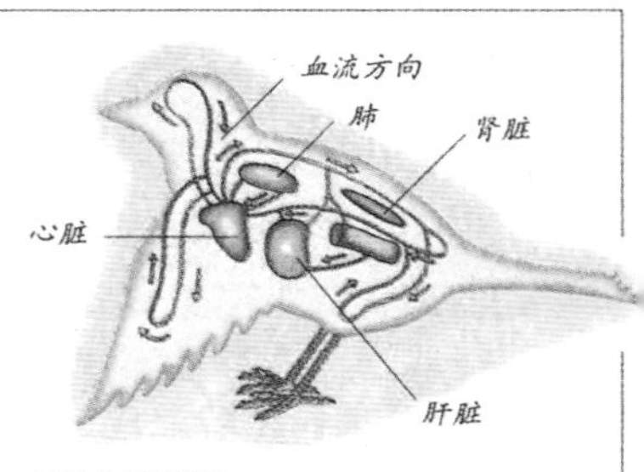

鸟的血液循环

鸟类的循环系统将含氧的血(红色)带到身体末端，再将含二氧化碳的血(蓝色)带回心脏，这一过程循环往复。

鸟的血液循环

具有高效的心脏和血管系统

为了给飞行肌提供大量的氧和营养，鸟类必须具备同样高效的心脏和血管系统。鸟类的心脏与人类的心脏在形式上很相似，也都是用来处理含二氧化碳的静脉血和含氧动脉血的。虽然它们的形式基本上是相同的，但鸟类的心脏比同样大小的哺乳动物心脏大50%～100%，而且更强壮。例如，麻雀静止时的心率每分钟超过500次，大约是人类心率的7倍。

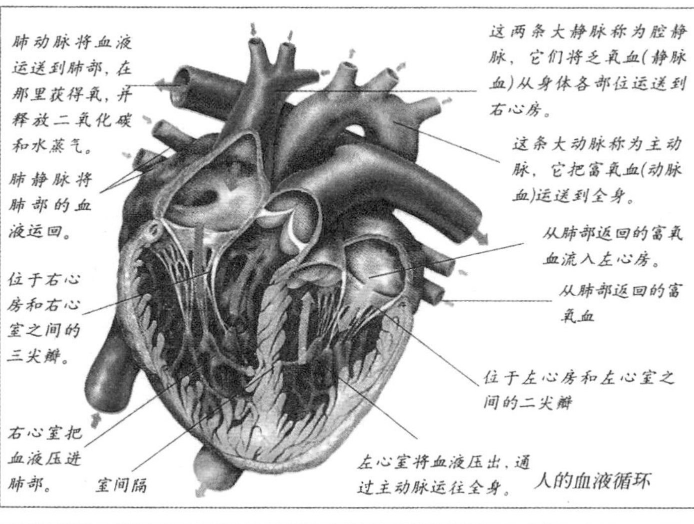

人的血液循环

心脏是如何跳动的

心脏通过有节律的收缩把血液输送到全身。在心脏不断收缩的过程中，就产生了心跳。

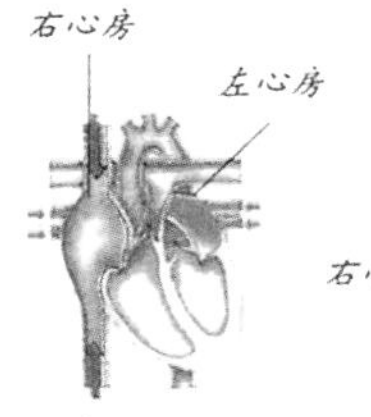

血液涌入舒张的心房。

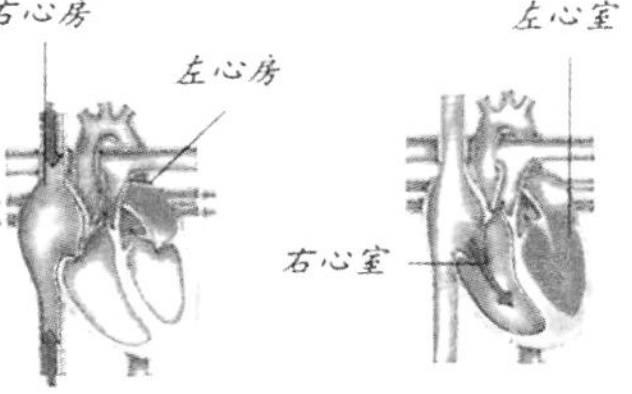

收缩波将血液压进心室。

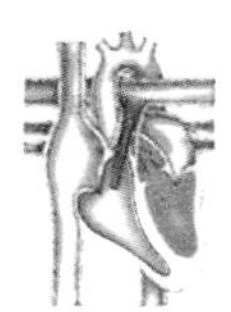
血液从心室涌出，流入动脉。

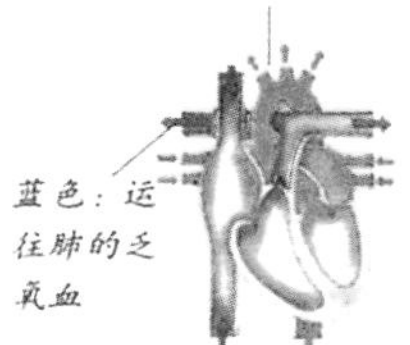

血液重新充满处于放松状态的心房。

鱼的血液循环

鳃在循环中起重要作用

在鱼的鳃部有很多微血管，它们在此摄取溶解于水中的氧气，同时释放溶解在血液中的二氧化碳。然后动脉再将溶解在血液中的氧气送到身体各部分。鳃动脉的血液在流动过程中先分别流入内脏与背大动脉，然后才流入骨内各部分。流到尾部时，血液变为静脉血，集中在尾静脉，由尾静脉流入肾脏，进入微血管中排除多余的水分。

人的血液循环

动脉循环和静脉循环

人体有两套血液循环。血液离开心脏右心房、心室后，经过肺部循环，摄取氧气并释放出二氧化碳和水蒸气。然后含氧的血液再流到心脏的左心房、心室，并流向身体各个器官的细胞，最后含二氧化碳的血又从身体各部分回到心脏。血液离开心脏时都是经动脉流出的，通过体内的毛细血管，最后由静脉送回。

· DIY 实验室 ·

实验：血液的颜色

人体动脉和静脉血管中的血液颜色是不一样的，前者含氧，呈鲜红色，后者含二氧化碳，呈暗红色。我们可以通过下面的实验来检验。

准备材料：准备好氧气和二氧化碳、量筒、杯子、不凝固的血液若干。

实验步骤：1.将血液分成两份，分别倒入两只量筒内。

2.把氧气通入血液中，可观察到量筒中的血液有气泡生成，紧接着血液呈现出鲜红色。

3.向另外一只盛有血液的量筒里通入二氧化碳气体，可以观察到当二氧化碳气体进入血液里后，血液瞬间变成了暗红色。

原理说明：血液中的血红蛋白与通进去的少量氧气结合，生成了氧合血红蛋白。含氧合血红蛋白的血液是鲜红的。因此，把氧气通入血液中后，血液就呈现出红色。血液中的血红蛋白与通入的二氧化碳结合时，生成了氨基甲酸血红蛋白。含氨基甲酸血红蛋白的血液呈暗红色。因此，通入二氧化碳的血液会呈现出暗红色。

· 智慧方舟 ·

填空：

1.血液是由______、______和______组成的。

2.血液中能携带氧气的血球是______。

3.动脉是将血液__________的血管。

4.血液中能帮助血液凝结的部分是______。

5.血压可分为______和______两种。

判断：

1.人类的红血球是扁平的卵状，中间凹陷。（ ）

2.红血球运送氧气主要是通过血红蛋白来完成的。（ ）

脑与神经系统

·探索与思考·

膝跳反射

1.坐在桌子或椅子上，使你的小腿能自由地摇摆。脚不要碰到地面上。

2.手持一个小锤，轻轻敲击你的膝盖部位的韧带。

3.观察小腿有什么反应，注意你是否能控制你的反应？

想一想 人为什么有时候不能有意识地控制身体的运动？

动物的机体能随着天气的冷热而作出相应的调节活动，以适应外界环境；骨骼和肌肉能在瞬间做出巧妙的应激动作，以应付外来侵袭。这一切是靠机体的神经系统指挥完成的。神经系统是调节动物体内各种器官活动以适应内外环境变化的全部神经装置的总称，由脑、脊髓以及它们所延伸出的神经组成。脑是动物神经系统中最大也是最重要的一部分。在脊椎动物中，脑位于颅骨内，并受颅骨保护；无脊椎动物的脑则简单得多，常常只是在头端有些膨大而已。

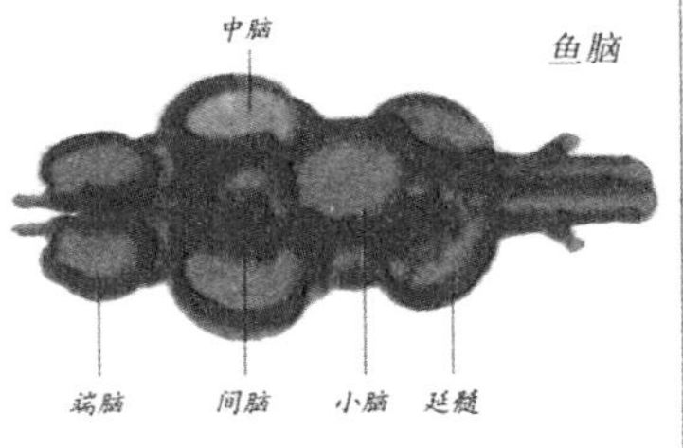

鱼脑

由端脑、间脑、中脑、小脑和延髓组成

鱼的脑可分为端脑、间脑、中脑、小脑和延髓五部分。端脑是嗅觉中枢。间脑是具有许多激素的复杂构造。中脑是视觉中枢，向左右两侧突出，视觉好的鱼类中脑发达。小脑是运动中枢，泳速快的鱼小脑较发达。从延髓上有5条脑神经分支出来，负责控制各种感觉和运动。

青蛙脑

视叶是脑的主要部分

青蛙的大脑相当小，小脑更小，脑干约占脑的一半体积。视觉对于青蛙来说是很重要的，因为它靠视觉捕捉食物。它的视叶虽然不是太大，但仍然是脑中的主要部分。

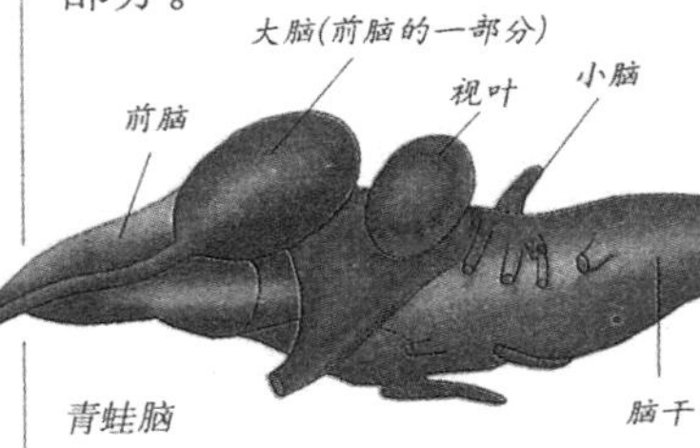

人脑

由大脑、小脑和脑干三部分组成

人脑是人体中枢神经系统的主要部分，它控制着整个中枢神经系统和周围神经系统。人脑位于颅腔内，包括大脑、小脑和脑干三部分。脑干和小脑负责调节人体的基本生命活动，如呼吸、循环等；大脑负责处理信息，如思维等。

人的小脑

人脑中协调运动的部分

人的小脑半球

小脑位于大脑后下方，主要功能是控制肌肉，使运动协调准确，维持身体平衡。小脑不断地接收来自肌肉、关节和平衡器官的信息，并发出信号来协调运动并保持身体姿势。

人的大脑

调节人体生理活动的最高级中枢

大脑是人脑中最大、最明显的部分，由两个大脑半球组成。大脑半球的表层是灰质，也叫大脑皮质，在其表面有许多凹陷的沟和隆起的褶，因而增加了大脑皮层的总面积和神经细胞的数量。大脑皮层大约汇集了140亿个神经细胞，皮层的总面积可达2500～3200平方厘米。大脑皮层是调节人体生理活动的最高级中枢，其中比较重要的功能区有运动语言区、躯体平衡区、总翻译区、味觉区、视觉区、听觉区等。

人的脑干

人脑中调节基本生命活动的部分

人脑最下面的部分称脑干，包括脑桥、延髓和中脑。它们参与调节机体重要的生命活动，如呼吸、心跳、血压和知觉。当感觉神经纤维穿过延髓时，来自机体右侧的感觉神经纤维交叉至脑的左侧，来自机体左侧的感觉神经纤维交叉至脑的右侧。这意味着来自躯体右侧的信息由大脑的左半球来处理，大脑左半球的损伤将会影响右侧躯体的感觉和运动。

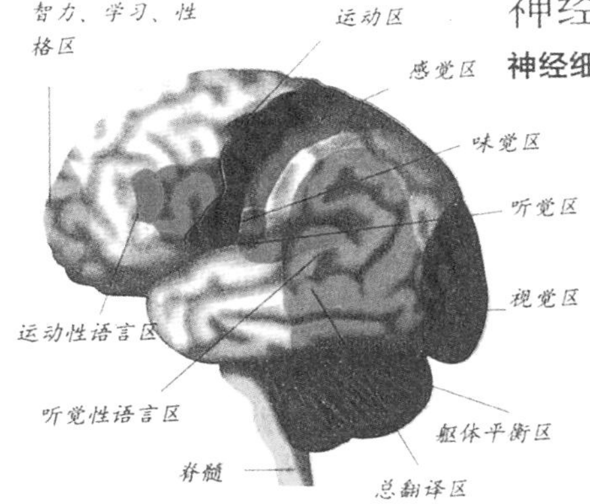

大脑功能分区

神经元

构成神经系统的神经细胞

神经元是具有特殊功能的神经细胞，能传递叫作神经冲动的信号。所有的神经细胞或神经元，都有一个大的细胞体，内含细胞核。突出于细胞体的是一根叫轴突的长纤维。轴突末梢的分支将信号传递给下一个细胞。神经细胞也有许多短分支叫树突，它接受来自其他神经细胞的信号。神经元与神经元之间连成了一个复杂的神经网络，它是信息在机体内传递的重要机构。

神经元的构造

神经节

神经细胞集聚的部位

神经节是神经细胞集合而成的节状构造。蚯蚓、蛔虫除头部以外，身体的每节都有一对神经节。河蚌、蜗牛等软体动物的头部有脑神经节，足、身体两侧、体壁、内脏都有成对的神经节。脊椎动物的脊椎骨内有脊神经节，体内各内脏器官上有交感神经节和副交感神经节，这些交感神经节和副交感神经节通过神经纤维与脑和脊髓相联系。

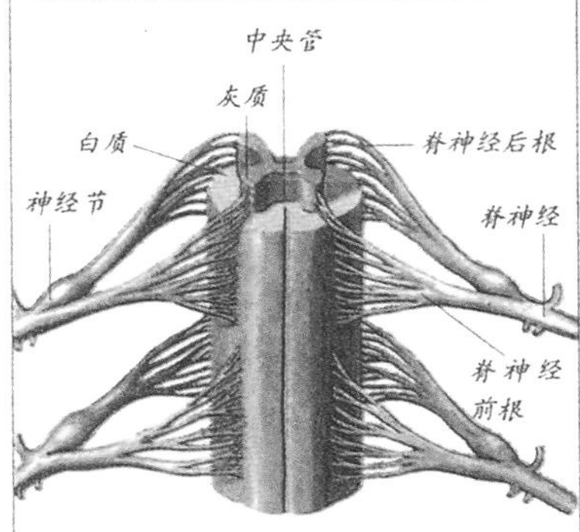

脊髓的构造

脊髓

连接脑和周围神经的神经组织柱

脊髓实质上是脑的延伸，它由脑延伸至脊椎的下部，长度约为45厘米，与脑和周围神经系统中大多数神经相连接。大多数来自周围神经系统的神经冲动通过脊髓传达给脑，脑立即作出反应。这种反应通常从脑开始传递，沿着脊髓，最后到达周围神经系统。

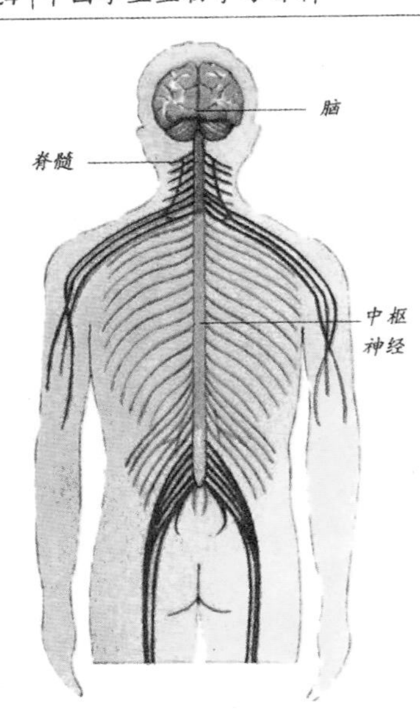

中枢神经系统
神经网络是一个双向系统。它通过脊髓向脑传输信息，脑处理完信息后又将反馈信息传输到相关部位。

中枢神经系统

由脑和脊髓组成

由脑和脊髓组成的系统称为中枢神经系统。脑和脊髓分别调节机体不同部位的生理活动。脑负责收集和破译从全身各处传来的信息，决定该采取什么样的行动并发出指令。脊髓负责传递脑与身体之间的信息。中枢神经系统的重要部位受到良好的保护：脑安全地容纳在由颅骨构成的颅腔内，脊髓位于脊柱的椎管内。脑和脊髓都外包着膜，并受到它们的支持和保护：脑和脊髓都是由灰质和白质组成的。脑的灰质位于脑的表面，称皮质，而脊髓的灰质则位于脊髓中央，外面包着白质。

周围神经系统

由周围神经和神经节组成

联系中枢神经与身体各部之间的神经总称周围神经系统。周围神经包括由脊髓发出的脊神经、由脑发出的脑神经和支配内脏器官活动的植物性神经。脊神经和脑神经又合称为躯体神经。周围神经有的仅包含感觉神经（又称传入神经），或仅包含运动神经（又称传出神经），但大多数为混合神经，既含有感觉神经纤维，又含有运动神经纤维。

自主神经系统

周围神经系统的一种

自主神经系统是指调节内脏功能的神经装置，也可称为植物性神经系统。实际上，自主神经系统也接受中枢神经系统的控制，并不是完全独立自主的。一般情况下，自主神经系统仅指支配内脏器官的传出神经，而不包括传入神经，可分为交感神经和副交感神经两部分。交感和副交感神经的作用往往具有抵抗的性质。这种抵抗性使神经系统能够从正反两方面调节内脏的活动。

鱼的神经系统

鱼体内传递信号的细胞束

鱼的神经系统包括中枢神经和周围神经。中枢神经包括脑和脊髓。脊髓在鱼的脊柱骨内，脊髓前方膨大的构造就是脑。中枢神经有各种神经分布于鱼体。从感觉器官传来的刺激，到达中枢神经后，再由中枢神经将反应经由各种神经传达到鱼体的各部分。

人的神经系统

由中枢神经系统和周围神经系统组成

人的神经系统是人体内部的电化学交流网，由中枢神经系统和周围神经系统组成。脑和脊髓形成了中枢神经系统，是身体主要的控制和协调中心。周围神经系统从中枢神经系统分支出来，遍布全身各处。有些周围神经像大拇指那么粗，最长的是坐骨神经。

脑
脑神经
脊髓
臂神经丛
尺神经
胸外侧神经
腰神经
桡神经
骶丛
坐骨神经
腓神经
股神经
足底外侧神经

人的神经系统

反射

对刺激作出的迅速反应

反射是一种不受意志控制的机体反应。例如，当手触到很烫的东西时，会不假思索地把手缩回去。大多数反射是由脊髓控制的，与脑几乎一点关系也没有，它们比由大脑产生的反应要快得多。反射是由单一的神经细胞环引起的。这个环叫反射弧。大多数反射弧有五个部分，感受器感受到刺激；感觉神经元将信号传给脊髓；连接神经元通过脊髓将信号传给运动神经元；运动神经元再将从脊髓返回的信号传送到肌肉，肌肉运动使手离开那个烫的物体。

巴甫洛夫

巴甫洛夫·伊凡·彼德罗维奇(Pavlov Ivan Petrovich，1849～1936)，俄国著名的生理学家，他最先提出了条件反射的概念。

他对条件反射的研究相当细致而有系统，涉及到条件反射的形成、消退、自然恢复、泛化、分化，以及各种抑制现象。著作有《大脑两半球活动讲义》和《动物高级神经活动客观性研究实验20年》。

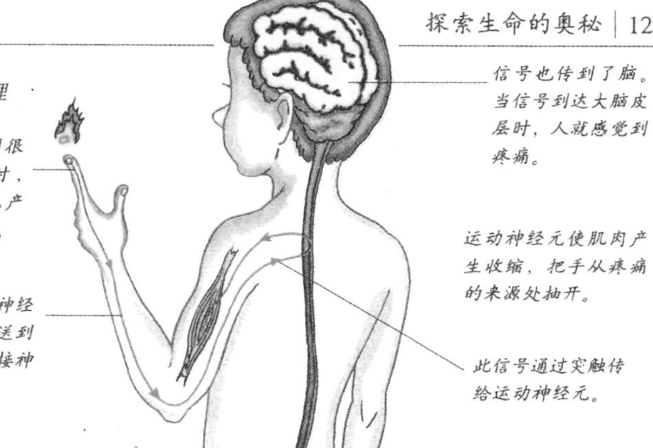

· DIY实验室 ·

实验：鲫鱼的神经系统

我们可以通过下面的实验来了解神经系统是如何工作的。

准备材料：活鲫鱼一条、托盘、大头针、小刀、记录单等。

实验步骤：1.将活鲫鱼放在托盘里，用大头针刺它的尾部。观察鲫鱼有什么反应，并记录。

2.用小刀在鲫鱼脊背上划一道小口，再用大头针从小口处插入鲫鱼的脊髓骨内，来回晃动大头针，以破坏鲫鱼的脊髓。

3.再用大头针刺扎鲫鱼的尾部，观察鲫鱼又有什么反应。

原理说明：当用大头针刺鱼的尾部时，鲫鱼的周围神经中的感觉神经就会将“痛”的信号通过脊髓传达给脑，脑再作出反应，将“回避”的信号通过脊髓传达给周围神经的运动神经。因此，在第一次刺扎鲫鱼时，鲫鱼就会迅速地扭动身体，以回避伤害。由于鲫鱼的脊髓被破坏，其神经通道被切断，所以，第二次再刺扎鲫鱼时，鲫鱼就不再有反应。

· 智慧方舟 ·

填空：

1. 脑是由______、______和______组成的。
2. 人的思维活动主要在______中进行。
3. 脑干包括______、______和______。
4. 神经节是______集合而成的节状构造。
5. 自主神经系统是调节______的神经装置，也可称为植物神经系统。

消化与消化系统

· 探索与思考 ·

怎样加快食物的消化

1. 准备好两只有等量水的水杯、整冰糖、散冰糖、汤匙、天平、记录单。

2. 在一只水杯中放入一块整冰糖，在另一只中放入重量相等的散冰糖。

3. 两手各握一只汤匙，一起轻轻搅拌溶液，并尽量使两手保持同样的速度。

4. 观察两只水杯里的冰糖，看哪一个溶解得快。

想一想 咀嚼在动物的消化过程中起什么样的作用？

消化是指动物将食物分解成为身体可吸收利用的成分的过程。动物所摄取的食物中，除了水、无机盐和维生素以外，大都需要经过消化，把大分子的有机物分解为简单的小分子物质，才能被吸收。食物的消化是在消化系统内进行的。消化系统是一条弯曲的管道，里面有很多能分泌消化液的腺体，食物通过与消化液的混合，并在消化系统的共同作用下而被充分地分解，分解的物质被血液吸收，并循环至全身，用来产生新的细胞并供给能量。

碳水化合物的消化

分解为葡萄糖

碳水化合物是含淀粉的食物，如：糖、水果、土豆、米饭、面包和面食等，其主要化学成分是碳、氧、氢。这些食物给机体提供所需要的基本能量。由于最简单的碳水化合物是葡萄糖，所以它们也被称作糖。在消化过程中，所有的碳水化合物被分解成最简单的分子。这些分子主要储存在肝脏里。由于肌肉收缩时需要糖作“燃料”，因此，肌肉又是碳水化合物的另一储存库。

脂肪的消化

分解成甘油和脂肪酸

脂肪与碳水化合物一样，也是产生能量的食物，主要存在于肉或油中。脂肪与碳水化合物有相同的化学成分，但相同重量的脂肪所产生的热量大约是碳水化合物所产生的热量的两倍，因此，脂肪是能量来源的浓缩形式。动物食入含脂肪的食物后，脂肪会被乳化成小油滴，然后又被分解，形成甘油和脂肪酸，在小肠中被吸收。

蛋白质的消化

分解成氨基酸

蛋白质是最重要的营养成分。它存在于肉、蛋、鱼和奶酪中。蛋白质是由氨基酸结合而成的大分子。目前已发现的氨基酸共有22种。血液中，某些氨基酸携带铁和氧，而其他的氨基酸参与组织的再生。氨基酸也用于肌肉收缩，起催化剂的作用，促进化学和代谢反应。消化的所有蛋白质都被分解成氨基酸，输送到细胞内。在细胞内，根据它们的功能，再合成一种新的蛋白质。

碳水化合物消化后储存到肌肉里。

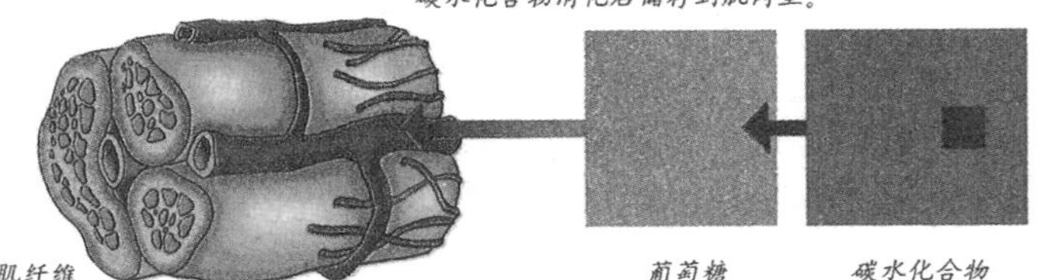

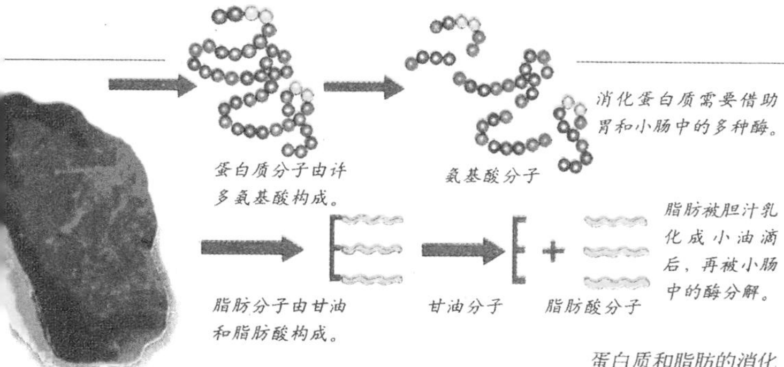

蛋白质和脂肪的消化

胃脏示意图

消化系统

由消化食物的器官组成的系统

动物的消化系统大都是一条弯曲的管道，但是具有不同消化方式的动物，其消化系统的组成部分也各不相同。例如一些动物的嗉囊、反刍胃等都是它们特有的。脊椎动物的消化系统可分为消化管和消化腺两大部分。消化管一般分为口腔、咽、食道、胃、肠和肛门。在消化道内除了无数相当于组织水平的小消化腺外，还有器官水平的腺体，如口腔的三对大唾液腺，另外还有两个最大的管外消化腺，它们是肝脏和胰腺。

口腔

消化道的入口

口腔是消化系统的第一站，一般动物的口内有牙齿、舌和唾液腺体。锐利的牙齿可用来切断、撕咬或磨碎食物；舌推动食物；唾液腺能分泌唾液，有助于溶解食物，使之便于吞咽。

口腔是消化道的入口。

食道

连接咽和胃的一条肌肉管道

食道是一种肌性管道，上端起自咽下缘，下端终于胃的贲门。食道有上括约肌和下括约肌，吞咽的时候上括约肌首先松弛，下括约肌也相继松弛，食管的内部产生一个连续的、蠕动的收缩，把食团推到胃内，这样就完成了整个吞咽过程。

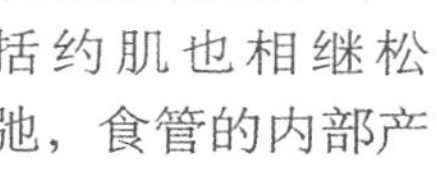

食物的吞咽过程

蠕动

消化管的波浪式运动

食物通过消化管时，消化管壁的肌肉就会通过波浪式的运动来推挤消化道中的食物，消化管壁的这种运动叫作蠕动，蠕动在食物的消化中起着重要的作用。当食物进入后，消化管后面的肌肉开始收缩，前面的肌肉舒张，这样食物就被缓慢地推向前进，进入下一个消化器官。

胃

位于食道与肠之间的消化器官

胃位于腹腔的左上方，上接食道，下接小肠，是一个弯曲的腔室。它的起始处是被称为贲门的瓣膜，能开也能合；终结处的另一个瓣膜，称为幽门。胃有三层结构，从外到内为依次为黏膜层、肌肉层、浆膜层。胃有四大主要功能。其一，进食时胃部肌肉产生反射性扩张，以储存食物。其二，通过胃的蠕动及胃酸、胃蛋白酶的分泌物等，对食物进行机械和化学的消化。其三，胃能分泌胃液及胃动素等。其四，胃的黏膜、胃酸等可防止微生物侵入。

胃壁的显微结构

小肠

消化和吸收食物的长管

小肠是消化、吸收食物的主要场所。食物从胃进入小肠后，在小肠内受到胰液、胆汁和小肠液的化学性消化以及小肠的机械性消化，各种营养成分逐渐被分解为简单的小分子物质在小肠内吸收。因此，食物通过小肠后，消化过程已基本完成，只留下难于消化的食物残渣，从小肠进入大肠。

绒毛

小肠内壁上的突起

小肠黏膜上指状的微小突起称为绒毛。在绒毛的表面有着更小的褶皱突起，称为微绒毛。这些褶皱给肠壁提供了很大的吸收面积。小肠绒毛内有平滑肌纤维、神经丛、毛细血管、毛细淋巴管等组织。绒毛平滑肌纤维收缩时，绒毛缩短，压挤毛细血管和毛细淋巴管，使管内液体向前流动。绒毛的不断运动，有助于食物在小肠内吸收。

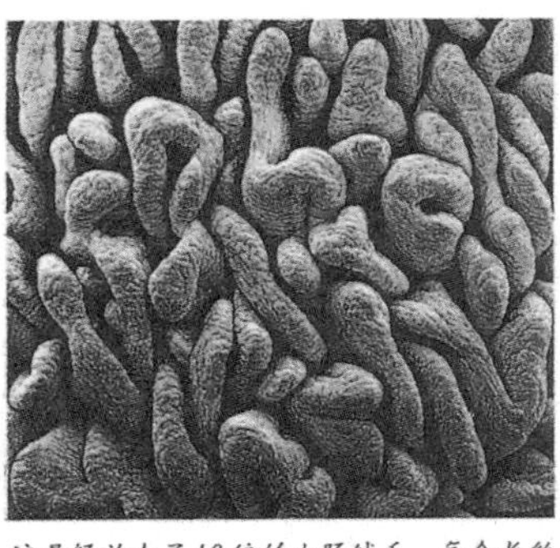

这是经放大了18倍的小肠绒毛，每个长约1毫米。

胰脏

分泌胰岛素和胰液的器官

胰脏是一个纯粹的腺体。它有两个结构，一个是胰岛，用来分泌胰岛素；另一个是腺细胞，它主要用来产生胰液。胰液的主要成分有碳酸氢钠和各种酶。碳酸氢钠是碱性物质，能中和由胃进入小肠的盐酸，为小肠各种消化酶提供适宜的弱碱性环境。胰液中的酶能促使淀粉、蛋白质、脂肪等的分解。因此，胰液能比较彻底地消化各种食物。

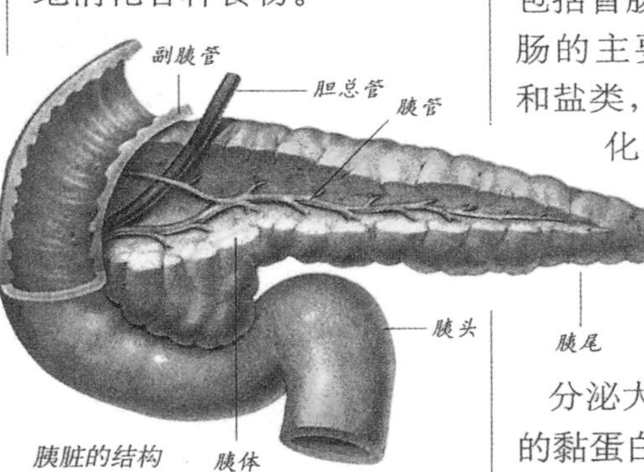

胰脏的结构

肝脏

可分泌胆汁的消化器官

肝脏是一个可以进行很多种化学反应的器官，它能清除血液中的废物(死亡的血细胞)，也能以葡萄糖、维生素的形式储存食物。肝脏对于消化系统的重要性，在于它能产生胆汁。胆汁开始时被贮存在胆囊中，当食物在消化过程中离开胃时，胆囊就释放胆汁。胆汁能分解脂肪，以便脂肪能够被吸收。

大肠的结构

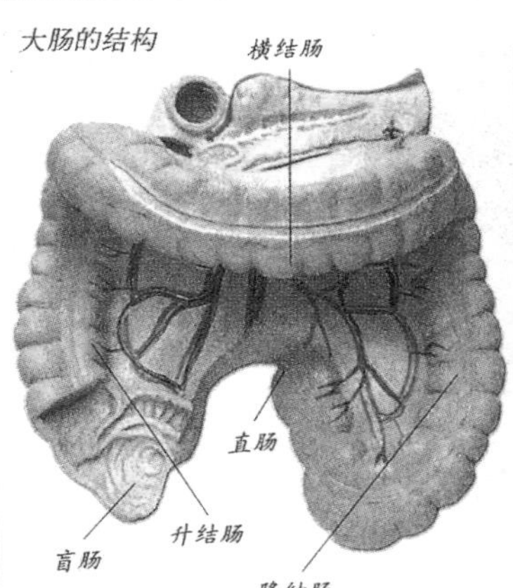

大肠

吸收水分并贮存食物残渣的长管

大肠是消化管的末段，包括盲肠、结肠和直肠。大肠的主要功能是吸收水分和盐类，以及暂时贮存经消化吸收后剩下的食物残渣。大肠的运动少而慢，对刺激反应比较迟缓。大肠黏膜能分泌大肠黏液，其中所含的黏蛋白能保护肠黏膜不受损伤并润滑粪便，利于它在肠内的移动。

肝脏及其他消化腺的结构

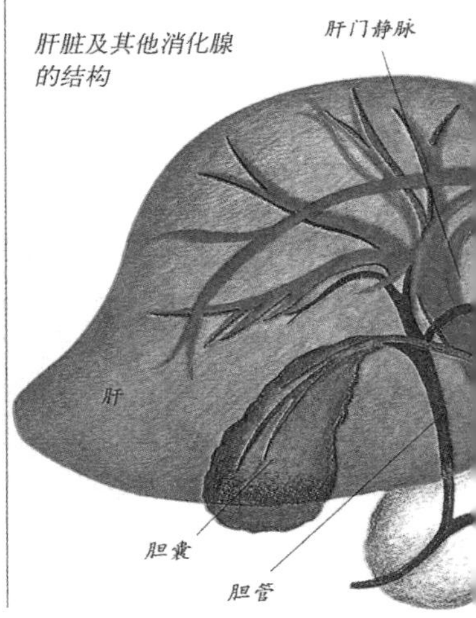

盲肠

结肠顶端的一个囊

盲肠一般位于结肠的顶端，是一个囊状的结构。爬行类的盲肠常在背侧，鸟类则有一对盲肠。当动物进化到哺乳类时，一般是单个盲肠，且盲肠依各种动物食性的不同而有很大变化。但盲肠具阑尾却是相当普遍的情况，存在于许多灵长目和啮齿类目动物中。人类的盲肠末端同样延伸为较细的阑尾。

嗉囊

鸟类消化道里的一个特殊的囊

一般鸟类的食管后段有一个暂时贮藏食物的膨大部分，叫作嗉囊。食物在嗉囊里经过润湿和软化，再被送入前胃和砂囊，这样有利于消化。嗉囊有单个的，如鸡，也有成对的，如鸠。麝雉的嗉囊壁为肌肉质，对其中贮存的粗糙树叶，能起到一定的机械磨碎作用。鸭和鹅虽无嗉囊，但食管在该处略呈纺锤状膨大。鸽的嗉囊在育雏期间能分泌乳汁，称"鸽乳"，用以哺育雏鸽。

肝静脉

肝动脉

胰

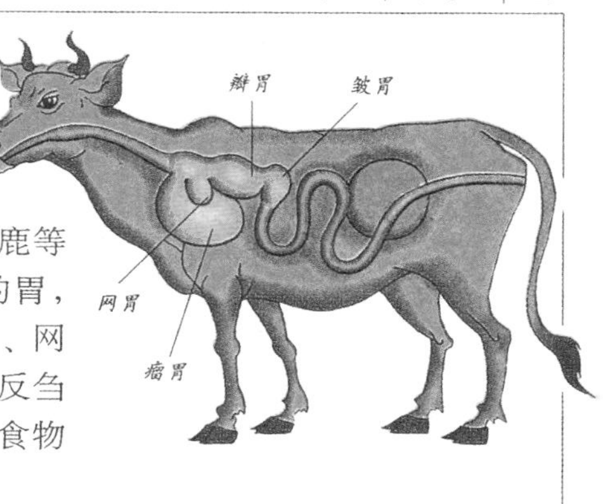

食物先进入瘤胃和网胃，再返回口腔充分咀嚼后，才进入其他胃消化。

反刍胃

一些草食性哺乳动物的胃

反刍胃是牛、羊、鹿等反刍类哺乳动物特有的胃，它结构复杂，多由瘤胃、网胃、瓣胃和皱胃组成。反刍胃有贮存、消化和反刍食物的功能。

·DIY 实验室·

实验：鸡为什么喜欢吃沙子

鸡通常喜欢啄食沙子或小石子，我们可以通过下面的实验来找出它们吃沙子的原因。

材料准备：葵瓜子和沙子若干、水、记录单等。

实验步骤：1.把葵瓜子的仁儿取出来。

2.把瓜子仁放进水杯中，浸泡30分钟。

3.把浸泡好的瓜子仁放进装有沙子的塑料袋中。

4.用手搓塑料袋，使瓜子仁和沙子相互摩擦。观察会有什么现象发生，并做记录。

原理说明：在上述实验中，当用手搓装有瓜子仁和沙子的塑料袋时，瓜子仁就被沙子磨碎了。鸡之所以喜欢吃沙子，原因就在这儿。因为鸡没有牙齿，吃进去的食物不经过牙齿磨碎而直接进入体内，很难被消化，所以需要依靠小石粒和沙子来帮助磨碎食物。鸡吃进小石粒和沙子后，储存在鸡肫里。被消化液软化后的食物进来后，和石粒、沙子混合在一起，靠鸡肫的肌肉蠕动而被磨碎，就能被消化和吸收了。

·智慧方舟·

填空：

1.在消化系统中脂肪会被分解为______和______。

2.消化系统中的管外消化腺有______和______。

3.食管是一种肌性管道，它连接着______和______。

4.胰脏能够分泌______和______。

5.反刍胃结构复杂，由______、______、______和______组成。

感官

·探索与思考·

舌头的功能

1. 准备好苹果和橙子各一只。
2. 用手蒙住一位同学的眼睛，并请他捏住鼻子。
3. 把一片苹果和一片橙子依次放在他的舌头上。
4. 让这位同学说出哪一片是苹果，哪一片是橙子。

想一想 为什么舌头能准确地判断出食物的种类？

感觉器官又叫感官。动物的感官分为视觉、嗅觉、触觉、听觉和味觉器官五类。动物靠着感官侦测周围的环境，以便获得各种信息。例如，视觉器官能辨认物体的形状；听觉器官能判断物体的位置；嗅觉和味觉器官不但能察觉四周的食物，还可以识别敌人或同伴的气味；触觉器官可以感受物体的形状。此外，还有其他一些感官，比如有的动物能探知压力、热量甚至电流，来感知周围的环境。

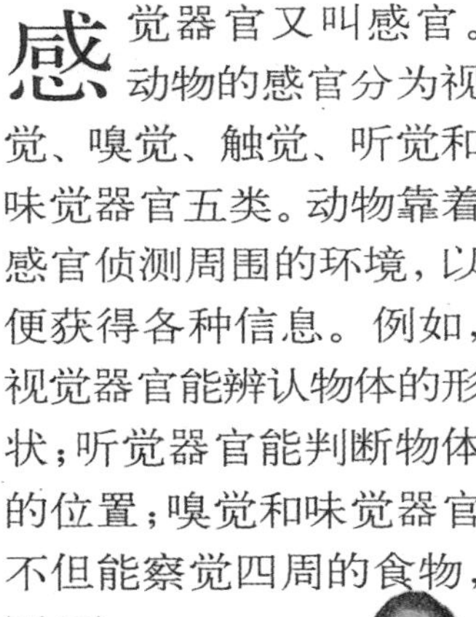

人靠位觉器官来保持平衡。

感官与脑

感官是大脑收集信息的工具

动物用眼睛看东西，用耳朵听声音，用舌头尝味道，用鼻子嗅气味，皮肤则是触觉器官。这些感官通过一种名为感受器的神经末梢产生作用，这种神经末梢能将信息传给大脑。大脑集合各种不同的信息，产生对外界的“图像”，然后作出反应。

特别感官

动物肌肉或关节上的感官

在动物体内的肌肉或关节上有一些感觉器官来负责身体某一部分的功能。这些感觉器官叫作特别感官。例如，人体负责平衡的感官与内耳相连；一些能感觉痛楚的细胞，则主要集中在指尖、趾尖、口腔附近和舌头的神经末梢。

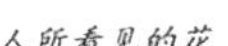

蜜蜂和人对光线的感觉不一样。

视觉

对光线的感觉

视觉是动物至关重要的感觉，大多数动物都要用它来感受外面的世界。视觉器官是眼睛，眼睛可以采光，并把光集中到特殊的感受器上，然后将所有采集的信息汇合成完整的影像，再传递给大脑，在动物的大脑中就构造出一幅周围环境的完整图像。不同的动物能看到不同的颜色。例如，蜜蜂能判断紫外线；鲔鱼能分辨出红色，却分辨不出绿色。

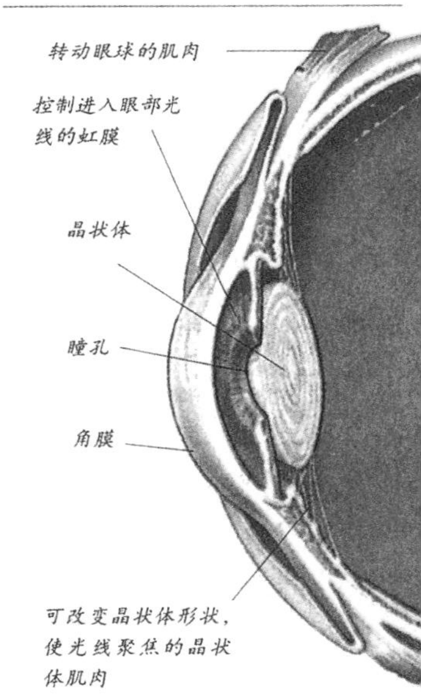

眼睛

动物的视觉器官

眼睛如同一部有生命的照相机，它能收集周围景物发出的光线，形成大脑可接收的影像。人类和其他脊椎动物的眼睛构造相同，都由角膜、晶状体、玻璃体、虹膜、视网膜及眼部肌肉等部分组成。视网膜好比照相机里的胶卷，晶状体和玻璃体相当于镜头，眼皮和虹膜相当于光圈。当物体的反射光进入眼睛时，它就能在视网膜上成像。猫头鹰、猫等一些在夜间活动的动物具有很大的瞳孔以尽量收集光线。昆虫和甲壳动物如蟹、龙虾等的眼睛跟人类的眼睛很不相同，它们是由成百上千根细长的感光管组成的，从而看到清楚的图像。

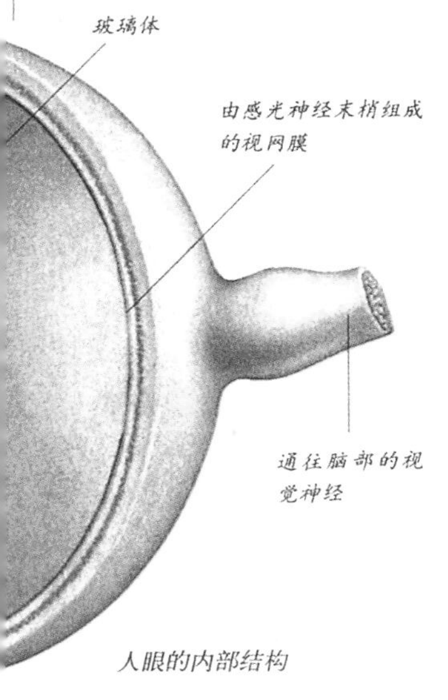

人眼的内部结构

光感受器

低等生物的光感受器官

光感受器有三种类型，分别是眼点、单眼和复眼。眼点是具有色素而有感光功能的构造，一些单细胞生物如衣藻等具有这种构造。比眼点结构复杂的光感受器叫单眼，单眼只能感觉光的强弱，不能看见物体的形状。许多无脊椎动物如一些昆虫都具单眼。由多个“小眼”组成的视觉器官叫复眼。复眼能感受物体的形状、大小，并可辨别颜色。虾、蟹、蜻蜓、蜘蛛等动物都具有复眼。

听觉

动物对声音的感觉

听觉是通过听觉器官对声音的感受和分析引起的感觉。声音是由振动引起的，振动波能在液体或固体中传播。声音的强度由振动波的强度决定。耳朵能将振动传给神经，由动物的大脑作出选择。动物依靠听觉来捕食猎物、互通信息或发现危险，也有些小昆虫如蠓和蚊子能够利用它们的触角探知声音。不同的动物能听到的声音的范围不同，例如，人耳能听到音频为每秒钟1000～4000次的声音，而猫、狗和狐狸却能听见音频每秒钟高于60000次的声音，它们的听觉比人类灵敏多了。

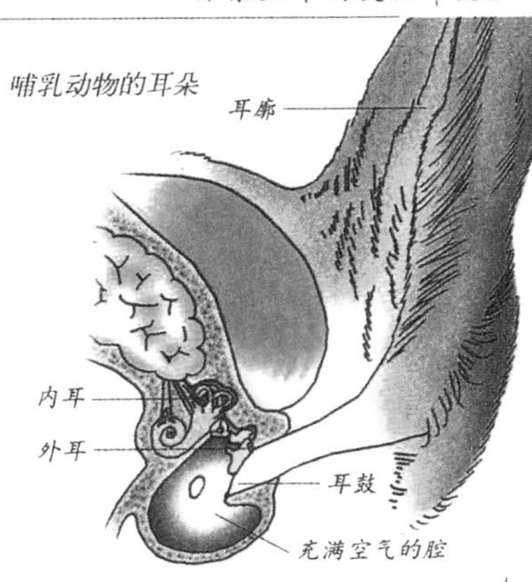

哺乳动物的耳朵

耳朵

动物的听觉器官

耳朵是动物用来接收声音的器官。动物的耳朵长有一层伸向内壁的膜，称为耳鼓，它接收到声音时就会振动。哺乳动物是唯一能将外界振动通过耳道传入耳朵的动物。振动被传到充满液体的内耳腔，造成对液体的压力变化，特定的细胞能辨别这些声音变化。鸟类、爬行类、两栖类都有良好的听觉，但它们耳朵的构造比哺乳动物简单多了。

人的耳朵

人的听觉器官

人耳是听觉和位觉（平衡觉）的感觉器官，由外耳、中耳和内耳三部分组成。外耳和中耳的功能是传导声波，内耳具有感受声波的感受器。声波振动中耳内的鼓膜时，引起中耳鼓室内听小骨的运动，并最终传至内耳感受器，听觉感受器官将神经冲动传到大脑的听觉中枢，产生听觉。

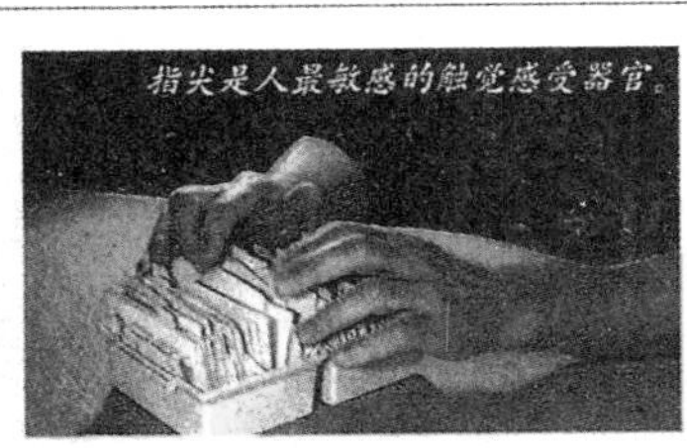
指尖是人最敏感的触觉感受器官。

触觉

对压力的感觉

触觉为感觉的一种，它可以给动物传递有关环境的信息，有助于动物改变身体的位置。触觉是通过皮肤里的感受器来感知的。感受器能将信号通过神经传给大脑。在动物身体的某些部位需要有敏锐的感觉，感受器在此的分布就比较密集。有些动物在身体上长有触手，一些触手同身体的特定部分相连，如刺、髯等。触觉对于夜间活动的动物和在地下生活的动物非常重要。

触唇、触手、触脚

具有触觉和摄食功能的感觉器官

有的软体动物，例如河蚌，口部两旁长着一对扁平的肉质瓣状构造，叫作触唇，它具有触觉和摄食的功能。许多无脊椎动物的头部生长着简单或分支的细长肉质器官，叫作触手。触手主要起触觉或抓卷作用，有的还具备呼吸、运动或支持身体等功能。水母、蜗牛等都有触手。

触角

蜗牛

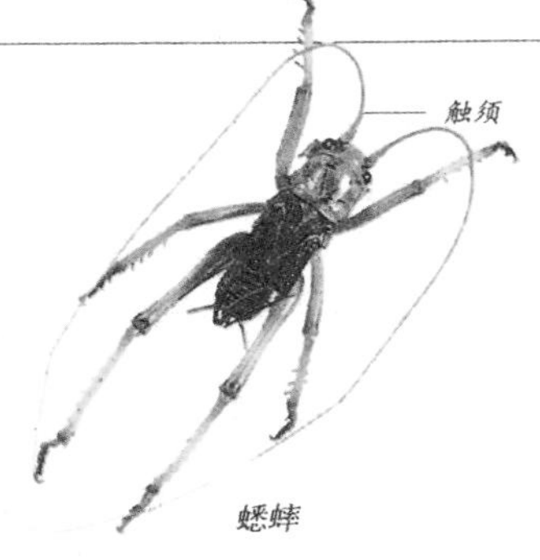

蟋蟀

触角、触须

具有触觉、嗅觉或味觉的感觉器官

节肢动物头上多节的感觉器叫触角。每个触角由柄节、梗节和鞭节三部分组成。触角具有触觉和嗅觉，除此以外，还有其他功能，例如蚜虫用触角吸取空气。昆虫口器的小颚及小唇分节的须，虾、蟹类口器的大颚上的须，以及哺乳动物口旁的硬毛都称触须，触须主要有触觉和味觉的功能。

平衡

动物对重力和运动的感觉

平衡对动物来说非常重要。平衡有助于动物保持直立，并能确定身体在周围环境所处的位置和变化。失去了平衡感，身体的移动就会发生困难。一些比较低等的动物，如干贝，常由一种称为平衡器的器官来控制平衡。平衡器是一个由坚硬物质构成的小球。对于大多数脊椎动物来说，其平衡是通过部分内耳来控制的。

侧线

鱼身上具有感觉功能的线状构造

大部分鱼类的身体两侧，都有一条或数条线状的构造，或明显或不明显，这就是鱼的侧线。从横切面看，侧线由一系列管道组成，即侧线器官。侧线器官与鳞片连接并通往外界，其内部所含的感觉神经细胞对水流或水压的变化十分敏感。同时，侧线也能感觉鱼耳所不能察觉的低频率振动。

鲤鱼的侧线

味觉

对溶解在食物中化学物质的感觉

味觉对动物来说具有重要作用，它能帮助动物感受到溶于水的化学物质。例如大西洋中的鲑鱼，可以利用味觉寻找远处的繁殖场所。动物能利用味觉判断哪些食物能吃，哪些不能吃。脊椎动物大多用舌头品尝，而昆虫却能用脚感知。有些昆虫的触觉感受器官长在触角上，有的甚至分布全身。人的味觉感受器是舌尖上的味蕾。

舌头是人的味觉感受器官

鼻子是人的嗅觉感受器官。

嗅觉

对空气中化学物质的感觉

嗅觉是由化学气体刺激嗅觉感受器而引起的感觉。气味物质作用于嗅觉感受器，产生的神经冲动经嗅神经传导，最后到达大脑皮层的嗅觉中枢，形成嗅觉。动物的嗅觉与觅食行为、性行为、攻击行为、定向活动以及各种通讯行为关系密切，所以敏感性也相当高。如狗可嗅出200万种不同浓度的气味。人的嗅觉感受器是鼻子。

鼻子

动物的嗅觉器官

鼻子是动物用来辨别气味的器官。大多数脊椎动物都有两个由头部正前方向内伸延的管道，叫作鼻孔。哺乳动物的鼻孔末端是一个凸出的肉团，叫作鼻子。鼻子有很多作用。鼻孔的腔壁布满特殊的感觉细胞，能对吸入的空气中的气味作出反应。有些动物的鼻子很特殊，例如大象的鼻子和唇合成另一个粗大的肢体，它的鼻尖能卷起东西，鼻孔能吸水。鲸的鼻子长在头顶，是一只巨大的喷水孔。因此，即使嘴巴在水面下，鲸也可以呼吸。人的鼻子除了用来辨别气味外，还能帮助发音。

· DIY 实验室 ·

实验：观察鳉鱼能分辨什么颜色

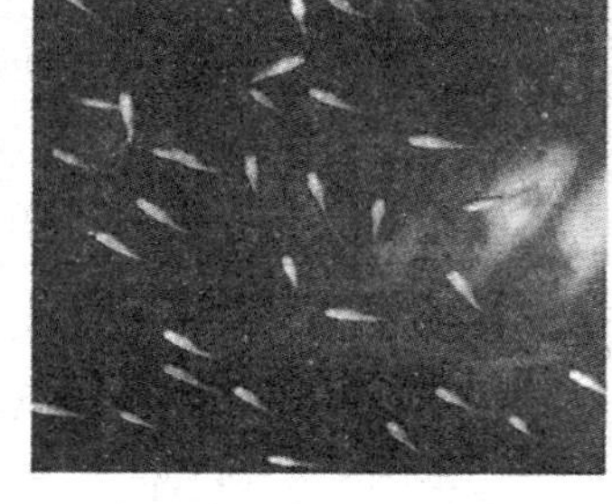

鱼和人的眼睛对光的感觉不同，能分辨的颜色也不一样。我们可以通过下面的实验来找出鳉鱼能分辨的颜色。

准备材料：红色、浅紫色、绿色纸各一张，饲养着鳉鱼的透明鱼缸，记录单等。

实验步骤：
1. 在水槽的底部贴上一张红色的纸，务必使颜色透过水槽底部，让鳉鱼能够感觉出来。
2. 在水槽里注进一些水，将鳉鱼轻轻放入水槽中，等它们镇静下来后，故意地发出声音，然后观察鳉鱼将会如何移动。
3. 把红色的纸换成浅紫色的纸，重复第二步，再观察鳉鱼如何移动。
4. 再把紫色的纸换成绿色的纸，重复第二步，观察鳉鱼又如何移动。

原理说明：
1. 鳉鱼最容易分辨的颜色是红色。因此，在有声音的时候，鳉鱼全部集中到红色的地方。
2. 淡紫色是一种中间色，而鳉鱼对中间色的反应比较弱，所以，在有声音的时候，鳉鱼会慢慢地游到淡紫色的地方。
3. 鳉鱼不会分辨绿色或黄色，因此，不论有无声音，鳉鱼都没有任何反应，不会集中到有绿色的地方。

· 智慧方舟 ·

填空：

1. 大多数动物都有的感觉器官是______、______、______、______和______。
2. 光感觉器有三种，它们是______、______和______。
3. 人耳是______和______的感觉器官。
4. 平衡是动物对______和______的感觉。
5. 鱼身上具有感觉功能的线状构造叫作______。

判断：

1. 蜘蛛的眼睛是单眼。（ ）
2. 昆虫口器上的硬毛是触角。（ ）
3. 味蕾都是长在舌头上的。（ ）
4. 大多脊椎动物通过内耳来控制平衡。（ ）
5. 狗的嗅觉比人类灵敏。（ ）

繁殖和生长

·探索与思考·

观察儿童的成长发育

1.准备好同一个人在幼儿时期和少年时期的两张照片、笔和记录单。

2.仔细观察并比较这两张照片，找出各自的特征和变化之处。

3.制作两张表格：一张显示他们的相同之处，另一张显示他们的不同之处。

想一想 幼儿在成长发育的过程中发生了哪些生理变化？

繁殖是自然界最重要的过程，所有的生物都会繁殖后代，并通过它来延续物种。生物的繁殖方式有两种类型：有性繁殖和无性繁殖。高等生物一般进行有性繁殖，而低等的生物一般进行无性繁殖。无论以哪种方式繁殖，从物种意义上说都是对生命的延续。

无性繁殖

最简单的繁殖方式

无性繁殖是最简单的繁殖方式，主要有四种类型。单细胞生物一般以二裂方式进行繁殖：母细胞分裂为两个完全一样的个体。第二种类型是从一个母细胞的分裂中产生多个新的个体，这种方式被称为多裂繁殖。还有一种方式是发芽繁殖：动物身体上生出一个芽体最后发育成新的个体。最后一种方式是断裂繁殖，见于多细胞生物，它们身体的某些片段能长成一个新个体。

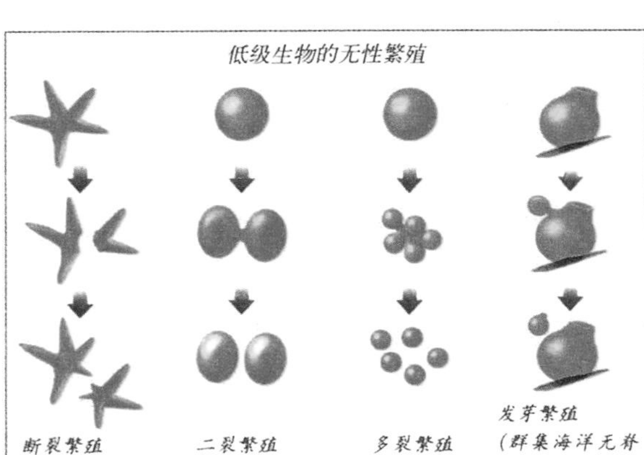

无性繁殖系

一群相互之间、两代之间完全相同的生物

一群相互之间、两代之间完全相同的生物叫作无性繁殖系，它们有着相同的遗传基因。有些生物会自然产生无性繁殖系，例如许多植物都靠长匐茎、鳞茎或球茎来繁殖。无性繁殖系在植物育种上有很大用处，能培育出大量纯种。

有性繁殖

由精细胞和卵细胞结合产生新个体的繁殖方式

有性繁殖必须有两个亲代，每个亲代都由称为性腺的性器官产生生殖细胞，即配子。当雌、雄生殖细胞结合后即形成受精卵，称为合子。合子随后发育成新个体。有性繁殖比无性繁殖复杂得多，但它产生的后代各有其独特的基因组，具有不同于亲代的特点，是独一无二的个体。这种变异代表着有些后代可以具有更好的条件，有助于生物种群适应变化的环境。

体外受精

受精在生物体外完成

雄性生殖细胞和雌性生殖细胞结合的过程，叫作受精。成熟的精子和卵子由亲体排出体外，在水中相遇而结合，叫作体外受精。鱼和两栖动物都是体外受精，例如雌巨蚌会把大量的云状卵细胞排放到海水中，与此同时雄巨蚌也向海水中释放大量的精细胞。这样，受精的过程就发生了。体外受精方式由于不能保证每个卵都能接受到精子，所以不如体内受精优越。

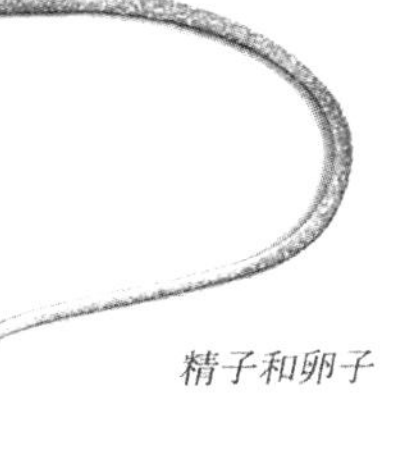

精子和卵子

体内受精

受精在生物体内完成

与体外受精相反，如果受精过程在生物体内进行，就叫作体内受精。陆地上受精比水中困难，因为生殖细胞在空气中很快就会干枯而死，于是，大多数陆生动物都是体内受精。低等动物如蝗虫，高等动物如爬行类、鸟类和哺乳类都是体内受精。例如，交配时雄性大猩猩把精子直接射入到雌性大猩猩的体内，并在体内完成受精过程。

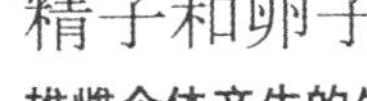

精子和卵子

雄雌个体产生的生殖细胞

所有有性繁殖的生命都起源于同种生物的雄性生殖细胞和雌性生殖细胞，它们分别叫作精子和卵子。雄性一次制造的精子数量众多，它们个头微小，具有移动能力。雌性一次制造的卵子数量较少，它们个头比较大，不如精子活跃。精子只会和卵子结合，产生的受精卵包含了来自亲代双方的的遗传信息，它将先发育成胚胎，最后发育成完整的动物或植物。

卵生

受精卵在母体发育的繁殖方式

卵生动物的受精卵在母体外独立进行发育的繁殖方式叫作卵生。卵生动物的胚胎在发育过程中所需营养完全靠卵自身提供。这类动物的卵一般较大，所含营养物质较多。以卵生方式繁殖后代在动物界很普遍。昆虫、鸟、绝大多数鱼和爬行动物都是卵生的。低等的哺乳动物，如鸭嘴兽也是卵生的。

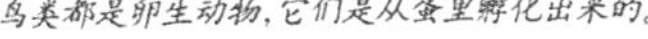

鸟类都是卵生动物，它们是从蛋里孵化出来的。

胎生

受精卵在母体子宫内发育的繁殖方式

胎生动物的受精卵在母体子宫内发育成为胎儿，然后产出母体的繁殖方式叫作胎生。胎生动物的胚胎所需的营养由母体通过胎盘提供，直至出生时为止。这种发育方式见于大多数哺乳动物，以及一些爬行类和软骨鱼类。人类也是胎生。胎生为发育着的胚胎提供了恒温发育条件、营养和保护，减少了外界不利因素对胚胎的影响，使后代的成活率大大提高，比卵生的方式优越。

胎生的小猫

人类生殖

胎儿在子宫内发育9个月后产出的生殖

和地球上的其他动物一样，人的生命也是从一个很小的受精卵开始的。当男性的精子和女性卵巢产生的卵子相遇并结合，受精卵便形成。随后它开始分裂，然后进入子宫，附着在子宫壁上，接收子宫壁通过胎盘为它提供的养料，不断发育形成胎儿。胚胎在温暖而黑暗的母体内生活9个月之后，一个小生命就诞生了。

女性生殖器官

卵巢、子宫、阴道

女性生殖器官位于盆腔内。在每个卵巢内有成千上万的未成熟的微小卵细胞，女性出生时就具备了足够终生所需的卵细胞。每个月一个成熟的卵子离开卵巢，进入与子宫相连的输卵管。子宫是一种具有肌性壁的中空器官，位于女性骨盆的中央，它的大小形状与小梨相似，是胎儿发育的地方，与子宫相接的是阴道，是胎儿出生的通道。

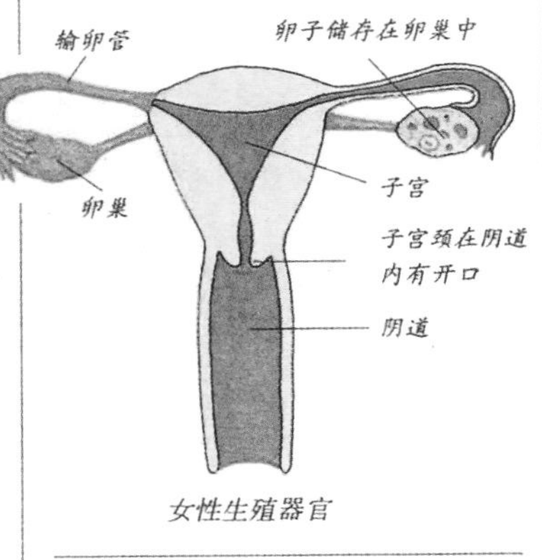

女性生殖器官

男性生殖器官

睾丸、附睾、输精管、前列腺、精囊、阴茎、阴囊

男性的内生殖器外表看不见，外生殖器显露在体外。内生殖器包括睾丸、附睾、输精管、前列腺和精囊。睾丸内产生精子和睾丸酮。附睾内存放精子并通过40～50 厘米长的输精管与精囊相连，输精管外面包裹着精索。男性的外生殖器是指阴茎和承托睾丸的阴囊。

妊娠

从受孕到出生的过程

从受孕到出生的这一段时间叫作妊娠。在妊娠期内胎儿的周围有羊水保护，成长的胎儿靠附着在子宫上的胎盘维持生命。胎盘内的营养通过脐带由母体的血液传给胎儿，废弃物则由相反方向排出。

8周

9周

10周

11周

12周

胎儿在妊娠期的发育：胎儿通过从母体摄取营养和氧气而逐渐发育成长，其中以头部生长最快。

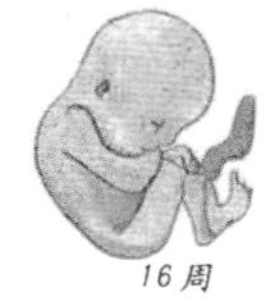

5个月

(7～12

出生

幼体从母体生出体外的过程

出生是指幼体从母体内被生出体外的过程。对于人类而言，把它叫作分娩。怀孕9个月后，胎儿即将出生。通常胎儿是倒立的，这样头部进入骨盆内。此后，子宫颈张开，子宫产生强烈的收缩，将胎儿从阴道推出体外，并排出胎盘。

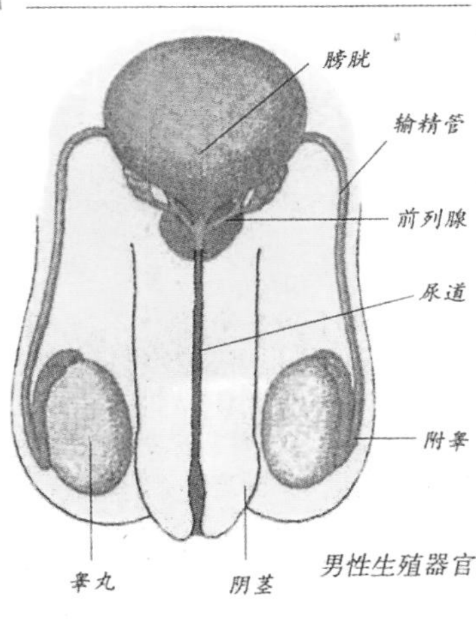

男性生殖器官

生长

生物细胞增多，个体变大的过程

大多数生物来源于单个的细胞，这些单个的细胞通过分裂增多，使得胚胎生长变大，同时改变形状，变得越来越复杂。这样，原始的细胞就会长成成年的个体。有些生物例如鳄鱼、树等终生都在生长，而另一些生物例如人类、蝴蝶等到了成年期后就不再生长了。另外，受激素的作用，在生命的不同时期，生物生长的速度也不同。对于人来说，在儿童时期的前两年生长得很快，3～10岁生长平缓而稳定，而到了青春期便是生长的第二个高峰，直到18岁为止。其间身体生长迅速，性器官也发育成熟。

变态

某些动物生长过程中体形的急剧改变

有些动物年幼时长得跟亲代不同，叫作幼体或幼虫。幼体成长中发生急剧的变化，这个过程称为变态，例如四只脚的青蛙由蝌蚪变成。很多海滨动物和昆虫都进行变态，因为幼虫和成虫吃不同的食物，或者生活在不同的环境，所以需要不同的身体结构。

菜粉蝶由蛹到成虫的变态

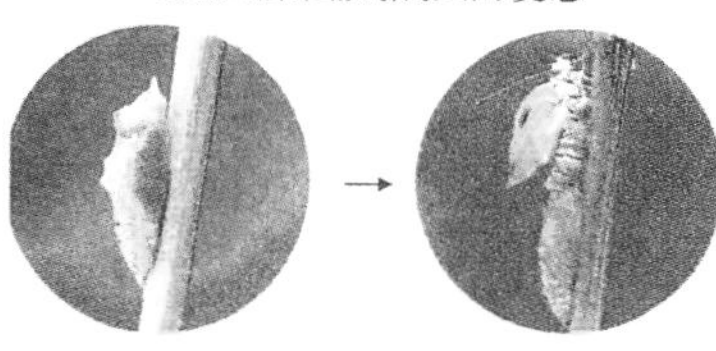

双胞胎的形成

排卵时，从卵巢中同时排出两个卵子（每个卵巢各排出一个），那么有可能两个卵子同时受精，孕妇就怀了双胞胎。当每个胎儿都各自有独立的胎盘和胎膜时，他们有可能性别不同。单卵双胞胎则是卵子受精后在发育早期自行分解成相同的两半，这种情况下两个胎儿共用一个胎盘，那么双胞胎的性别肯定是相同的。

双胞胎

• DIY 实验室 •

实验：记录牵牛花的生长过程

牵牛花是旋花科植物，它会在夏天清晨开出清新宜人的花。在以下的实验中，通过培育牵牛花，详细地记录下它由发芽、开花到结子的整个生长过程。

准备材料：牵牛花种子若干、花盆、土壤、肥料、水壶、米尺、细木杆、记录单等。

实验步骤：

1. 在记录单上画出表格，分日期、生长记录、培育记录三栏。实验开始后每天作记录。
2. 播种前把牵牛花种子的表皮磨破，在水里浸泡一整晚。
3. 把种子播在花盆的土壤里，深度 1～2 厘米。
4. 大约 7 天后，种子发芽破土。观察芽的形状，并每天测量芽的高度，并作记录。
5. 大约 10 天后，牵牛花长出双子叶。不久后，长出本叶的芽。1 个月后，长出 4～6 片本叶。
6. 长了 10 片左右的本叶之后，缠绕茎开始寻找可依附的东西，要及时插上细木杆。
7. 大约过了两个半月后，叶的根部长出了花芽，开始打苞，第二天长出花蕾。
8. 观察开花的过程，大约需要 2 小时，一般在凌晨 3 点左右开花。白天花开始凋谢。
9. 花开过后，花的根部的子房长成果实，成熟后变成褐色。果实里含有种子，把种子晒干后保存好。

• 智慧方舟 •

填空：

1. 生物界最简单的繁殖方式是 ________。
2. 生物的雄性和雌性生殖细胞分别叫作 ______ 和 ______。
3. 爬行类、鸟类和哺乳类动物的受精方式是 ________。
4. 受精卵在母体子宫内发育的繁殖方式叫作 ________。
5. 从受孕到出生的这一段时间叫作 ________。

判断：

1. 一群相互之间、两代之间完全相同的生物叫作无性繁殖系。（　）
2. 体外受精因为产生卵子的数量多，所以比较优越。（　）

遗传与遗传学

·探索与思考·

观察狗的毛色

1.准备好笔和记录单。

2.找来几只同母的小狗，并把母狗一起带来。

3.仔细观察母狗的颜色，尽可能地记录它的毛色、花纹。

4.再分别观察几只小狗，并记录它们的毛色和花纹。

5.通过观察，推测一下公狗大约长的是什么样子的。

想一想 小狗的毛色是由哪些因素决定的？

遗传使生物上一代的特征传递到下一代。

遗传是指生物体的某些特征从上一代传递到下一代的现象。牛会生出牛而不是绵羊，苹果的种子总是长出苹果树，这些都是遗传的结果。遗传不仅使不同种类的动物和植物之间有了明显的差异，而且使同一种类的动植物之间也会有较小的差异，从而造就了这个色彩斑斓的世界。遗传学是一门研究生物的特征如何从上一代传给下一代的科学。

染色体

由DNA和蛋白质构成的遗传物质

染色体是细胞内部的一种结构，主要由链状的脱氧核糖核酸（DNA）和蛋白质构成，是一些微小丝状物，容易被碱性染料着色。亲代的特征主要就是通过染色体遗传给子代的。染色体携带了决定细胞给整个生物体发育所必需的全部信息。一个细胞内有许多染色体，这些染色体以成对形式排列，由雄性的一个染色体和雌性的一个染色体组合成对。不同的动物和植物的染色体数量也不相同。例如人类的染色体有46个，排列成23对，其中22对是常染色体，有一对是决定性别的染色体。

单倍体和二倍体

细胞内含有一套染色体细胞或两套染色体的生物

同一个物种的细胞具有相同数目的染色体，这些染色体都成双成对地结合在一起。例如水稻的细胞中都有24条染色体，每种染色体为2条，配成12对。把12种形状的12条染色体看作是完整的一套，水稻细胞中就有两套染色体。在生物学中，把具有两套染色体的细胞及由这种细胞组成的生物称为二倍体，而只有一套的，则叫作单倍体。

基因

生物遗传物质的最小功能单位

基因是一种连串排列在染色体上的遗传物质，每个基因都携带着生物某一特征的信息。各种各样的基因在染色体上都有各自特定的位置。每个基因由不同排列顺序的许多核苷酸组成。基因控制蛋白质的制造过程，不同的基因只对不同的蛋白质起作用。

细胞核中的染色体

性状遗传

生物体的特征在子代中的延续

每个生物体的性状都取决于它所携带的基因。在有性繁殖生物中，每个生物个体都是两性细胞结合的产物，在结合过程中，性细胞提供各自的基因。其结果是产生出一个组合体，该组合体在很大程度或很小程度上显示出前辈的特征。

显性基因与隐性基因

控制显性性状与隐性性状的基因

生物体的每一个性状都是由从它的亲代那里获得的两个基因决定的，这些基因中有些是显性的，有些是隐性的。显性基因是指那些生物体内只要有它存在就总是呈现出它所控制的性状的基因。隐性基因是指当与显性基因同时存在时，其性状会被掩盖的基因。只有当生物体内没有相应的显性基因时，隐性基因控制的性状才会表现出来。

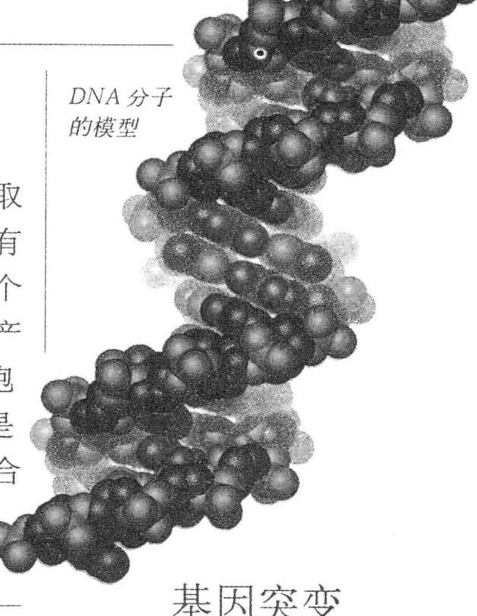

DNA 分子的模型

基因突变

基因组合的突然改变

染色体上的基因结构或基因组合的突然改变称为突变。突变的结果可能造成植物和动物外观与行为等方面的改变。生物体内的任何一个细胞都可能发生突变，其中以发生在生殖细胞上的突变影响最大，因为其所造成的突变物质会延续到下一代。大部分的突变都是有害的，会造成植物或动物在发育初期死亡。但是有些突变是有利的，而且会代代相传。这就是生物发生进化的一种方式。经过突变的植物或动物个体，称为突变体。

DNA

载有遗传信息的物质

DNA 是脱氧核糖核酸的简称，是构成染色体及基因的分子。DNA存在于细胞中，是组成传递遗传信息及制造生长及发育所需物质的遗传密码。遗传信息是以由四种不同的RNA 分子所组成的密码传递的，其原理有如由英文字母组成英文字一般，可以产生许多不同的排列组合。

DNA 结构

双螺旋结构

DNA分子由两条平行的链组成，两条链互相绕成螺旋状，称为双螺旋。每条链都由称为脱氧核糖的糖分子与磷酸基交替连接而成。每个脱氧核糖分子又与称为核苷酸的分子相连。两条链是核苷酸基之间的化学键联结扭合的。核苷酸基共有四种：腺嘌呤、胞嘧啶、鸟嘌呤、胸腺嘧啶。从DNA 分子的图解可见，核苷酸基只能以特定方式连结：腺嘌呤只与胸腺嘧啶接合，而胞嘧啶则只与鸟嘌呤接合。

核苷酸基

DNA 的双螺旋结构

基因突变

倒置突变

染色体

中间的部分掉落并转向再接回原来位置上

中间的部分掉离并遗失了

新的染色体

切口的两端接合

缺失突变

DNA的复制

DNA分子在酶的作用下由一个变成两个

DNA是非常特别的分子，它们能制造跟自己一模一样的分子。当细胞发出信号叫DNA自我复制时，酶把DNA的两条链展开，拆断核苷酸基之间的键。细胞核内有游离的核苷酸基漂浮，链上的核苷酸基没有键连接后，吸引游离的核苷酸基，在酶的作用下，形成两条新的双链。

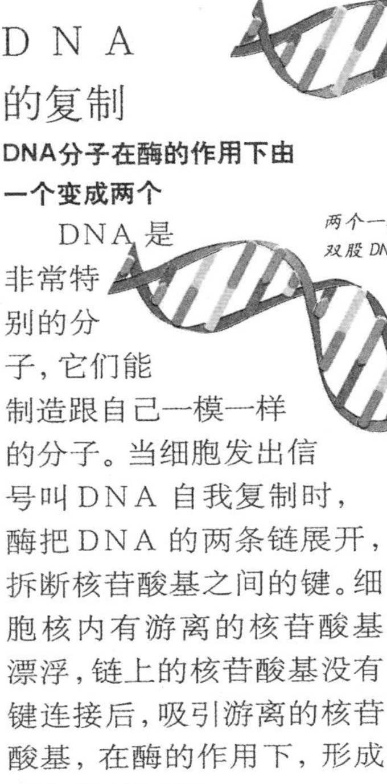

DNA分子的结构和自我复制的过程

DNA自我复制时，首先会把盘绕的两条链展开，连接两条链上的核苷酸基的键断开，然后，有糖和磷酸基分子连接的单个核苷酸基与链分离的部分接合，形成两条和原来一模一样的新链。

性别的决定因素

细胞中的染色体决定性别

生物都有雌雄两性，决定性别的关键条件是生物的性染色体。以家兔为例，它的细胞中共有22对染色体，其中一对为性染色体。如果兔细胞里的一对性染色体都是XX染色体时，就是雌性；如果是XY染色体时，则是雄兔。人的性别决定与兔的情况一样。不过家禽的性别决定与家兔和人的正好相反，性染色体为XX时是雄性，性染色体为XY时的雌性。

RNA

将DNA上的遗传信息送到细胞质中的物质

核糖核酸简称为RNA，包括三类：核蛋白体核糖核酸、转运核糖核酸和信使核糖核酸。核蛋白体糖核酸参与蛋白质的合成过程，其分子为螺旋结构。转运核糖核酸是核糖核酸RNA中分子最小的一种，其作用是转运某一特定的氨基酸分子到信使核糖核酸分子上。信使核糖核酸的作用是从核内脱氧核糖核酸DNA分子上转录出遗传信息，起到信使的作用。信使RNA分子中核苷酸的排列顺序，由DNA所决定。

遗传学定律

生物遗传中普遍遵循的规律

分离规律、独立分配规律和连锁遗传是遗传学的三大基本规律。分离规律是遗传学中一个最基本的规律。它阐明了控制生物性状的遗传物质是以自成单位的基因存在的。独立分配规律在分离规律基础上，进一步揭示了多对基因间自由组合的关系，解释了不同基因的独立分配是自然界生物发生变异的重要来源之一。所谓连锁遗传定律，是指原来为同一亲本所具有的遗传性状，在子代中常常有连在一起遗传的倾向。

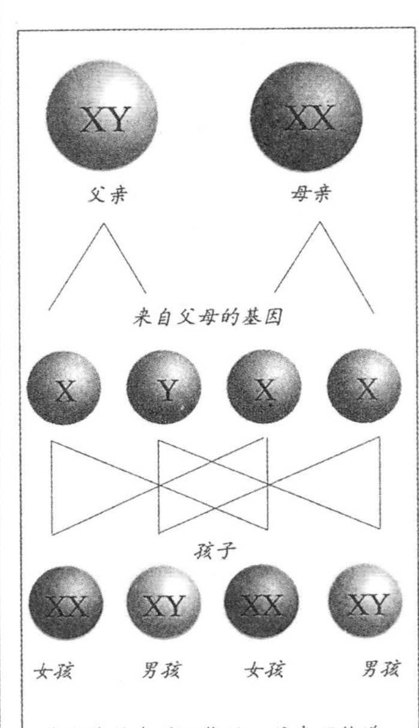

染色体结合的可能性：父亲可传递一条X染色体或是一条Y染色体，母亲只能传递一条X染色体。

返祖现象

祖先的某些性状在后代中的遗传

在很多地方曾发现过全身都长着毛的孩子，人们称之为“毛孩”。毛孩除身体多毛外，其他性状和正常人相同。由于人是由全身长毛的哺乳动物祖先进化而来的，所以把这种现象称为返祖现象。返祖现象是祖先的某些性状隔了若干代之后，又在后代中出现的遗传现象。由于控制与祖先相似性状的基因在物种形成的历史时期里已经分开，在父母双方体内同时出现的几率相当低，因此返祖现象只是偶然的。

白化病遗传图解

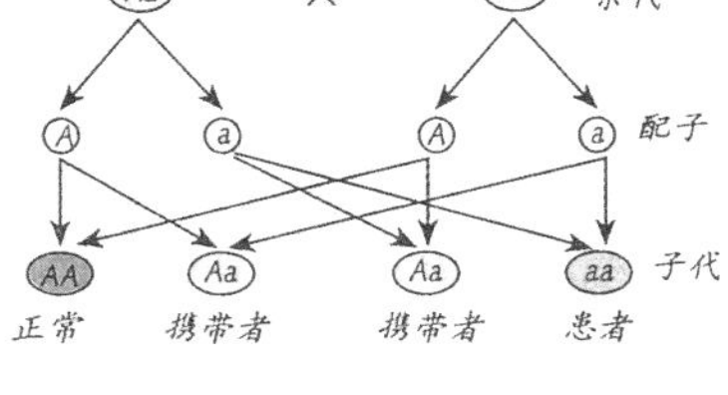

遗传病

由基因或染色体突变引起的具有遗传性的病

遗传病是指遗传物质发生改变所引起的疾病。遗传病通常有下述特点：一是必须是遗传物质的改变，即基因的突变或染色体的畸变。二是具有遗传性。患者携带的致病基因将会通过后代的繁衍而继续遗传下去。遗传性一般表现出垂直传递，即由上代传至下代。有时表面上后代未见上代的特征，但从基因水平看确实已经传递，而且再往下代就有可能会表现出来。

血友病

由X染色体上的基因缺陷引起的一种遗传病

血友病为遗传性凝血功能障碍引发的出血性疾病，包括血友病A、血友病B和血友病C，以血友病A最多，血友病C较少。各型血友病可单独出现，也可同时存在。血友病人最主要的表现是出血，其特点是：出血部位广泛且严重，且不易止血，出血常持续数小时甚至数周；终身有轻微损伤和手术后长时间出血；常有自发性关节积血，并反复发生而引起血友病性关节炎。

白化病

主要由隐性基因控制的遗传病

白化病又称先天性色素缺乏病，可分全身性白化病和局部性白化病两种，以前者最为常见。白化病患者皮肤呈白色，毛发银白或淡黄色，视网膜无色素，眼睛怕光。白化病主要由隐性基因控制，可分为X伴性隐性或常染色体隐性遗传两种类型，其中，全身性白化病属常染色体隐性遗传方式。

克隆

生物无性繁殖的一种方式

克隆是英文clone的音译，简单讲就是一种人工诱导的无性繁殖方式。但克隆与普通的无性繁殖不同。因为绵羊和猴子等动物没有人工操作不能进行无性繁殖。科学家把用人工遗传操作动物繁殖的过程叫克隆，这门生物技术叫克隆技术。“多莉”是1996年在英国诞生的第一只克隆羊。多莉的基因结构与供体完全相同，它的诞生在世界上引起了很大的反响。克隆羊的培育过程主要分四步：一是将一个绵羊卵细胞中的遗传物质吸出去，使其变成空壳；二是从另一只的母羊身上取出一个乳腺细胞，将其中的遗传物质注入卵细胞空壳内。三是在实验室里让这个卵细胞发育成胚胎；四是将胚胎植入第三只母羊体内，由它产下“多莉”。

克隆羊“多莉”

基因工程

利用基因技术创造新物种的技术

基因工程就是科学家利用基因重组和拼接的方法创造新物种的技术。具体做法是，将一种生物的遗传基因用人工的方法取出来，再转接到另一种生物的细胞里，从而培育出自然界中不可能自然产生的新物种。例如把生长在海洋里的植物基因移植到水稻的细胞里，就培育出一种新的水稻品种，这种水稻具有极强的抗盐本领。

基因工程培育出的西红柿新品种

细胞工程

改变细胞遗传物质或获得细胞产品的技术

细胞工程是指应用细胞生物学和分子生物学的原理和方法，通过某种工程学手段，在细胞整体水平或细胞器水平上，按照人们的意愿来改变细胞内的遗传物质或获得细胞产品的一门综合科学技术。根据细胞类型的不同，可以把细胞工程分为植物细胞工程和动物细胞工程两大类。植物细胞工程通常采用的技术手段有植物组织培养和植物体细胞杂交等。动物细胞工程中最具代表性的三项技术是动物细胞培养、动物细胞融合和单克隆抗体。

生物酶工程

用基因工程手段合成新酶的技术

生物酶工程是以酶学和DNA重组技术为主的现代分子生物学技术相结合的产物。生物酶工程主要包括三个方面：一是用DNA重组技术(即基因工程技术)大量地生产酶(克隆酶)；二是对酶基因进行修饰，产生遗传修饰酶(突变酶)；三是设计新的酶基因，合成自然界没有的、性能稳定、催化效率更高的新酶。酶基因的克隆和表达技术的应用，使人们有可能克隆各种天然的蛋白基因或酶基因。

生物酶工程

蛋白质工程

利用基因工程手段合成新蛋白质的技术

蛋白质工程是根据蛋白质的精细结构与功能之间的关系，利用基因工程的手段，定向地改造天然的蛋白质，甚至创造新的、自然界本不存在的、具有优良特性的蛋白质分子。因此，它的产品不再是通过漫长进化过程形成的天然蛋白质，而是经过改造的蛋白质。

基因疗法

利用基因技术治疗疾病的方法

通过向细胞基因组置换损坏了的基因或引入正常的基因从而治疗疾病的方法，叫作基因治疗法。这种疗法不会损伤正常的组织，引入的健康基因可以在细胞里永远工作下去，这是一种一劳永逸的方法。就目前来说，基因疗法技术还不是很成熟，有不少因素影响了基因疗法的效果，如基因疗法自然生命短，机体免疫系统反应强烈等。

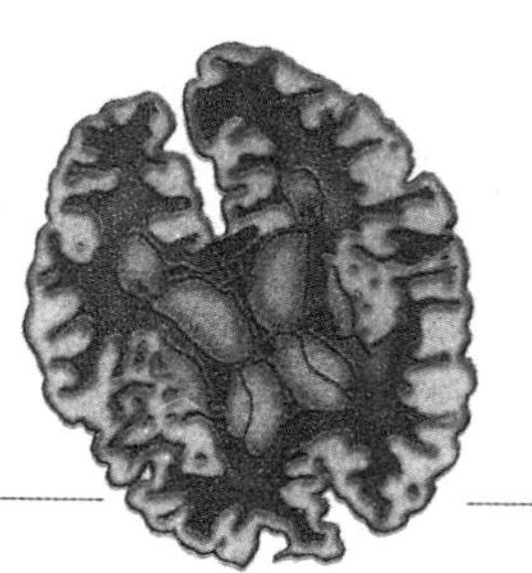

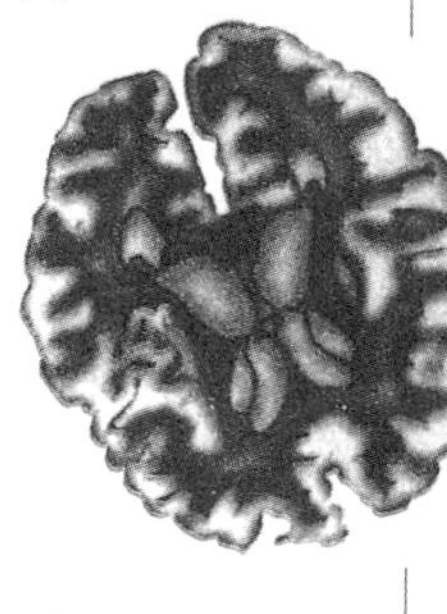

基因疗法中的染色体分析

人类基因组计划

以测定人体基因功能为目的的一项国际计划

大多数人体细胞包含着大约9万对基因，这些基因排列在46个染色体上。这些基因信息总体被称为基因组。人类基因组计划是一项国际计划，这项计划开始于1990年，其目的是绘制出基因组中的基底序列图谱，测定每个基因的功能。

孟德尔

格雷戈尔·约翰纳·孟德尔（Gregor Johann Mendel，1822～1884），奥地利业余植物学家，现代遗传学之父。孟德尔自小喜欢植物，工作后他利用业余时间在植物园中进行植物杂交实验。1865年，孟德尔根据7对豌豆不同性状的杂交实验，总结出遗传因子的概念以及在生殖细胞成熟中同对因子分离、异对因子自由组合两条遗传规律，也就是人们称为的孟德尔因子和孟德尔定律。孟德尔著有论文《植物杂交试验》，但当时人们未能认识到它的价值，直到去世后，其研究成果才得到世人的肯定。

· DIY 实验室 ·

实验：从动物组织中提取 DNA

生物体内DNA的提取有多种方法，我们可以通过下面的试验来提取动物组织中的DNA。

准备材料： 12杯生鸡肝、洗碗用的洗洁精、嫩肉粉、医用酒精、电动搅拌器、滤网、玻璃量杯、玻璃水杯、带盖小瓶、茶勺或5毫升的小勺、一段裸铜丝、记录单等。

实验步骤：

1. 将12杯新鲜的鸡肝放进电动搅拌器里。向搅拌器加入14杯水，然后开动搅拌器，直到鸡肝变成黏稠的粥状。
2. 把搅拌好的鸡肝溶液用滤网过滤到玻璃量杯里。
3. 目测出过滤后得到的鸡肝溶液的体积；然后向量杯里加入溶液体积三分之一那么多的洗洁精。用茶勺轻轻地搅拌混合。
4. 向量杯里加入1茶勺嫩肉粉，然后轻轻地搅拌7分钟左右。注意搅拌速度不要太快，以避免破坏溶液里脆弱的DNA结构。
5. 向玻璃水杯里倒一点搅拌好的鸡肝溶液。
6. 让水杯稍稍倾斜，然后慢慢地把医用酒精沿着水杯的内壁倒进水杯里，直到酒精的体积与鸡肝溶液的体积基本相同。大约30秒以后，观察溶液的变化。大约1分钟以后，鸡肝溶液里开始出现了很多纤维状的物质。这些就是你从鸡肝溶液里分离出来的DNA。把它卷在裸铜丝上小心地取出来。

原理说明： 把鸡肝搅碎的过程会破坏细胞壁与细胞的其他组织，能使被释放出来的DNA漂浮在蛋白质与脂肪分子的混合溶液里。洗洁精会吸收脂肪分子，把它们与蛋白质分离开来。

· 智慧方舟 ·

填空：

1. 亲代的特征主要就是通过________遗传给子代的。
2. 染色体是一些微小丝状物，主要由链状的________和________构成。
3. 生物遗传物质的最小功能单位是________。
4. 遗传学的三大基本规律是________、________和________。
5. 向细胞基因组引入正常的基因的疗法叫作________。

—生态学—

生态学

· 探索与思考 ·

观察风景图片上的生态

1. 准备好风景图片数张、白纸、放大镜、彩笔、记录单。

2. 把风景图片贴到白纸上，周围留出一些空白，便于写字。

3. 仔细辨认每张图片中的生物，用彩笔从每种生物上拉出一条线，把它们的名字写在空白处。

4. 用另一种彩笔在每种非生物体上拉出一条线，把它们的名字也写在空白处。

5. 数一数生物体和非生物体的种类，用第三种彩笔给相互有联系的生物体和非生物体连线。

想一想 图片中的生物是如何依赖其周围的环境的？

生态学是一门研究生物体与环境相互作用的科学。其中环境指物理环境和生物环境的结合。生态学的研究有四个方向：研究生物个体对环境的反应；研究单个物种的种群对环境的反应；研究群落的组成和结构；研究生态系统内的各种过程。简而言之，生态学研究生物体之间的关系、生物体对环境的依赖以及环境对生物体的控制。

草原上的生态

生物圈

地球上构成生物界的圈层

地球上存在生命的圈层叫作生物圈，它的范围是地表上下25～34千米内的区域，包括大气圈的下层、岩石圈的上层、整个土壤圈和水圈。但是，大部分生物都集中在地表以上100米到水下100米的大气圈、水圈、岩石圈、土壤圈等圈层的交界处，这里是生物圈的核心。人类的生存和发展离不开整个生物圈的繁荣。因此，人类必须保护生物圈。

生态系统

生物之间及生物与环境之间相互作用形成的平衡体

为了生存和繁衍，每一种生物都要从周围的环境中获取空气、水分、阳光、热量和营养物质；在生物生长、繁育和活动的过程中又不断地向周围的环境释放和排泄各种物质，死亡后的残体也复归环境。同时，它们也和周围其他的生物密切联系、相互作用。经过长期的自然演化，每个区域的生物和环境之间、生物与生物之间，都形成了一种相对稳定的结构，具有相应的功能，这就是人们常说的生态系统。生态系统是生命系统和环境系统在特定空间的组合，其特征是系统内部以及系统与系统外部之间存在着能量的流动和由此推动的物质循环。例如，森林、草原、河流、湖泊、山脉或其一部分都是生态系统；农田、水库、城市则是人工生态系统。生态系统具有等级结构，即较小的生态系统组成较大的生态系统，简单的生态系统组成复杂的生态系统，最大的生态系统是生物圈。

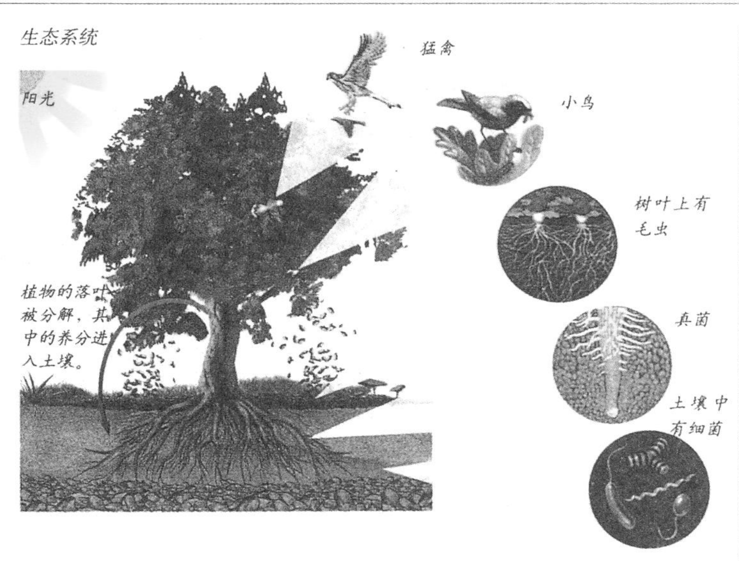

非洲草原上的长颈鹿群

生物种群

同种生物个体的组合

生物种群指在特定空间中能相互进行交配的同种生物个体的组合。例如，某池塘的鲤鱼种群，某森林的红松种群，某城市的人口等。种群的基本特征是：具有一定分布区域，具有一定基因组成，具有数量动态特征。生态学家认为，种群是生物群落的基本组成单位。

小生境与生境

某一生物与某一群生物在自然界中的活动区域

任何生物都要占有一定的生存场所作为栖息地，小生境又称小栖息地，指某一生物生活或居住的微小范围的环境，包括它住在哪儿，吸收或吃些什么，它的行为特点以及它与其他生物的关系等。生境指一群生物在自然界中的居住地，包括光照、温度、水分等非生物和食物、天敌等生物，有时也被称为某个物种的栖息地，它由若干个小生境组成，例如，冰原就是一个生境。

北极的冰原是海豹的生境。

大熊猫因栖息地的减少而濒临灭绝。

生物与环境

生物圈中相互影响的两部分

任何生境中都有多种多样的生物。每种生物都离不开它们的生活环境，同时，又能适应、影响和改变环境。例如，温度和雨量会对栖息在陆地上的生物造成重大的影响；在树木繁茂的森林里，雨水会被树木根部吸收，而不会很快流失。

活动圈

动物活动的空间

动物除了觅食，还要有喝水和躲藏的地方，这些或大或小的活动范围，叫作活动圈。每种动物都在自己的活动圈中活动，但许多动物的活动圈中还包含着其他动物的活动圈。大多动物的活动圈会受到季节和食物等因素的影响，正因为如此，它们必须到处迁徙。

老虎的活动圈

势力范围

活动圈中不许其他同种侵入的界限

动物在各自的活动圈中，通常都会划定不许其他同种个体侵入的界限，叫作势力范围。狐狸、狮子等，都有自己的势力范围。有些平时不划定势力范围的动物到了繁殖期因雄性互相争夺雌性也会形成势力范围，此外，在养育后代时，雌性为了保护后代，也会划定势力范围。势力范围并不是越大越好，雄雌动物在不太大的活动圈内才有更多相遇的机会，才能更顺利地繁衍后代。

斑马不同的斑纹表示不同的种群。

生物种群的沟通

种群之间通过某种方式传递信息

生物界中有各种不同的动物，它们彼此之间需要区别是否是天敌、食物或同类，也需要通过某种方式把自己的意思传达给对方。有些动物通过自己的粪、尿来划定自己的势力范围，比如狗；有些动物能够使用不同的声音或形体动作来表达不同的意思，比如狼；还有的能通过身体的颜色和斑纹来表示不同的种群，比如斑马。

生物群落

生态系统中所有生物的集合体

生物群落是由多种植物、动物、微生物共同组成的特定地理景观下生态系统的生命部分。生物群落中全部植物的总体称为植物群落，全部动物的总体称为动物群落。群落是许多种群的集合体，一个生物群落中通常包括生产者、消费者和分解者等有机体类群。地球上有多种多样的生物群落。任何生物群落都有一定的结构。

生物之间的相互作用

竞争、掠食和共生

在一个生物的小生境中，除了包括它们如何觅食、生存、繁衍之外，还包括它们如何与其他生物相互作用。这种相互作用有三种方式：竞争、掠食和共生。生物之间的相互作用对于整个生物界的生存和发展极为重要，它不仅影响每个生物的生存，而且还把各个生物连接为复杂的生命之网，决定着群落和生态系统的稳定性。同时，生物在相互作用、相互制约中产生了协同进化。

一只小岛上的生物群落

竞争

生物之间争夺生存资料

一个生态系统不能满足在一个特定栖息地上的所有生物的需要，这里的食物、水和居住地是有限的，当两个物种利用同一短缺资源时就会发生竞争，竞争的结果是一个物种战胜另一物种，甚至导致一个物种完全被排除。

鸟儿的“招待所”

南美杜鹃鸟在筑巢时常常是群鸟聚集在一起盖“招待所”——构筑又大又深的鸟窝，供鸟群在同一屋檐下共享劳动成果。尔后，雌鸟各自下蛋，当大鸟窝里布满了蛋之后，便有好几只鸟同时承担孵化任务。“招待所”里的所有房客都必须轮流承担这项工作，即使是雄鸟也不例外。

杜鹃鸟的蛋

一只老虎正在掠夺被豹猎杀的梅花鹿。

掠食

一种生物捕食另一种生物

一种生物杀死并吃掉另一种生物的现象，叫作掠食。能捕食其他生物的称为掠食者，被捕食的生物称为被掠食者，掠食者具有帮助其杀死被掠食者的能力，如猎豹能快速奔跑；被掠食者也有躲避天敌的适应性，比如变色龙能通过保护色来躲避天敌。掠食行为对生物种群数量的变化具有重要的影响。

熊在河边捕鱼。

共生

不同物种之间的合伙关系

共生是两个物种之间的亲密关系，其中至少有一个物种能从中受益。共生有三种形式：互惠共生、互栖和寄生。例如，寄居蟹和海葵之间是互惠共生，海葵从寄居蟹那里得到残余的食物，寄居蟹因为海葵的保护而不受掠食者侵扰；红尾鹰和仙人掌之间是共栖，前者受惠于后者；绦虫和狗之间是寄生，绦虫寄生于狗的体内。

· DIY 实验室 ·

实验：观察小生态环境

3 号瓶

准备材料：活螺蛳、水草、小鱼、三只带塞子的广口瓶、凡士林、池水、记录单等。

实验步骤：

1. 给三只广口瓶编号 1、2、3。
2. 在 1 号瓶内放两棵粗壮的水草；在 2 号瓶内放两只健壮的活螺蛳和小鱼；在 3 号瓶内放几棵粗壮的水草、几只健壮的螺蛳和几条小鱼。
3. 向三只广口瓶内灌池水，直至离瓶口 2 厘米处，塞紧橡皮塞，并涂上凡士林，以防漏气。
4. 把装置好的三只广口瓶，放到阳光充足的向阳窗台上，但不要直射曝晒。
5. 每天定时观察一次，并记录三只瓶中水草的生活状况和颜色变化，螺蛳和小鱼活动的情况。3 号瓶中两种生物生存的时间最长；1 号瓶中水草逐渐变黄，最后枯死；2 号瓶螺蛳也逐渐减少活动，直至死亡。

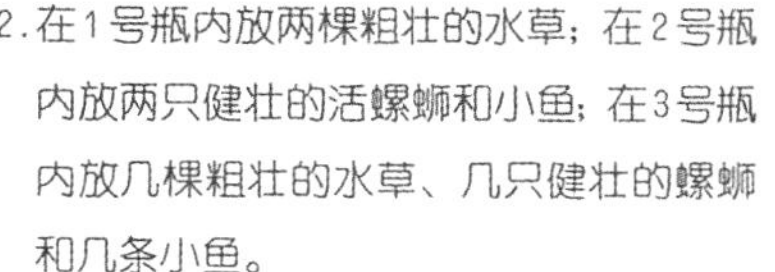

原理说明：在 1 号和 2 号瓶中，仅有的生活条件——氧气、二氧化碳消耗完后，生物就不能生存。而 3 号瓶中生产者水草和消费者螺蛳，它们的生活条件可以互补一段时间，水草为螺蛳提供氧气，螺蛳为水草提供二氧化碳，因此生命延长了。

· 智慧方舟 ·

填空：

1. 生态学是一门研究________与________的关系科学。
2. 地球上存在生命的圈层叫作________________。
3. 动物的活动圈中不许其他同种侵入的界限叫作________。
4. 生物之间的相互作用有三种方式：________、________、________。
5. 生物群落逐渐形成稳定结构的变化过程叫作____________。

判断：

1. 某一群生物在自然界中的活动区域叫作小生境。（ ）
2. 生态学家认为种群是生物群落的基本组成单位。（ ）
3. 一个老虎的活动圈中还包含着其他老虎的活动圈。（ ）
4. 生物种群的沟通是指不同种群之间的信息传递。（ ）
5. 共生是指不同物种之间的互利互惠的合伙关系。（ ）

生态系统的能量流与物质循环

·探索与思考·

午餐从哪里来？

1. 准备好笔、记录单。

2. 吃午饭时，仔细观察你所吃的食物。在记录单上列举出每一种食物，观察它的原料是哪些植物、动物或其他生物，写下它们的名称。

3. 数一数，一顿午餐中共有多少种生物、植物和动物分别有多少种。

想一想 食物中的这些生物都从哪里来？人类从哪类生物中能获得更多的能量？

生态系统中，所有生命活动的能量来源都是太阳光能。太阳光能通过绿色植物的光合作用进入生态系统，并以化学能的形式沿食物逐级转移，并最终转化为热能散失到环境中去。这种能量流动是单向的。同时，各种无机物质被生产者吸收，以有机分子的形式沿食物链逐级传递。生物体死亡以后经过分解者分解，又成为简单的无机物质，可以重新被生物所利用。这种物质流是循环的。其中，能量流依附于物质流，通过食物链来传递。

能量角色

生产者、消费者和分解者

一个生态系统中的许多相互作用都涉及捕食，通过研究不同生物的捕食模式，可以了解能量的流动。在能量流动中，每一种生物都扮演着自己的角色，能量角色共有三种：生产者、消费者、分解者。一个生物处于什么能量角色是由它如何获得能量及与其他生物相互作用所决定的。

牧场上的能量角色

生产者

把太阳的能量输入生态系统的生物

森林里的生产者

生产者包括所有绿色植物、蓝绿藻和少数细菌等自养生物。这些自养生物能将无机物（主要是水和二氧化碳）合成有机物，并把太阳辐射能转化为储存在这些有机物中的化学能。它们为生态系统中的消费者和分解者提供营养物质和能量，因而被称为生产者。生产者是生态系统中最基本和最关键的生物成分。

消费者

以其他生物为食的生物

生态系统中，除了生产者以外，其他成员都不能自己制造食物，它们必须靠生产者来获得食物和能量，这些以其他生物为食的生物就是消费者。根据所吃的食物，消费者可分为食草动物、食肉动物、杂食动物和食腐动物；根据直接或间接依靠生产者的关系，它们又可分为初级消费者、次级消费者、三级消费者等。

森林里的消费者

分解者

能把无生命的有机物转化成无机物以便生产者再利用的生物

生态系统中能分解废弃物、生物尸体，并使组成生物的原材料重新回归环境的生物叫作分解者。分解者主要指细菌和真菌，还包括其他以动植物残体和腐殖质为食的各种动物，如食枯木、粪便和腐烂物质的甲虫、白蚁、蚯蚓等。它们的基本功能是把动植物的残体分解为比较简单的化合物，最终分解为最简单的无机物，并把它们释放到环境中去，然后被生产者重新吸收利用。

能量金字塔

表示能量在不同能量角色之间传递的图解

能量金字塔又称食物金字塔、营养级金字塔。食物链上的每一个环节，叫营养级。根据各个营养级的层次和能量传递的规律，把生态系统中的各个营养级的能量数值绘制成一个塔，塔基为生产者，向上依次为较少的初级消费者（食草动物）、次级消费者（一级食肉动物）、三级消费者（二级食肉动物），塔顶是数量最少的顶级消费者。能量金字塔能形象地说明生态系统中能量传递的规律。

食物链

将不同物种联系起来的食物路径

生态系统中各种动植物和微生物由于食物的关系所形成的一种联系，叫作食物链，也叫营养链。如老鹰吃麻雀，麻雀吃小麦（小麦→麻雀→鹰），形成一条食物链。在自然界里，一个食物链至少有三个环节，但一般不超过五个环节。三个环节的食物链，如草→羚羊→狮子；四个环节的食物链，如小虫→鼠→蛇→鹰；五个环节的食物链，如菊花→蝴蝶→青蛙→蛇→鹰。

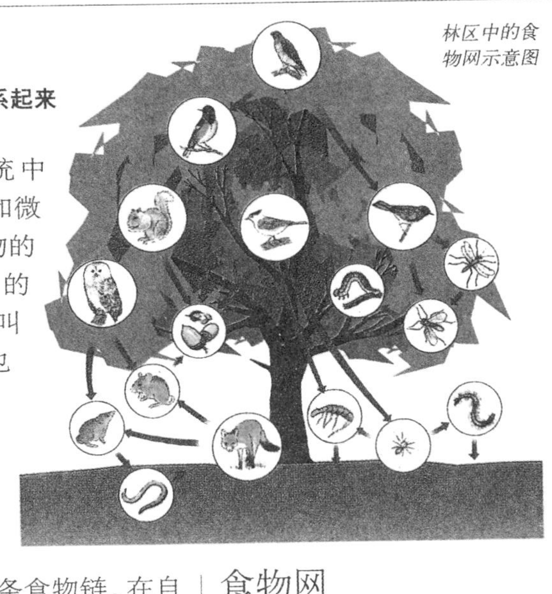

林区中的食物网示意图

能量金字塔

三级消费者（1千焦）

次级消费者（10千焦）

初级消费者（100千焦）

生产者（1000千焦）

能量金字塔中，只有10%的能量能从下层转移到上层。

食物网

多种食物链的组合

在一个生态系统中，生物之间食物上的相互关系，并不是一个简单的孤立的直线关系，而是存在着错综复杂的联系。各种食物链相互交错，相互联结，形成网状结构，称为食物网。食物网是生态系统中普遍而又复杂的现象。能量的流动，物质的迁移、转化，就是通过食物链或食物网进行的，它们不仅维持着一个生态系统的平衡，而且推动着生物的进化。食物链上的各种生物相互影响，相互制约，一环扣一环，如果某一环节发生故障，链条就失去整体性，生态系统就会发生紊乱。

物质循环

无机物在生态系统中的循环

组成生物体的氧、碳、磷、氮或其他无机物首先被植物从空气、水、土壤中吸收利用，然后以有机物的形式从一个营养级传递到下一个营养级。当动植物有机体死亡后被分解者生物分解时，它们又以无机形式的矿质元素归还到环境中，再次被植物重新吸收利用。这样，矿质养分不同于能量的单向流动，而是在生态系统内一次又一次地循环，这就是生态系统的物质循环。

水循环

降水与地表蒸发作用的往复运动

在生态系统中，当大气中的水分以降水的形式落到地面后被吸收又被蒸发，并再次降雨落回地面的循环过程，叫作水循环。在整个循环过程中，植被对水的截取对整个生态环境尤为重要。降水偏多的季节，大量的植被可以减少地表径流量，避免洪涝灾害。而降水减少的季节，它又可以保持土壤的湿润。所以，必须保护好植被。

水循环

氧循环

氧元素在生态系统中的循环

在生态系统中，动植物的呼吸作用，以及地表物质腐败的氧化作用不断消耗着大气中的氧。与此同时，绿色植物的光合作用大量吸收着大气中的二氧化碳，并将释放出的氧气排入大气。氧元素的这一循环过程，叫作氧循环。

磷循环

磷元素在生态系统中的循环

磷是生命必不可少的元素，它直接参与细胞遗传信息的传递。地球上的磷大部分被固定在岩石中，经过各种变化被植物利用。动植物死后体内的磷又通过生态系统回归岩石圈。大部分磷沉积在海底，会被其他生物再次利用，或被带回陆地。磷元素的这一循环过程，叫作磷循环。

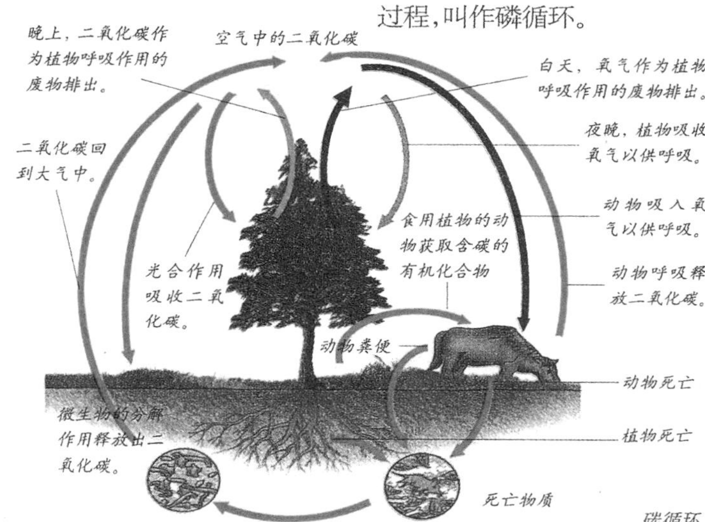

碳循环

碳循环

碳元素在生态系统中的循环

在生态系统中，碳是一切有机物的基本成分。绿色植物通过光合作用把大气中的二氧化碳和从土壤吸收来的水合成有机物，同时放出氧气，自然界中的碳就被固定到植物体内，又顺着食物链转移到各种动物体内。动植物的呼吸和微生物的分解作用再释放出二氧化碳。碳元素的这一循环过程，叫作碳循环。

氮循环

氮元素在生态系统中的循环

氮以无机物的形式存在于自然界中，只有通过固氮作用才能被植物利用。植物从土壤中吸收氮，将其转化为氨基酸贮存在体内。动物以植物为食，植物中的氮就转移到动物体内。动物粪尿和动植物遗体，在土壤里经微生物分解产生的氨，经过植物或细菌的作用最终返回大气。氮元素的这一循环过程，叫作氮循环。

固氮

把氮气转化为氮化合物的过程

一般的高等植物不能直接吸收大气中的氮气，必须将它转化为简单的氮化合物才能吸收。使空气里的氮气转化为易被吸收的简单氮化合物的过程，叫作固氮。自然界中有些细菌和藻类可把空气中的氮变成氨，而作为自身生长所需要的养料，如豆科植物的根瘤菌具有这种固氮作用，它含有固氮酶，能使空气里的氮气转化为氮的化合物。除此以外，闪电也能使空气里的氮气转化为一氧化氮，这也是一种自然固氮。

埃尔顿

埃尔顿·查尔斯·萨瑟兰（Elton Charles Sutherland，1900～1991），英国动物学、种群生态学的奠基人。著有《动物生态学》、《动物生态与进化》等。他认为应对生物种群进行独立的研究。他的很多生态学研究成果，不仅有助于对生物进化问题的了解，也为解决病虫害防治、野生动物保护等许多实践问题提供了理论基础，为生态学的进一步发展做出了贡献。因此，在英国，埃尔顿赢得了"生态学之父"的美誉。

·DIY 实验室·

实验：模拟云的生成过程

水循环在生态系统中起着非常重要的作用，而云的形成是水循环里一个重要部分。通过下面的实验，可以模拟云的生成过程。

准备材料： 有盖的透明软塑料瓶、温度计、胶带、火柴、水、记录单等。

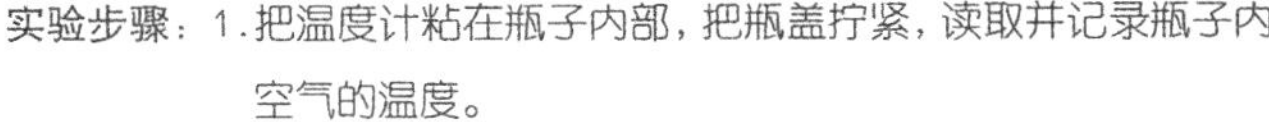

实验步骤：

1. 把温度计粘在瓶子内部，把瓶盖拧紧，读取并记录瓶子内空气的温度。
2. 用力挤压瓶子，约一分钟后，读取温度；停止挤压瓶子，过一分钟后读取温度，并记录结果。
3. 打开瓶盖，倒几滴水进去，把瓶盖拧紧。摇动瓶子，使瓶子内壁变湿，读取并记录瓶子内空气的温度。
4. 用力挤压瓶子，约一分钟后，读取温度；停止挤压瓶子，约一分钟后，读取温度，并记录结果。
5. 把瓶子平放，打开瓶盖，向下挤压到大约它原来的一半大小。
6. 点燃火柴，吹灭，趁火柴还冒烟时，把它放到瓶子里。停止压瓶子，让它回复原状，拧上盖子。
7. 像步骤2那样，使劲挤压瓶子一分钟，然后迅速让瓶子回复到挤前的形状。瓶中出现的便是形成的"云"。

原理说明： 在这个实验中，当挤压瓶子的时候，气压升高，气温也相应升高。热空气使瓶子里的水蒸发，变成看不到的水汽。当瓶子回复原状后，瓶子里的气压降低，气温相应降低。这使水分子凝结形成云。

·智慧方舟·

填空：

1. 在一个生态系统中，能量角色包括________、________和________。
2. 生产者能把太阳辐射能转化为____________储存在体内。
3. 根据所吃的食物，消费者可分为______、______、______、______和______。
4. 在生态系统中，将不同物种联系起来的食物路径叫作__________。
5. 在生态系统中，降水与地表蒸发作用的往复运动叫作__________。

地球上的生物群落

· 探索与思考 ·

观察仙人掌

1.准备好盆栽仙人掌、放大镜、剪刀、镊子、记录单。

2.用放大镜仔细观察仙人掌的形状、色泽和表面特征，并作记录。

3.用剪刀从仙人掌的顶上剪下一小片，观察它的内部结构，并作记录。

4.比较它内部和外部构造有哪些不同。

想一想 仙人掌的这些特征与它们的沙漠生活习性有什么联系？

因受地理位置、气候、地形、土壤等因素的影响，地球上的生物群落多种多样，包括陆地生物群落和水生生物群落两大类。陆地生物群落的划分以植被的分类为基础，其中呈大面积分布的地带性群落主要有以下几类：雨林、沙漠、草原、阔叶林、落叶林、针叶林、苔原、冰原、高山等。水生生物群落则可分为淡水生物群和海洋生物群落两类。

热带雨林中的物种非常丰富，上面是生活在其中的巨嘴鸟。

雨林生物群落

气候炎热，物种丰富

雨林包括热带雨林和温带雨林两种类型。热带雨林位于地球赤道附近的炎热地区，它的典型特征是森林结构复杂，终年炎热多雨，物种极其丰富。这里的动物不仅种类繁多，而且有很多躯体巨大、色彩鲜艳的种类。世界上最大的花、最大的蜥蜴、最大的甲虫等都可以在热带雨林地区找到。温带雨林的气候跟热带雨林有些相似，但要比热带雨林冷得多。

骆驼是沙漠群落中体形较大的动物，被称为“沙漠之舟”。

沙漠生物群落

气候极其干旱，生物密度较低

沙漠指地面完全被沙所覆盖、缺乏流水、气候干燥、植物稀少的地方。沙漠中年降水量少于250毫米，而水蒸发量远大于降水量。然而即便在如此恶劣的条件下，沙漠中仍有很多动植物，它们都适应了沙漠干旱的生存条件。如仙人掌的枝干有一些褶皱，能储存水分；骆驼的驼峰能储存脂肪，帮助它们度过干旱的季节。

草原生物群落

气候条件变化较大，物种不丰富

草原是内陆半干旱到半湿润气候条件的产物，地上生长着典型的草类植物，间或有耐旱的树木。草原地区的年降水量在250～750毫升之间，靠近赤道的草地长着许多灌木和小树，称为热带草原。中纬度地区的草地，草群较低，称为温带草原。草原是许多食草动物的栖息地。

常绿阔叶林生物群落

夏季湿润，冬季稍干，物种较为丰富

常绿阔叶林是由常绿阔叶树为主体构成的群落。常绿阔叶林地区的年降水量可达1500毫米。夏季炎热而湿润，冬季稍干寒，春秋温和，四季明显。林内动物种类较为丰富，主要的哺乳动物是猴类和鹿类，著名的猴类为金丝猴、日本猴，鹿类如白唇鹿、毛冠鹿、白尾鹿等。

落叶阔叶林生物群落

气候温暖湿润，物种较为丰富

落叶阔叶林是由落叶阔叶树为主体构成的群落。落叶阔叶林地区的降水量为500～700毫米。气候温暖湿润，四季明显，最冷时在0℃以下。生物群落中的动物各有其特色，哺乳动物有鹿、獾、棕熊、野猪、狐、松鼠等，鸟类有野鸡、莺等，还有各种各样的昆虫。

冬天的落叶阔叶林，松鼠在里面觅食。

冰原上的北极熊

针叶林生物群落

年温度变化较大，冬季寒冷，物种不丰富

针叶林是以松柏类针叶树为主的植物群落。群落结构简单，树冠整齐、层次分明，乔木有松、云杉、冷杉、铁杉和落叶松等。林下灌木、苔藓、地衣较多。代表动物有驼鹿、猞猁、紫貂、雪兔、狼獾、林莺、松鸡等，大部分有季节迁徙现象。

针叶林里的野生梅花鹿

苔原生物群落

全年气候严寒，物种不丰富

苔原地区的典型植被是苔类。那里没有乔木，其他植物长得也很矮小，动物主要有驯鹿、麝牛、北极兔、旅鼠、北极狐和狼等，还有一些鸟类。苔原主要分布在北纬60°以北，全年气候寒冷，是永久冻土带。最热月气温在0℃～10℃之间，全年都是冬季。年降水量都在250毫米以下，那里的土壤从几厘米以下终年冰结，因此，对植物的生长和分布有很大的影响。

冰原生物群落

终年冰雪，物种不丰富

南北极地区最普遍的是厚厚的冰盖覆盖下的冰原。在这些寒冷地区，海豹、北极熊、麝牛、企鹅一类的动物，却能够应付低温给它们造成的威胁，它们的身体都有厚厚的一层脂肪、稠密的皮毛或者羽毛，来防止热量的过快散失。它们或从冰雪下挖掘植物为食，或在没有冰封的海域觅食。例如，在南极，食物链的基础不是陆地上的植物，而是海洋中的浮游生物。

苔原地带在夏天呈现出繁荣的景象。

高山生物群落

空气相对稀薄，动植物众多

世界上有很多高大的山脉，终年积雪，寒冷多风，空气异常稀薄。然而这样的环境中，仍有很多动植物生存，形成高山生物群落。例如在北美洲的山脉中，石山羊能在悬崖峭壁间生存，在那里它们能够避开美洲狮等天敌，安全地栖息。它们身上长着浓密的白毛，皮下有厚厚的脂肪，可以防止体内热量散失；它们的心脏和肺比较大，能吸进更多的氧气。

高山生物群落的分布具有垂直层次。

溪涧里的生物必须能适应湍急的水流。

淡水生物群落

生活着能适应淡水环境的生物

地球表面有三分之二被水覆盖，其中大部分是海洋，其余则是河流、小溪、湖泊和池塘。许多不同种类的生物终身生活在淡水中或淡水边水边，构成大大小小淡水生物群落，它们都受阳光、温度和氧气影响，尤其是阳光，因为有阳光，水生植物才能进行光合作用。

江河溪涧

湍急水流中的淡水生物群落

江河溪涧的水流一般比较湍急，这里的水离源头不远，清澈而寒冷。生活在这一区域中的生物必须适应急速的流水。有些动物，像蜉蝣的幼虫，它们栖息在石头下，紧紧抓住河床，避免被流水冲走；鲑鱼则有流线型的身体，在急流中仍能游泳，具有逆流而上的本领；初级消费者则靠落入水中的植物叶子和种子生存。

湖泊沼泽

静止水体中的淡水生物群落

水流向下游流动中，逐渐变缓，水体因为携带着泥沙而变得浑浊，水体温度较高，含氧量较少。当形成湖泊沼泽时，水面完全静止下来。这里阳光比较充足，植物沿着水边生长，它们的根系生长在土壤中，而叶子却能伸向有阳光照耀的水面。水面上常常漂浮着藻类，它们是淡水生物群落中的生产者。另外，许多昆虫、蛙类、鸟类等也在这里栖息。

海洋生物群落

生活着能适应咸水环境的生物

海洋是含有一定盐分的水体，在其中，栖息的生物必须能适应咸水生活。在海洋表面的透光层，栖息着无数的浮游生物。大量极小的藻类，利用光合作用制造的养分，是其他动物的食物。因此，大多数海洋生物都生活在海洋的表层。因为没有一块大陆能把海洋完全隔开，所以海洋生物能够漫游全球的海域。而在海洋深处，阳光逐渐减弱，海水的压力大大增加，温度也随着深度而下降，不过这里仍生活着一些古怪的生物，它们大多靠下沉的生物遗体生存。

海洋生物群落色彩缤纷，异常美丽。

辛普生指数

辛普生指数是生态学考察中经常使用的物种多样性指数之一，是测定群落组织水平最常用的指标之一，辛普生指数越大，表示物种多样性程度越高。辛普生指数的计算公式为：

$$D = \frac{1}{\sum_{i=1}^{S}\left(\frac{ni}{N}\right)^2}$$

上式中，D 为多样性指数；N为所有种的个体种数；ni为第i种的个体数；S为种的数目（种数）。

深海带

深海地带的海洋生物群落

海洋越深，光线越暗，水面以下200米，几乎漆黑一片，任何植物都不能生长，然而在更深的海中，也有鱼类和其他动物。夜里，有些鱼类游到海面，寻找浮游生物为食，黎明时又潜回黑暗的海底躲避危险。许多深海动物常互相捕食，另一些则以沉积在海底的碎屑为生，如贝类、蠕虫、海参等。

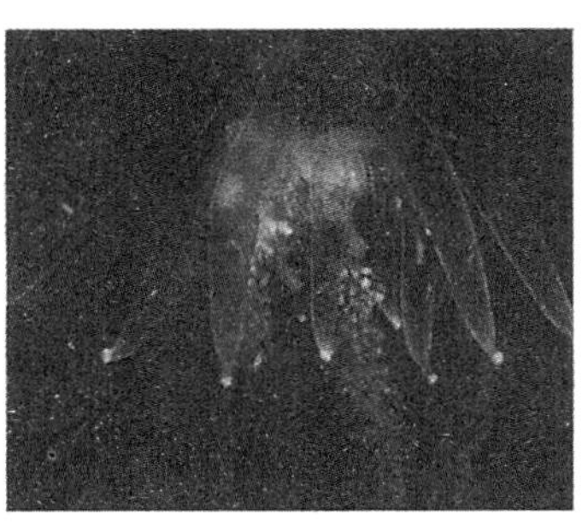

深海带的很多鱼类都能发光。

·DIY 实验室·

实验：群落的基本调查方法

物种多样性是代表群落组织水平和功能的基本特征，本实验运用辛普生指数来调查生物群落。

准备材料：卷尺、采集瓶、植物标本箱、纸、笔。

实验步骤：1.选择样方。(1)在校园草地和种植区划出同样面积样方块，面积视植物密度而定，从1平方米到10平方米，密度高的样方可小些。(2)在教学楼的南面和北面选择同样面积的样方各一块。注意：草丛群落样方可取1平方米，统计时可把草拔起。木本植物可以用标记注明，以免重复或遗漏。

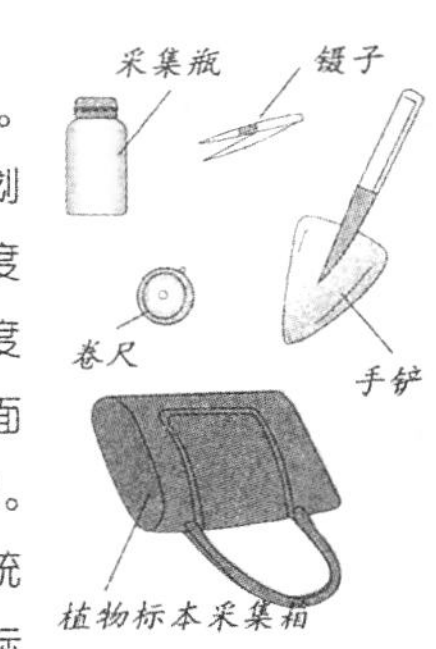

调查群落的工具

2.统计记录。按选择的样方统计样方内的动、植物种类数和每一种的个体数，并根据小资料中的辛普生指数的计算公式，计算出结果。把有关数据填入下面表格中。

3.比较和分析。比较同一地区不同的耕作条件或不同的自然环境中群落的差异和辛普生指数的差异。

编号	群落特征描述	样方面积(m^2)	种数(S)	个体总数(N)	辛普生指数	比较和分析
1						
2						
3						
4						

·智慧方舟·

填空：

1.地球上生物群落的划分是以＿＿＿＿＿的分类为基础的。

2.雨林生物群落包括＿＿＿＿＿和＿＿＿＿＿两种类型。

3.沙漠地区年降水量远小于蒸发量，一般低于＿＿＿＿毫米。

4.针叶林是以＿＿＿＿＿为主的植物群落。

5.生物多样性是＿＿＿＿＿、＿＿＿＿＿与＿＿＿＿＿的总和。

判断：

1.常绿阔叶林地区的年降水量可达1500毫米。（ ）

2.苔原地区没有乔木，那里的典型植被是苔类。（ ）

3.在北极，食物链的基础是海洋中的浮游生物。（ ）

人类与自然

·探索与思考·

给垃圾分类

1.到厨房、教室、办公室收集垃圾袋，给它们编上不同的号。

2.分别猜一猜各种垃圾袋里分别有哪些垃圾，把它们写下来。

3.戴上塑料手套，分别打开垃圾袋，根据垃圾的不同材料，给它们分类。

4.数一数各种垃圾的数量，按从多到少的顺序排列，用条形图表示出来。

想一想 哪些垃圾能回收再利用？用什么方法才能便于它们的回收？

人口的迅速增长及对资源的不断需求对自然界产生了巨大影响。当地球变暖、酸雨和臭氧空洞影响我们人类的生活时，自然界的其他变化，诸如栖息地的破坏，也威胁着野生生物物种，导致它们濒临灭绝。对于生物物种来说，它们经过千百万年才适应了自然界的变化，如气候的长期变更，然而，它们却难以在短时期内适应人类活动排放到自然界中的大量有害物质。因此，人类必须和自然和谐相处，共同保护多姿多彩的生物界。

人口爆炸

人口数量快速增长

现代人生活在地球上约有30万年了，但直到1960年人口才达到30亿。然而，仅仅40年，这个数字就翻了一番，到2050年，预计将有多达100亿的人口居住在地球上。人口的迅速增长并非是人类生育多了，而是因为食物和医疗得到保障，死亡率降低了。人口增多势必要争取更多的活动空间和资源，给自然界造成一定的压力。

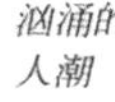

汹涌的人潮

水污染

有害物质进入净水中

当肮脏、有害的物质进入洁净的水中，水污染就发生了。水污染最大的特点是污染物会在水体中迅速扩散，很小体积的浓缩污染物，会使大面积水体顷刻间全面污染，使鱼虾死亡，使人和其他生物依赖的水源立刻失去利用价值。地球上的水污染主要是人类在工业、农业和日常生活中向水体排放了大量有害物质引起的。

生活垃圾导致水污染。

大气污染

有害物质进入洁净的大气中

空气中污染物的浓度达到有害程度，以致破坏生态系统和人类正常生存和发展的条件，对人和生物造成危害的现象叫大气污染。大气污染的成因有自然因素，如火山爆发、森林火灾、岩石风化等；也有人为因素，如工业废气、燃烧、汽车尾气和核爆炸等。人类经济活动和生产迅速发展，在大量消耗能源的同时，将产生的大量废气、烟尘物质排入大气中，严重影响了大气环境质量。

工厂排放的废气导致大气污染，进而形成酸雨。

酸雨

因大气污染而形成的具有腐蚀作用的降水

雨、雪、雾、雹和其他形式的大气降水，pH 值小于 5.6 的，统称为酸雨。酸雨是大气污染的一种表现。自从 20 世纪 50 年代英国、法国发现酸雨以后，酸雨的范围逐渐扩大到世界各国。酸雨的形成是一种复杂的大气变化，是二氧化硫、氮氧化物在大气中经过一系列反应而生成的。酸溶解在雨水中，降到地面即成为酸雨。它能使湖泊河流酸化，影响树木的生长，破坏土壤，危害农作物，破坏城市建筑物及名胜古迹。

温室效应

某些气体吸收地面辐射而导致地球变暖的效应

温室效应指由于大气层中某些气体对地球辐射的红外线有很强的吸收作用，进而导致地球温度不断上升，产生类似温室大棚的一种吸热效应。温室效应破坏了大气层与地面间红外线辐射的正常关系。促使地球气温升高的气体称为温室气体，二氧化碳是最常见的温室气体。随着排入空气中的二氧化碳逐渐增多，再加上森林被大量砍伐，温室效应正处于增强的趋势。

荒漠化

多种原因造成的土地退化

荒漠化指由于气候变异和人类活动因素造成的干旱、半干旱地区的土地退化现象。干旱是荒漠化的原因，但人类不合理地利用土地，人为地破坏植被，过度地采用水资源，才是荒漠化的根本原因。尽管国际组织和各国已经认识到它的危害并做过多种努力，但全球土地退化问题仍很严重。

荒漠化导致的沙尘暴

温室效应导致有些植物开花的时间提前。

物种灭绝

物种从地球上消亡的现象

物种灭绝是指由于自然或人为原因使某一物种从世界上消失的现象。在自然状态下，一个物种有其正常的消亡过程。但是由于人为的干预，物种消失的速度会大大加快。人为的干预主要有生态环境的破坏、人类不合理的开发利用、环境被污染和外来物种的引入。物种灭绝是生物基因库的巨大损失，直接影响人类的生产、生活和自然界的生态平衡。防止物种灭绝已成为全球性的紧迫任务。

自然灭绝

自然状态下的物种消亡

生物物种与其他任何事物一样，都有一个产生、发展到灭亡的过程。在自然状态下，一个物种消亡了，新的物种又产生、发展，从而使地球能够保持生物物种的多样性。有些生物的灭绝是因为自然的原因，如气候的突然变化、食物链供应的减少或其他生物的竞争。其中最著名的例子就是 6500 万年前恐龙的灭绝。

人为灭绝

人为因素造成的物种消亡

增长的人口占据了动植物的栖息地，同时人类也是强大的捕猎者。早在石器时代，人类便能大量捕杀动物，比如将成群的野牛和野马赶下悬崖摔死。但那时他们从不捕杀多余的动物。当人类数量越来越多时，他们的狩猎活动就有了更高的要求，不但为了食物，还为皮毛和娱乐。这类狩猎活动已经导致了渡渡鸟和大海雀等生物的灭绝。

人类的猎鸟活动

濒危野生生物

有灭绝危险的野生生物

濒危野生生物是指在其整个分布区或分布区的主要部分中有灭绝危险的野生生物。它们物种的种群已经减少到勉强可以繁殖后代的地步，其地理分布狭窄，仅仅存在于典型地方或出现在有限而脆弱的生境中。如果不利于其生长和繁殖的因素继续存在或发生，它们便会很快灭绝。按照世界公认的标准，一个物种的数量少到以百计算时，即为濒危物种。

虎

濒危的大型猫科动物

虎曾经一度广泛分布于亚洲，由于毛皮上有漂亮的斑纹，因而常常遭到猎杀，现在只能在很小的荒野地里才能见到它。虎共有 8 个亚种，但巴厘虎、里海虎和爪哇虎这 3 个亚种已经在 1940～1980 年间灭绝。其余的西伯利亚虎、苏门答腊虎、印度支那虎和华南虎也处于濒危之中，其中印度的孟加拉虎只剩下大约 5000 只。

象

濒危的长鼻目动物

在20世纪70年代，非洲大约有200万头象，今天，可能仅剩下60万头了。亚洲象受到的威胁更大，野生象已经不足5000头。大象被杀是因为它们的象牙，象牙可以制成装饰品和钢琴键。许多非洲国家现在已经立法禁止偷猎，并派武装巡逻人员保护大象。然而，由于象牙价格不菲，仍有很多偷猎者铤而走险。

象

虎

银剑

一生只开一次花的濒危植物

银剑是美国夏威夷的一种植物，它只生长在茂伊岛上。银剑能长到2.5米高，而且一生只开一次花，花开后它就死去。在羊引入夏威夷之前，本地没有大型植食动物，如今银剑面临着被羊啃光的危险。另外，只有本地的昆虫才能为它授粉，但这些昆虫要与引进的昆虫竞争，也面临着新的威胁，进而影响到银剑的生存。

保护生物多样性

保护生态系统和物种资源

保护生物多样性，就是要保护生态系统和自然环境，维持和恢复各物种在自然环境中有生命力的群体，保护各种遗传资源。主要做法是世界各国之间广泛合作，制定必要的法规，对濒临灭绝的物种、破坏严重的生态系统和遗传资源实行有效的保护和抢救。另一重要措施是“移地保护”，如建立遗传资源种质库、植物基因库，以及野生动植物园和水族馆等。

野生生物保护区

为保护野生生物而特设的区域

为了保护生物多样性，现在世界各国都设有许多野生生物保护区，它们是地球上所有人共有的绿色财产。保护区的名称各种各样，如自然保护区、野鸟保护区、野生动物保护区、自然公园、国家公园等，这些保护区有着不同的保护重点和管理方式。如非洲的国家公园除了少数参观者以外，只有公园管理人员和研究人员才能进入。

废电池的危害

科学调查表明，一颗纽扣电池丢入大自然后，可以污染60万升水，相当于一个人一生的用水量。而中国每年要消耗这样的电池70亿只。废电池中的危险元素主要有：

人们日常生活中常用的干电池

汞：食用被汞污染的水产品，会头晕，四肢麻木，记忆力减退，神经错乱，甚至死亡。

铅：食用含铅食物，会影响酶及正常血红素合成，影响神经系统。

镉：镉进入骨骼会造成骨疼病、骨骼软化萎缩，使人易发生病理性骨折，最后饮食不进，于疼痛中死亡。

铬：铬进入人体内，分布于肝、肾中，可导致肝炎和肾炎。

· DIY 实验室 ·

实验：模拟温室效应

当二氧化碳、水蒸气等气体大量排放入大气层时，它们和红外线之间的相互作用，使大气层像一个温室一般，太阳的热量容易进入地球，却不易出去，因而形成温室效应。

准备材料：集气瓶2只、酒精温度计2支、带孔软木塞2只、反射式灯泡(100瓦)、天平、放大镜、氧化铜、二氧化碳气体、记录单等。

实验步骤：1.分别称取5克氧化铜粉末(黑色)，平铺于两只集气瓶底。

2.使其中一只集气瓶中充满空气，另一只集气瓶中充满二氧化碳气体，分别用带温度计的软木塞塞紧，并排置于桌上，记录此时温度计的读数。

3.在两只集气瓶的正中斜上方固定一个带反射罩的100瓦电灯，打开光源照射集气瓶几分钟，用放大镜观察两个集气瓶中温度的变化。装置如图。

4.打开光源一分钟后，即可观察到温度变化，盛空气的集气瓶中温度变化不明显，盛二氧化碳的集气瓶温度变化显著。

带反射罩的灯泡

二氧化碳

氧化铜

空气

氧化铜

原理说明：黑色物质能够将可见光转变成红外线，二氧化碳吸收红外线的能量，分子运动加快，最终将导致充满二氧化碳气体的瓶中的温度升高。根据通入二氧化碳的量，两个集气瓶中的温度差可达10℃左右。另外，运用此装置还可以证明哪些气体能够产生温室效应。

· 智慧方舟 ·

填空：

1.预计到2050年地球上的人口数量将达到________亿。

2.pH值小于________的雨、雪、雹等大气降水，统称为酸雨。

3.物种自然灭绝的最著名的例子是________________。

4.夏威夷岛上只开一次花的濒危植物叫作________________。

5.为保护生物多样性，世界各国都设有________________。